UE3 TOUT EN FICHES

ue

EdiScience

11, rue Paul Bert 92240 Malakoff
www.dunod.com

ISBN 978-2-10-077797-6

Table des matières

Physique

[Mécanique]

[Thermodynamique]

[Mécanique des fluides]

[Électricité – Électromagnétisme]

[Les radiations ionisantes]

[Biophysique sensorielle]

[Imagerie médicale]

Compléments mathématiques

[Physique]

[Mécanique] Cinématique du point

1. Repérage d'un point. Le paramètre position

a. En coordonnées cartésiennes

Soit $(\vec{i}, \vec{j}, \vec{k})$ une base orthonormale directe liée au référentiel $(\mathcal{R})$. Tout point M peut être repéré par ses coordonnées cartésiennes (x, y, z). Si O est l'origine du repère, le vecteur position s'écrit :

$$\overrightarrow{OM} = \vec{r} = x\,\vec{i} + y\,\vec{j} + z\,\vec{k}$$

x, y et z en m
$r = OM = \sqrt{x^2 + y^2 + z^2}$
$(\vec{i}, \vec{j}, \vec{k})$: base orthonormale directe liée au référentiel

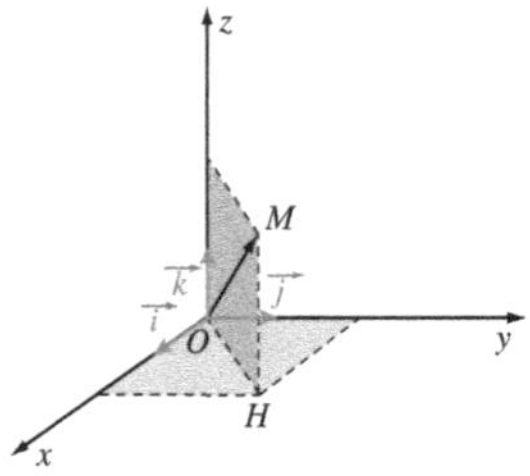

b. En coordonnées polaires (cas d'un mouvement plan)

On définit un axe Ox, axe polaire, et une origine ou pôle O.
Un point mobile M peut être repéré par ses coordonnées polaires (r, θ) où $r = OM$ et $\theta = (\overrightarrow{Ox}, \overrightarrow{OM})$.
Le vecteur position s'écrit donc :

$$\overrightarrow{OM} = \vec{r} = r\,\vec{u_r}$$

$\vec{r}$: rayon vecteur
θ : angle polaire

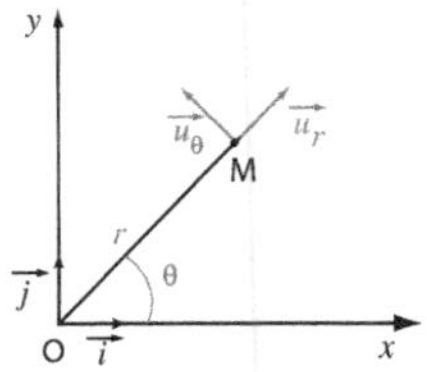

[IMPORTANT]

$(\vec{u_r}, \vec{u_\theta})$ est une base locale mobile, orthonormée directe, liée au point M.

c. En coordonnées cylindriques

$\overrightarrow{OM} = \overrightarrow{OH} + \overrightarrow{HM} = r\overrightarrow{u_r} + z\overrightarrow{u_z}$
Avec $r = OH$ et $\theta = (\overrightarrow{Ox}, \overrightarrow{OH})$

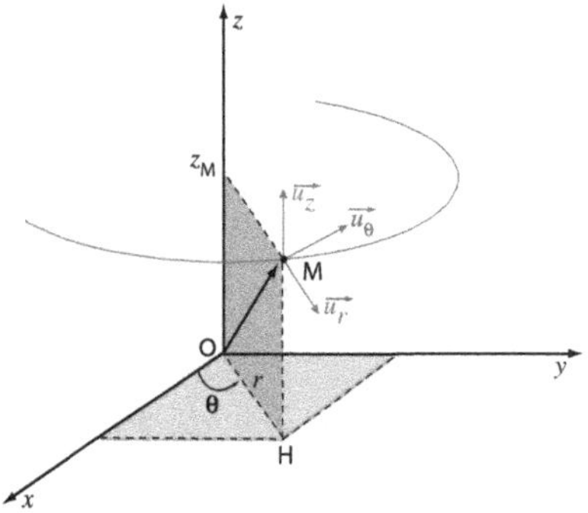

2. Les grandeurs d'évolution

On définit la vitesse d'un point M dans le repère $\mathcal{R}$ par :

$$\overrightarrow{v} = \left(\frac{d\overrightarrow{OM}}{dt}\right)_{\mathcal{R}}$$

L'accélération du mobile, à l'instant t, est la dérivée dans $(\mathcal{R})$ du vecteur vitesse par rapport au temps, soit :

$$\overrightarrow{a} = \left(\frac{d\overrightarrow{v}}{dt}\right)_{\mathcal{R}} = \left(\frac{d^2\overrightarrow{OM}}{dt^2}\right)_{\mathcal{R}}$$

3. Expressions dans différents systèmes de coordonnées

a. En coordonnées cartésiennes

$$\overrightarrow{v} = \left(\frac{d\overrightarrow{OM}}{dt}\right)_{\mathcal{R}} = \dot{x}\overrightarrow{i} + \dot{y}\overrightarrow{j} + \dot{z}\overrightarrow{k}\,;\ \dot{x} = \frac{dx}{dt}, \dot{y} = \frac{dy}{dt}, \dot{z} = \frac{dz}{dt}$$

$$\overrightarrow{a} = \left(\frac{d\overrightarrow{v}}{dt}\right)_{\mathcal{R}} = \ddot{x}\overrightarrow{i} + \ddot{y}\overrightarrow{j} + \ddot{z}\overrightarrow{k}\,;\ \ddot{x} = \frac{d^2x}{dt^2}, \ddot{y} = \frac{d^2y}{dt^2}, \ddot{z} = \frac{d^2z}{dt^2}$$

b. En coordonnées cylindriques

$$\vec{v} = \left(\frac{d\overrightarrow{OM}}{dt}\right)_{\mathcal{R}} = \dot{r}\,\overrightarrow{u_r} + r\dot{\theta}\,\overrightarrow{u_\theta} + \dot{z}\,\overrightarrow{u_z}$$

$$\vec{a} = \left(\frac{d\vec{v}}{dt}\right)_{\mathcal{R}} = (\ddot{r} - r\dot{\theta}^2)\overrightarrow{u_r} + (r\ddot{\theta} + 2\dot{r}\dot{\theta})\overrightarrow{u_\theta} + \ddot{z}\,\overrightarrow{u_z}$$

c. Dans le repère de Frenet

On introduit un repère mobile $(\vec{\tau}, \vec{n})$, lié au mobile M tel que :

- $\vec{\tau}$: vecteur unitaire porté par la tangente à la courbe et orienté dans le sens du mouvement
- $\vec{n}$: vecteur unitaire orthogonal à $\vec{\tau}$ et dirigé vers la concavité de la trajectoire

$$\vec{v} = v\,\vec{\tau}\ ;\ \vec{a} = a_\tau\,\vec{\tau} + a_n\,\vec{n} \text{ avec } \begin{cases} a_\tau = \dfrac{dv}{dt} \\ a_n = \dfrac{v^2}{R} \end{cases}$$

4. Étude de quelques mouvements usuels

a. Mouvement rectiligne uniforme

Pour un mouvement rectiligne uniforme $\vec{v} = \overrightarrow{cste}$, par suite :

$$v = v_0 = cste \text{ et } x = v_0 t + x_0$$

b. Mouvement rectiligne uniformément varié

Un point mobile M a un mouvement rectiligne uniformément varié si $\vec{a} = \overrightarrow{a_0} = a_0\,\vec{i} = \overrightarrow{cste}$, par suite :

(1) $a = a_0 = cste$

(2) $v = a_0 t + v_0$, soit $v^2 - v_0^2 = 2a_0(x - x_0)$

(3) $x = \frac{1}{2}a_0 t^2 + v_0 t + x_0$

c. Mouvement rectiligne sinusoïdal

Définition

Un mobile est animé d'un mouvement rectiligne sinusoïdal si sa trajectoire est une droite et sa loi horaire est une fonction sinusoïdale du temps, soit :

$$x = x_m \sin(\omega t + \phi)$$

x_m : amplitude du mouvement
ω : pulsation (en rad $\cdot$ s^{-1})
ϕ : phase à l'origine (en rad)
$(\omega t + \phi)$: phase à la date t (en rad)

Vitesse et accélération du mobile

$$v = \dot{x} = \omega x_m \cos(\omega t + \phi)$$

$$a = \ddot{x} = -\omega^2 \underbrace{x_m \sin(\omega t + \phi)}_{x(t)} = -\omega^2 x, \text{ soit } \ddot{x} + \omega^2 x = 0$$

d. Mouvement circulaire uniforme

Définition

Un point mobile M a un mouvement circulaire uniforme lorsqu'il se déplace sur un cercle fixe, de rayon R, par rapport au repère d'espace choisi à la vitesse angulaire $\omega_0 = \dot{\theta} = cste$.

Vitesse et accélération du mobile

$$\overrightarrow{v} = R\dot{\theta}\overrightarrow{u_\theta} = R\omega\overrightarrow{u_\theta}$$

$$\overrightarrow{a} = -\frac{v^2}{R}\overrightarrow{u_r} = -R\omega_0^2\overrightarrow{u_r}$$

L'accélération $\overrightarrow{a}$ est centripète et le mouvement est périodique de période $T_0 = \dfrac{2\pi}{\omega_0}$.

[Mécanique] Dynamique du point matériel

1. Les éléments cinématiques

a. Quantité de mouvement d'un point matériel

Soit un point matériel M, de masse m, se déplaçant à la vitesse $\overrightarrow{v}$ dans un repère $(\mathcal{R})$.

Le vecteur quantité de mouvement du point matériel M, noté $\overrightarrow{p}$, dans le repère $(\mathcal{R})$ s'écrit :

$$\overrightarrow{p} = m\overrightarrow{v}$$

$\overrightarrow{p}$: vecteur quantité de mouvement
m : masse du point matériel
$\overrightarrow{v}$: vecteur vitesse du point matériel

b. Énergie cinétique

Un point matériel de masse m, se déplaçant à la vitesse v, dans un référentiel $(\mathcal{R})$, possède une énergie cinétique telle que :

$$\mathcal{E}_c = \frac{1}{2}m\,v^2$$

$\mathcal{E}_c$ en J
m en kg
v en $\mathrm{m \cdot s^{-1}}$

c. Relation entre énergie cinétique et quantité de mouvement

Comme $\overrightarrow{p} = m\overrightarrow{v}$, alors $\overrightarrow{p}^2 = m^2\overrightarrow{v}^2$ et par suite :

$$\mathcal{E}_c = \frac{p^2}{2m};\ p : \text{module du vecteur quantité de mouvement}$$

2. Les différentes lois de Newton

a. Principe d'inertie (1re loi de Newton)

Le centre d'inertie d'un solide (pseudo) isolé est tel que :

- s'il est au repos, il reste au repos ;
- s'il est en mouvement, son mouvement est rectiligne uniforme.

$$\sum \overrightarrow{f_{ext}} = \overrightarrow{0} \Longrightarrow \begin{matrix}\text{système isolé}\\ \text{ou}\\ \text{pseudo-isolé}\end{matrix} \Longrightarrow \begin{matrix}\overrightarrow{v_G} = \overrightarrow{cste}\\ \left(\overrightarrow{p} = \overrightarrow{cste}\right)\end{matrix}$$

b. Relation fondamentale de la dynamique (2e loi de Newton)

Pour un point matériel de masse m, de quantité de mouvement $\overrightarrow{p}$, soumis à un ensemble de force $\sum \overrightarrow{f_{ext}}$, on a :

$$\frac{d\overrightarrow{p}}{dt} = \sum \overrightarrow{f_{ext}}$$

Pour un point matériel de masse $m = cste$, on a :

$$m\overrightarrow{a_G} = \sum \overrightarrow{f_{ext}}$$

- m : masse du solide
- $\overrightarrow{a_G}$: vecteur accélération du centre d'inertie
- $\sum \overrightarrow{f_{ext}}$: ensemble des forces s'exerçant sur le solide

c. Principe des actions réciproques (3e loi de Newton)

Si un système (A) exerce sur un système (B) une force $\overrightarrow{F_{A/B}}$ alors (B) exerce sur (A) une force $\overrightarrow{F_{B/A}}$ telle que :

$$\overrightarrow{F_{A/B}} = -\overrightarrow{F_{B/A}}$$

[ATTENTION]

Quel que soit l'état de mouvement de *A* par rapport à *B*, on a toujours l'égalité vectorielle : $\overrightarrow{F_{A/B}} = -\overrightarrow{F_{B/A}}$.

[Mécanique] Étude énergétique

1. Travail d'une force

a. Cas d'une force $\overrightarrow{F}$ constante

Lors d'un déplacement de son centre d'inertie d'un point A à un point B, le travail d'une force constante $\overrightarrow{F}$ agissant sur un solide animé d'un mouvement rectiligne par rapport à un référentiel $(\mathcal{R})$ est donné par :

$$W(\overrightarrow{F})_{A\mapsto B} = \overrightarrow{F} \cdot \overrightarrow{AB}$$

ou

$$W(\overrightarrow{F})_{A\mapsto B} = F \cdot AB \cdot \cos(\overrightarrow{F}, \overrightarrow{AB})$$

F en N
AB en m
$W(\overrightarrow{F})_{A\mapsto B}$ en J

b. Cas d'une force variable pour un déplacement quelconque

Lors d'un déplacement élémentaire du point d'application d'une force $\overrightarrow{F}$ constante, le **travail élémentaire** δW vaut :

$$\delta W(\overrightarrow{F}) = \overrightarrow{F} \cdot \overrightarrow{\delta l}$$

ou

$$\delta W(\overrightarrow{F}) = F \cdot \delta l \cdot \cos(\overrightarrow{F}, \overrightarrow{\delta l})$$

F en N
δl en m
$\delta W(\overrightarrow{F})$ en J

Le **travail total** de la force $\overrightarrow{F}$ lorsque son point d'application se déplace de A en B s'écrit :

$$W(\overrightarrow{F})_{A\mapsto B} = \sum_A^B \delta W(\overrightarrow{F}) = \sum_A^B \overrightarrow{F} \cdot \overrightarrow{\delta l}$$

ou sous forme intégrale :

$$W(\overrightarrow{F})_{A\mapsto B} = \int_A^B \overrightarrow{F} \cdot \overrightarrow{dl} \text{ avec } \overrightarrow{dl} = \overrightarrow{MM'} = \overrightarrow{v}\,dt$$

2. Théorème de l'énergie cinétique

a. Énergie cinétique

Un point matériel de masse m se déplaçant à la vitesse $\vec{v}$, dans un référentiel $(\mathcal{R})$, possède une énergie, appelée énergie cinétique, telle que :

$$\mathcal{E}_c = \frac{1}{2}mv^2 \quad \left| \begin{array}{l} \mathcal{E}_c \text{ en J} \\ m \text{ en kg} \\ v \text{ en m} \cdot \text{s}^{-1} \end{array} \right.$$

b. Puissance d'une force

Par définition, la puissance est égale au travail fourni par unité de temps, soit :

$$\mathcal{P} = \frac{\delta W}{\delta t} \quad \left| \begin{array}{l} W \text{ en J} \\ t \text{ en s} \\ \mathcal{P} \text{ en W} \end{array} \right.$$

Pendant la durée δt, le point d'application de la force $\vec{F}$ s'est déplacé de $\vec{\delta l}$.
Le travail élémentaire s'écrit donc :

$$\delta W = \vec{F} \cdot \vec{\delta l} = \vec{F} \cdot \vec{v}\,dt, \text{ où } \vec{v} = \frac{\vec{\delta l}}{\delta t}$$

et par suite :

$$\mathcal{P} = \vec{F} \cdot \vec{v} \quad \left| \begin{array}{l} F \text{ en N} \\ v \text{ en m} \cdot \text{s}^{-1} \\ \mathcal{P} \text{ en W} \end{array} \right.$$

c. Relation entre la puissance et l'énergie cinétique

On a $\mathcal{P} = \vec{F} \cdot \vec{v}$. Comme $\vec{F} = m\frac{d\vec{v}}{dt}$ alors $\mathcal{P} = m\frac{d\vec{v}}{dt} \cdot \vec{v}$.

La masse m étant constante, on peut donc écrire :

$$\mathcal{P} = \frac{d}{dt}(\mathcal{E}_c) \quad \left| \begin{array}{l} \mathcal{P} \text{ en W} \\ \mathcal{E}_c \text{ en J} \end{array} \right.$$

d. Théorème de l'énergie cinétique

Pour un point M matériel, de masse m, se déplaçant à la vitesse $\vec{v}$, dans un référentiel ($\mathcal{R}$) galiléen, soumis à un ensemble de forces dont la résultante est $\vec{F}$:

$$d\mathcal{E}_c = \delta W(\vec{F}), \text{ soit } \Delta\mathcal{E}_c = \mathcal{E}_{c2} - \mathcal{E}_{c1} = \int_{t_1}^{t_2} \vec{F} \cdot d\vec{l} = \underset{1 \longrightarrow 2}{W}(\vec{F})$$

3. Énergie potentielle. Énergie mécanique

a. Force conservative

Une force $\vec{F}$ est dite conservative s'il existe une fonction $\mathcal{E}_p$, dépendant uniquement des coordonnées de position, telle que :

$$\begin{array}{c} d\mathcal{E}_p = -\vec{F} \cdot \vec{dl} \\ \mathcal{E}_p \text{ est homogène à une énergie} \end{array} \quad \left| \begin{array}{l} \mathcal{E}_p \text{ en J} \\ F \text{ en N} \\ l \text{ en m} \end{array} \right.$$

$\mathcal{E}_p$ est appelée énergie potentielle de la particule M associée à la force $\vec{F}$.

Dans le cas d'une force $\vec{F} = F(x) \cdot \vec{u_x}$ ne dépendant que d'une seule coordonnée x, on a :

$$d\mathcal{E}_p = -F(x) \cdot dx, \text{ soit } F(x) = -\frac{d\mathcal{E}_p}{dx}$$

b. Relation entre travail et énergie potentielle

Le travail élémentaire d'une force $\vec{F}$ est $\delta W = \vec{F} \cdot \vec{dl}$.

Si $\overrightarrow{F}$ est conservative alors $\overrightarrow{F}$ dérive d'une énergie potentielle $\mathcal{E}_p$ telle que $d\mathcal{E}_p = -\overrightarrow{F} \cdot \overrightarrow{dl}$, soit :

$$\delta W = -d\mathcal{E}_p$$

Le travail total de la force $\overrightarrow{F}$ s'écrit donc :

$$W(\overrightarrow{F})_{1\mapsto 2} = -\int_1^2 d\mathcal{E}_p = -\left[\mathcal{E}_p\right]_{\mathcal{E}_{p1}}^{\mathcal{E}_{p2}} = \mathcal{E}_{p1} - \mathcal{E}_{p2}$$

(Le travail de la force $\overrightarrow{F}$ est indépendant du chemin suivi)

c. Énergie mécanique d'un corps

Dans le cas d'un référentiel galiléen, on a vu que $d\mathcal{E}_c = \delta W$.

Si la force $\overrightarrow{F}$ est conservative, alors il existe une fonction $\mathcal{E}_p$ telle que $dW = -d\mathcal{E}_p$.

En combinant les deux dernières relations, on obtient $d\mathcal{E}_c = -d\mathcal{E}_p$, soit $d(\mathcal{E}_c + \mathcal{E}_p) = 0$, c'est-à-dire :

$$\mathcal{E}_c + \mathcal{E}_p = \mathcal{E}_m = cste$$

La somme $\mathcal{E}_m = \mathcal{E}_c + \mathcal{E}_p$, qui se conserve au cours du temps, est appelée énergie mécanique de la particule M.

FICHE COURS 4

[Mécanique] Chocs entre deux particules

1. Impulsion – Percusssion

Pour une particule de masse m et animée d'une vitesse $\overrightarrow{v}$ à l'instant t :

$$\overrightarrow{I} = \int_{t_1}^{t_2} \overrightarrow{F}\, dt$$

$\overrightarrow{F}$: résultante des forces agissant sur la particule entre les instants t et $t + \Delta t$

$\overrightarrow{I}$: impulsion de la force $\overrightarrow{F}$

[IMPORTANT]

- Si $\overrightarrow{F}$ reste constante dans l'intervalle de temps $\Delta t = t_2 - t_1$ et si Δt est très petit alors $\overrightarrow{I}$ est appelé percussion.
- Comme $\overrightarrow{F} = \dfrac{d\overrightarrow{p}}{dt}$, alors : $\overrightarrow{I} = \int_{t_1}^{t_2} d\overrightarrow{p} = \Delta \overrightarrow{p}$

L'impulsion reçue par un point matériel est égale à la variation de la quantité de mouvement de ce point matériel.

2. Chocs entre deux particules

Soient deux particules (1) et (2) de masses m_1 et m_2.
Si les deux particules viennent à se rencontrer, on dit qu'il y a collision ou choc entre les deux particules.
Le système constitué par deux particules qui entrent en collision est un système isolé. Au cours d'un choc :

$$\frac{\overrightarrow{dp_1}}{dt} + \frac{\overrightarrow{dp_2}}{dt} = \overrightarrow{0}$$

soit

$$\overrightarrow{p_1} + \overrightarrow{p_2} = \overrightarrow{cste}$$

$\overrightarrow{p_1} = m_1 \overrightarrow{v_1}$: vecteur quantité de mouvement de la particule (1) de masse m_1

$\overrightarrow{p_2} = m_2 \overrightarrow{v_2}$: vecteur quantité de mouvement de la particule (2) de masse m_2

Le système constitué par deux particules qui entrent en collision est un système isolé.

La conservation de la quantité de mouvement donne :

$$\underbrace{\overrightarrow{p_1} + \overrightarrow{p_2}}_{\text{(avant le choc)}} = \underbrace{\overrightarrow{p'_1} + \overrightarrow{p'_2}}_{\text{(après le choc)}}$$

3. Chocs élastiques et chocs inélastiques

Soient deux particules de masse m_1 et m_2, $\overrightarrow{v_1}$ et $\overrightarrow{v_2}$ leurs vecteurs vitesse avant le choc et $\overrightarrow{v'_1}$ et $\overrightarrow{v'_2}$ leurs vecteurs vitesse après le choc.

a. Choc élastique

Au cours d'un choc élastique, outre la conservation de la quantité de mouvement, il y a conservation de l'énergie cinétique :

$$\overrightarrow{p} = \overrightarrow{cste} \text{ et } \mathcal{E}_c = cste$$

Ainsi :

$$\underbrace{\frac{1}{2}m_1v_1^2 + \frac{1}{2}m_2v_2^2}_{\text{(avant le choc)}} = \underbrace{\frac{1}{2}m_1v_1'^2 + \frac{1}{2}m_2v_2'^2}_{\text{(après le choc)}}$$

Soit :

$$\frac{p_1^2}{2m_1} + \frac{p_2^2}{2m_2} = \frac{p_1'^2}{2m'_1} + \frac{p_2'^2}{2m'_2}$$

[IMPORTANT]

- Lorsque les particules après le choc sont identiques aux particules initiales, on a un processus de « diffusion » et on parle alors de **diffusion élastique**.
- Dans le cas de particules chargées, il y a conservation de la charge électrique.

b. Choc inélastique

Au cours d'un choc inélastique, il y a dissipation de l'énergie.

[ATTENTION]

Au cours d'un choc inélastique, il n'y pas conservation de l'énergie cinétique.

c. Choc central élastique

Un choc entre deux particules est dit central ou « de plein fouet » si les vecteurs vitesse avant et après le choc sont des vecteurs colinéaires.

Pour un choc central élastique, on peut écrire :

$$v'_{1x} = \frac{2m_2 v_{2x} + (m_1 - m_2)v_{1x}}{m_1 + m_2} \text{ et } v'_{2x} = \frac{2m_1 v_{1x} - (m_1 - m_2)v_{2x}}{m_1 + m_2}$$

v_{1x} : vitesse de la particule (1) avant le choc
v_{2x} : vitesse de la particule (2) avant le choc
v'_{1x} : vitesse de la particule (1) après le choc
v'_{2x} : vitesse de la particule (2) après le choc

Cas particuliers :

- Si avant le choc, la particule cible est immobile, soit $v_{2x} = 0$, alors :

$$v'_{1x} = \frac{m_1 - m_2}{m_1 + m_2} v_{1x} \; ; \; v'_{2x} = \frac{2m_1}{m_1 + m_2} v_{1x}$$

$$\varphi = (\overrightarrow{v'_1}, \overrightarrow{v'_2}) : \text{angle de diffusion}$$

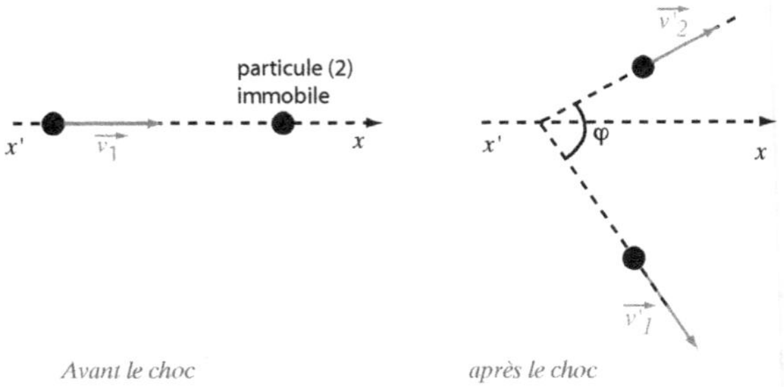

- Si les deux particules se heurtent avec des vitesses opposées, soit $v_{1x} = -v_{2x}$.

Si, de plus, $m_1 = m_2$, alors :

$$v'_{1x} = v_{2x} = -v_{1x}$$

et

$$v'_{2x} = v_{1x}$$

Les oscillateurs mécaniques

1. Définitions

a. Qu'est-ce qu'un oscillateur ?

On appelle oscillateur tout système qui effectue des mouvements de va-et-vient autour d'une position d'équilibre stable.

Si $\mathcal{E}_p$ représente l'énergie potentielle du système, son évolution en fonction de la position x peut être donnée par le graphe de la figure ci-dessous :

Un oscillateur est un système écarté de sa position d'équilibre stable. Le système se trouve donc dans une cuvette de potentiel.

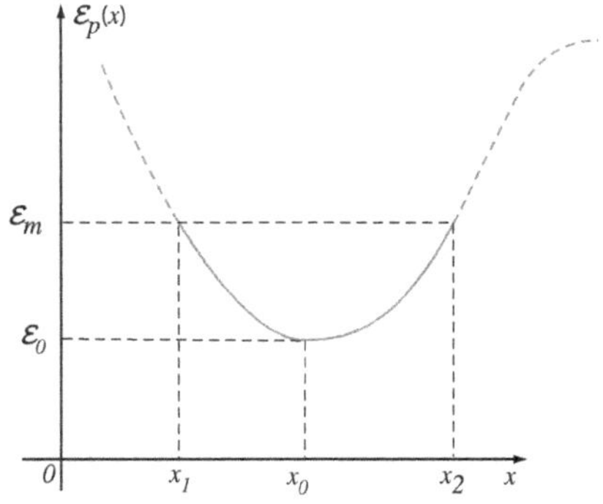

[IMPORTANT]

Les oscillations sont libres quand, une fois écarté de sa position d'équilibre, l'oscillateur est abandonné à lui-même.

b. L'oscillateur harmonique

L'oscillateur est dit harmonique si sa cuvette de potentiel est parabolique.

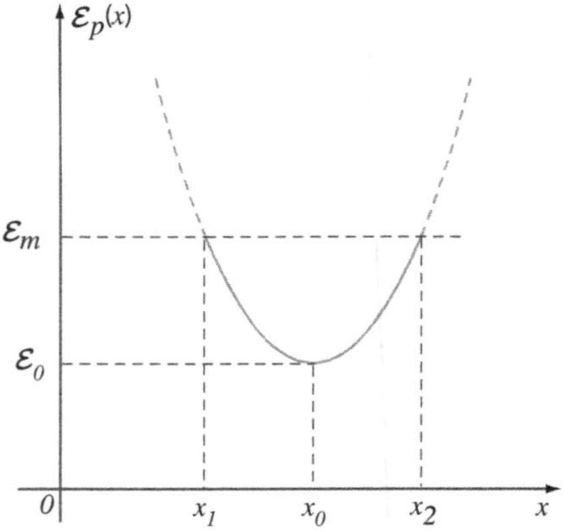

La position d'équilibre stable correspond à $x = x_0$.
Ce mouvement n'a pas de branches infinies, puisque x est limité à l'intervalle $[x_1,x_2]$.
Le mouvement de l'oscillateur dans la cuvette de potentiel est donc un mouvement lié.

Dans le cas d'un oscillateur mécanique en translation selon un axe $x'Ox$, par exemple, l'énergie potentielle s'écrit donc sous la forme :

$$\mathcal{E}_p(x) = Ax^2 + \mathcal{E}_0 \text{ avec } A = cste > 0$$

c. Les oscillateurs mécaniques d'usage courant

Le pendule simple

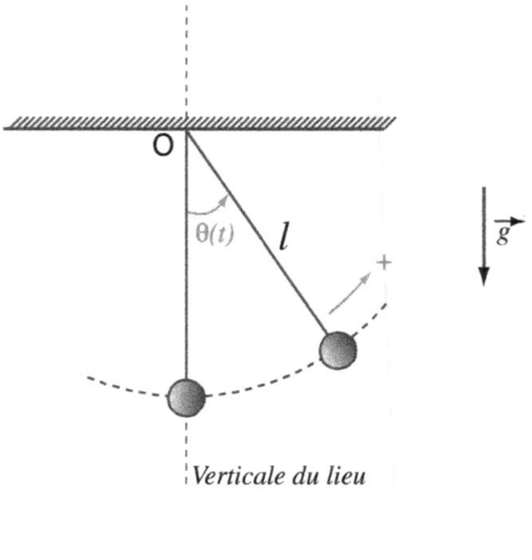

La grandeur physique associée à l'oscillateur est l'angle $\theta(t)$ appelé élongation angulaire.
$\theta(t)$ désigne l'écart angulaire entre la position du pendule à l'instant t et celle à l'équilibre.
L'élongation $\theta(t)$ est une grandeur algébrique.

Le pendule élastique

La grandeur physique associée à l'oscillateur est l'élongation $x(t)$. $x(t)$ désigne l'écart entre la position du pendule à l'instant t et celle à l'équilibre.
L'élongation $x(t)$ est une grandeur algébrique.

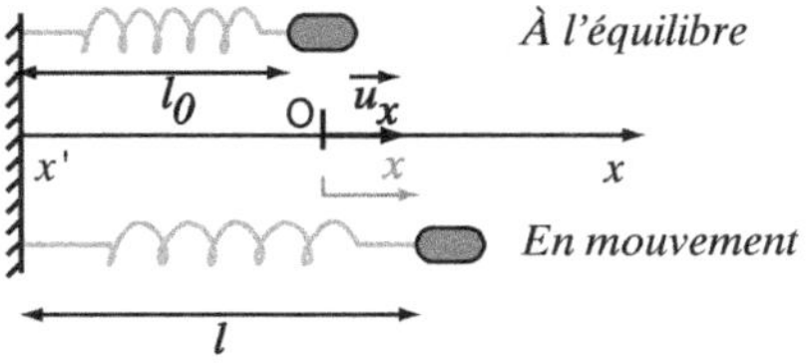

2. Étude du pendule élastique

a. Étude dynamique

Le système étudié est le solide de masse m et de centre d'inertie G.
On écarte le solide de sa position d'équilibre de $x = a$ puis on le lâche sans vitesse initiale.
Dans le référentiel terrestre supposé galiléen, le système est soumis à trois forces : son poids $\vec{P}$, la réaction normale de l'axe $\vec{R_N}$ et la force de rappel du ressort $\vec{T}$.

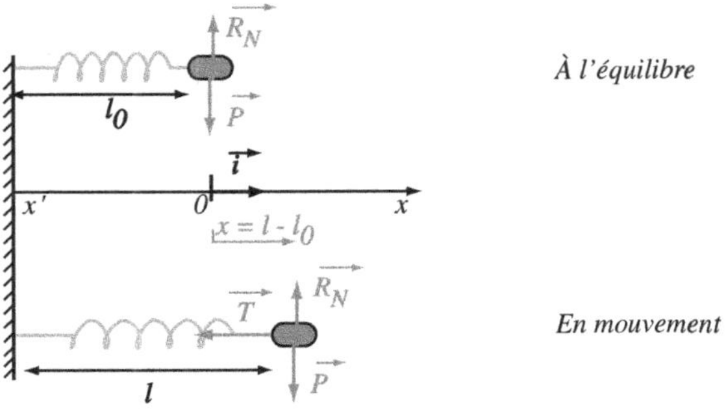

À l'équilibre : $\vec{P} + \vec{R_N} = \vec{0}$.

En mouvement : $\vec{P} + \vec{R_N} + \vec{T} = m\vec{a}$

Après projection sur l'axe $x'Ox$, il vient :

$$-kx = m\ddot{x}, \text{ soit } \ddot{x} + \frac{k}{m}x = 0$$

Les solutions sont de la forme : $x(t) = A\cos(\omega_0 t + \varphi)$ avec $\omega_0 = \sqrt{\frac{k}{m}}$

- Les oscillations d'un pendule élastique non amorti sont sinusoïdales (on dit aussi harmoniques).
- La période propre des oscillations est $T_0 = \dfrac{2\pi}{\omega_0} = 2\pi\sqrt{\dfrac{m}{k}}$.
- T_0 ne dépend que des paramètres mécaniques de l'oscillateur : son inertie (masse m) et la constante k du ressort.

b. Étude énergétique

L'**énergie mécanique du système** est égale à la somme de son énergie potentielle et de son énergie cinétique, soit :

$$\mathcal{E}_m = \mathcal{E}_p + \mathcal{E}_c \text{ avec } \left| \begin{array}{c} \mathcal{E}_p = \dfrac{1}{2}kx^2 \\ \text{et} \\ \mathcal{E}_c = \dfrac{1}{2}mv^2 = \dfrac{1}{2}m\dot{x}^2 \end{array} \right.$$

Les **transformations énergétiques** $\mathcal{E}_p \leftrightarrows \mathcal{E}_c$ du pendule élastique peuvent être suivies sur les diagrammes ci-contre.

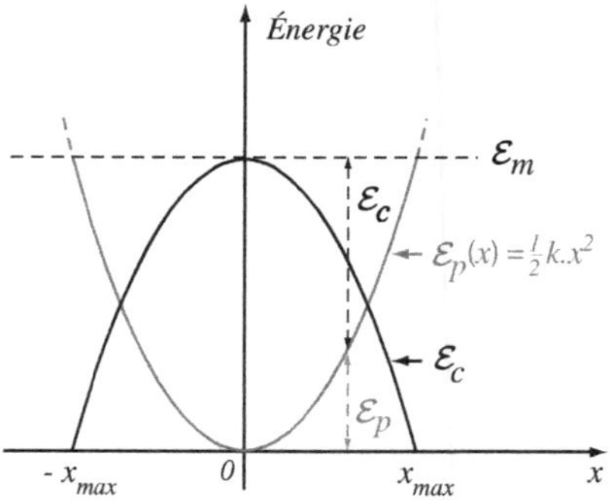

QCM

Énoncés

1. Un motard se rend d'une ville A à une ville B à la vitesse moyenne $v_1 = 96\ \text{km}\cdot\text{h}^{-1}$
Il revient immédiatement de la ville B à la ville A, en passant par la même route, à la vitesse moyenne $v_2 = 66\ \text{km}\cdot\text{h}^{-1}$
Calculer sa vitesse moyenne sur l'ensemble du parcours.

❑ **a.** $25\ \text{m}\cdot\text{s}^{-1}$
❑ **b.** $76\ \text{km}\cdot\text{h}^{-1}$
❑ **c.** $78\ \text{km}\cdot\text{h}^{-1}$
❑ **d.** $83\ \text{km}\cdot\text{h}^{-1}$
❑ **e.** $22\ \text{m}\cdot\text{s}^{-1}$

2. Un objet tombe en chute libre sans vitesse initiale d'une hauteur h. Cet objet parcourt 9,5 m lors de la dernière seconde de chute.
Donnée :
Intensité du champ de pesanteur supposée constante : $g = 9{,}8\ \text{m}\cdot\text{s}^{-2}$.
Sa vitesse lorsqu'il atteint le sol est :

❑ **a.** $9{,}8\ \text{m}\cdot\text{s}^{-1}$
❑ **b.** $14{,}4\ \text{m}\cdot\text{s}^{-1}$
❑ **c.** $49\ \text{km}\cdot\text{h}^{-1}$
❑ **d.** $52\ \text{km}\cdot\text{h}^{-1}$
❑ **e.** $54\ \text{m}\cdot\text{s}^{-1}$

3. Un point matériel M effectue un mouvement dans un plan $(O, \overrightarrow{Ox}, \overrightarrow{Oy})$. Les coordonnées x et y du point M varient en fonction du temps selon :

$$\begin{cases} (1)x = 0{,}3\cos(0{,}5\pi t + 4{,}25) \\ (2)y = 0{,}3\sin(0{,}5\pi t + 4{,}25) \end{cases}$$

Toutes les grandeurs sont exprimées dans le système S.I.

❑ **a.** Le point M effectue un mouvement sinusoïdal rectiligne.
❑ **b.** Le point M effectue un mouvement circulaire uniforme.
❑ **c.** La période du mouvement du point M est $T_0 = 0{,}5$ s.

❑ **d.** La période du mouvement du point M est $T_0 = 4$ s.

❑ **e.** La fréquence du mouvement du point M est $f = 0{,}5$ Hz.

4. Un bombardier chargé de détruire une cible, une usine pétrochimique, vole à l'altitude $h = 2{,}5$ km selon un mouvement rectiligne uniforme à la vitesse v_0.
En passant à la verticale d'un point H du sol, situé à la distance $d = 2{,}5$ km du centre de l'usine, le bombardier largue une bombe sans vitesse initiale.

Données :
L'édifice de l'usine est un carré de 200 m de côté.
Les forces de frottement avec l'air sont négligeables.
Vitesse du bombardier : $v_0 = 396\ \text{km} \cdot \text{h}^{-1}$.
Intensité du champ de pesanteur supposée constante : $g = 9{,}8\ \text{m} \cdot \text{s}^{-2}$

❑ **a.** La cible (centre de l'usine) sera atteinte.

❑ **b.** L'impact se produira à 200 m avant le centre de l'usine.

❑ **c.** L'impact se produira à 2 km après le centre de l'usine.

❑ **d.** L'impact se produira à 15 m avant le centre de l'usine.

❑ **e.** La cible ne sera pas atteinte.

L'énoncé suivant est commun aux questions 5 et 6.

Un sportif de masse $m = 75$ kg effectue un saut à l'élastique en se lançant sans vitesse initiale d'un point A d'un pont situé au dessus d'une vallée (figure ci-après).

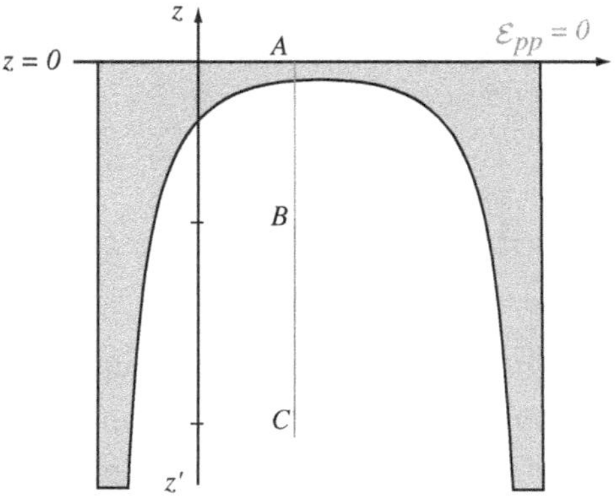

L'élastique a une longueur à vide $l_0 = AB = 23$ m et sa masse est négligeable.
On prendra le point A comme origine des altitudes et des énergies potentielles de pesanteur. On négligera les frottements avec l'air.

Donnée : $g = 9{,}8\ \text{m} \cdot \text{s}^{-2}$.

5. La vitesse du sauteur au point B est :

❑ **a.** $12{,}34\ \text{m} \cdot \text{s}^{-1}$ ❑ **b.** $21{,}23\ \text{m} \cdot \text{s}^{-1}$ ❑ **c.** $29{,}40\ \text{m} \cdot \text{s}^{-1}$
❑ **d.** $36{,}05\ \text{m} \cdot \text{s}^{-1}$ ❑ **e.** $4{,}61\ \text{m} \cdot \text{s}^{-1}$

6. L'énergie mécanique du système {Terre - sauteur - élastique} vaut :

❑ **a.** $-16{,}9 \cdot 10^3$ J ❑ **b.** $-12{,}5 \cdot 10^3$ J ❑ **c.** $+16{,}9 \cdot 10^3$ J
❑ **d.** $0{,}0$ J ❑ **e.** $+22{,}6 \cdot 10^3$ J

L'énoncé suivant est commun aux questions 7 et 8.

Un point matériel M de masse m peut se déplacer sur un axe Ox. En fonction de son abscisse x sur cet axe, l'énergie potentielle de M au voisinage de l'origine est donnée par :

$$\mathcal{E}_p(x) = -V_0(1 - 0{,}2x^2)$$

7. Quelle est l'expression de la force à laquelle est soumis M au voisinage de l'origine ?

❑ **a.** $0{,}4V_0x$ ❑ **b.** $-0{,}4V_0x$ ❑ **c.** $-0{,}2V_0x$
❑ **d.** $-V_0(\frac{1}{x} - 0{,}2x)$ ❑ **e.** $0{,}2V_0x^2$

8. Sous l'effet de cette force, le point M est animé d'un mouvement :

❑ **a.** Rectiligne uniforme

❑ **b.** Uniformément accéléré

❑ **c.** Sinusoïdale de période $T_0 = 2\pi\sqrt{\dfrac{m}{0{,}4V_0}}$

❑ **d.** Sinusoïdale de période $T_0 = 2\pi\sqrt{\dfrac{0{,}4V_0}{m}}$

❑ **e.** Aucune des propositions précédentes n'est correcte.

Corrigés

1. Bonnes réponses : **c**. et **e**.

La vitesse moyenne sur l'ensemble du parcours est :

$$v_{moy} = \frac{2\,\text{AB}}{\Delta t} \text{avec } \Delta t = t_1 + t_2$$

t_1 : durée pour effectuer la distance AB à la vitesse v_1
t_2 : durée pour effectuer la distance AB à la vitesse v_2

Comme $t_1 = \dfrac{\text{AB}}{v_1}$ et $t_2 = \dfrac{\text{AB}}{v_2}$, alors :

$$v_{moy} = \frac{2\text{AB}}{\frac{\text{AB}}{v_1} + \frac{\text{AB}}{v_2}} = \frac{2\text{AB}}{\frac{\text{AB}.v_2 + \text{AB}.v_1}{v_1.v_2}} = \frac{2v_1v_2}{v_1 + v_2}$$

Attention :

La vitesse moyenne est $v_{moy} = \dfrac{2v_1v_2}{v_1 + v_2}$ et non pas $v_{moy} = \dfrac{v_1 + v_2}{2}$

Numériquement :

$$v_{moy} = \frac{2 \times 96 \times 66}{96 + 66} = 78 \text{ km}\cdot\text{h}^{-1}, \text{ soit environ } 22 \text{ m}\cdot\text{s}^{-1}$$

2. Bonnes réponses : **b**. et **d**.

On choisit un axe vertical Oz orienté vers le bas ; l'origine O représente la position initiale de l'objet.

Au cours d'une chute libre, l'abscisse $z(t)$ et la vitesse $v(t)$ sont telles que : $z(t) = \frac{1}{2}gt^2$ et $v(t) = gt$ où t représente la durée de chute.

Soit t_f la durée de chute totale, durée correspondant à une chute telle que $z(t_f) = h$.

À la date $t_f - 1$, l'objet aura pour abscisse $z(t_f - 1) = h - 9{,}5$.

Comme $z(t_f - 1) = \frac{1}{2}g(t_f - 1)^2$ et $h = z(t_f) = \frac{1}{2}gt_f^2$, alors :

$$\frac{1}{2}g(t_f - 1)^2 = \frac{1}{2}gt_f^2 - 9{,}5$$

De la relation précédente, il en résulte :

$$\frac{1}{2}g(t_f^2 - 2t_f + 1) = \frac{1}{2}gt_f^2 - 9{,}5\,,$$

$$\text{soit } \frac{1}{2}gt_f^2 - gt_f + \frac{1}{2}g = \frac{1}{2}gt_f^2 - 9{,}5$$

d'où : $gt_f = \frac{1}{2}g + 9{,}5$ ou encore $t_f = \frac{1}{2} + \frac{9{,}5}{g}$

Numériquement : $t_f \simeq 1{,}47$ s.

La vitesse de l'objet, lorsqu'il touche le sol, est donc $v_f = 9{,}8 \times 1{,}47 = 14{,}4\ \text{m·s}^{-1}$, soit environ $52\ \text{km·h}^{-1}$.

3. Bonnes réponses : **b** et **d**.

- En élevant au carré les expressions (1) et (2), il vient :

$$\begin{cases} x^2 = (0{,}3)^2 \cos^2(0{,}5\pi t + 4{,}25) \\ y^2 = (0{,}3)^2 \sin^2(0{,}5\pi t + 4{,}25) \end{cases}$$

Soit :

$$\begin{aligned} x^2 + y^2 &= (0{,}3)^2 \left[\cos^2(0{,}5\pi t + 4{,}25) + \sin^2(0{,}5\pi t + 4{,}25)\right] \\ &= (0{,}3)^2 \end{aligned}$$

Les coordonnées du vecteur vitesse sont :

$$\begin{cases} (3)\dot{x} = -0{,}5\pi \times 0{,}3 \sin(0{,}5\pi t + 4{,}25) \\ (4)\dot{y} = 0{,}5\pi \times 0{,}3 \cos(0{,}5\pi t + 4{,}25) \end{cases}$$

La valeur de la vitesse est :

$$\begin{aligned} v &= \sqrt{\dot{x}^2 + \dot{y}^2} \\ &= \sqrt{(-0{,}5\pi \times 0{,}3)^2 \sin^2(0{,}5\pi t + 4{,}25) + (0{,}5\pi \times 0{,}3)^2 \cos^2(0{,}5\pi t + 4{,}25)} \\ &= 0{,}5\pi \times 0{,}3 = 4{,}7\text{m} \cdot \text{s}^{-1} \end{aligned}$$

L'équation précédente est l'équation d'un cercle de centre O, l'origine du repère, et de rayon $R = 0{,}3$ m.

- Les équations horaires sont de la forme $\begin{cases} (1)x = a\cos(\omega_0 t + \phi) \\ (2)y = a\sin(\omega_0 t + \phi) \end{cases}$

La pulsation vaut donc $\omega_0 = 0{,}5\pi \text{ rad} \cdot \text{s}^{-1}$, soit une période $T_0 = \dfrac{2\pi}{\omega_0} = \dfrac{2\pi}{0{,}5\pi} = 4 \text{ s}$.

La fréquence du mouvement est donc : $f = \dfrac{1}{4} = 0{,}25$ Hz.

4. Bonne réponse : **d**.

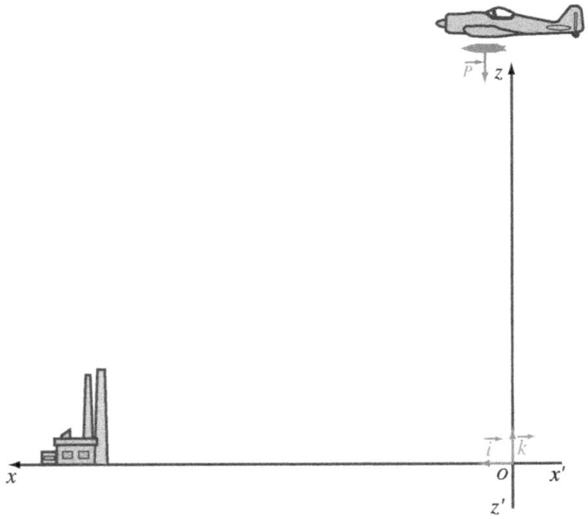

La 2e loi de Newton appliquée au projectile donne :

$$m\overrightarrow{a} = m\overrightarrow{g}, \text{ soit } \overrightarrow{a} = \overrightarrow{g}$$

Dans le repère $(O, \overrightarrow{i}, \overrightarrow{k})$, le vecteur $\overrightarrow{g}$ a pour coordonnées $\begin{cases} 0 \\ -g \end{cases}$.

Les coordonnées du vecteur accélération dans ce repère sont donc $\begin{cases} 0 \\ -g \end{cases}$.

Les conditions initiales sont : $\overrightarrow{v_0} \begin{cases} v_0 \\ 0 \end{cases}$ et $\overrightarrow{OM_0} \begin{cases} 0 \\ h \end{cases}$.

Le vecteur vitesse $\overrightarrow{v}$ est une primitive du vecteur accélération, donc :

$\overrightarrow{v} \begin{cases} \dot{x} = v_0 \\ \dot{z} = -gt \end{cases}$ (en tenant compte des conditions initiales).

Comme $\overrightarrow{v} = \dfrac{d\overrightarrow{OM}}{dt}$, alors :

$\overrightarrow{OM} \begin{cases} (1)\ x = v_0 t \\ (2)\ z = -\dfrac{1}{2}gt^2 + h \end{cases}$ (en tenant compte des conditions initiales).

De l'équation (1), on tire $t = \dfrac{x}{v_0}$.

En remplaçant t par sa valeur dans l'équation (2), il vient :

$$z = -\frac{1}{2}\frac{g}{v_0^2}x^2 + h$$

Le mouvement du projectile est donc un mouvement parabolique.

Le projectile touchera le sol lorsque $z = 0$, soit : $x = \sqrt{\dfrac{2v_0^2 h}{g}}$.

Numériquement : $x = \sqrt{\dfrac{2 \times 110^2 \times 2\,500}{9{,}8}} \simeq 2\,485$ m.

5. Bonne réponse : **b**.

Entre A et B, le sauteur, partant sans vitesse intiale, fait une chute de hauteur h.

Sa vitesse en B est donc :

$$v_B = \sqrt{2gh} \text{ avec } h = AB$$

Numériquement : $v_B = \sqrt{2 \times 9{,}8 \times 23} = 21{,}23\ \text{m} \cdot \text{s}^{-1}$

6. Bonne réponse : **d**.

La référence des énergies potentielles de pesanteur est prise pour $z = 0$ (au niveau du point A). En A, l'énergie mécanique du sauteur, égale à la somme de son énergie cinétique et son énergie potentielle, est donc nulle.

Comme l'énergie mécanique se conserve, alors en B : $\mathcal{E}_{mB} = 0$.

7. Bonne réponse : **b**.

Le point matériel M est soumis à une force $\overrightarrow{F}$ telle que $\overrightarrow{F} = -\overrightarrow{\text{grad}}\, \mathcal{E}_p(x)$. Le problème est à une seule dimension : abscisse x.

Ainsi : $\overrightarrow{F} = -\dfrac{d\mathcal{E}_p(x)}{dx}\overrightarrow{u_x}$, où $\overrightarrow{u_x}$ est un vecteur unitaire de l'axe Ox.

On peut donc écrire : $F_x = -\dfrac{d\mathcal{E}_p(x)}{dx}$, soit

$-\dfrac{d}{dx}(-V_0(1 - 0{,}2x^2)) = -V_0 \times (0{,}4x) = -0{,}4V_0x$.

8. Bonne réponse : **c**.

D'après la 2e loi de Newton, le point matériel M acquiert donc, sous l'effet de la force $\overrightarrow{F}$, une accélération $\overrightarrow{a}$ telle que :

$$\overrightarrow{F} = m\overrightarrow{a}$$

Après projection sur l'axe Ox, on obtient :

$$F_x = ma_x = m\ddot{x}$$

Soit :

$$-0{,}4V_0x = m\ddot{x} \text{ ou encore } \ddot{x} + \frac{0{,}4V_0}{m}x = 0$$

On retrouve l'équation différentielle de l'oscillateur harmonique qui oscille à la pulsation propre $\omega_0 = \sqrt{\dfrac{0{,}4V_0}{m}}$.

La période propre des oscillations est telle que :

$$T_0 = \frac{2\pi}{\omega_0} = 2\pi\sqrt{\frac{m}{0{,}4V_0}}$$

Théorie cinétique du gaz parfait

1. Théorie cinétique

a. Densité particulaire

On définit en tout point d'un gaz, la densité particulaire par :

$$n_v = \frac{dN}{dV}$$

dN : nombre de particules dans le volume dV
dV : volume élémentaire
n_v : densité particulaire

b. Hypothèses fondamentales

- Le gaz est supposé formé d'atomes ou de molécules suffisamment éloignés les uns des autres pour que les forces d'interaction restent relativement faibles.
- Les chocs entre les atomes (ou molécules) d'un gaz sont supposés être élastiques.
- Dans chaque élément de volume dV, le nombre de molécules par unité de volume est constant.
- Pour un gaz isolé formé de N molécules monoatomiques, la somme des énergies cinétiques de toutes les molécules est constante et l'énergie cinétique moyenne par molécule est donc :

$$\overline{e_c} = \frac{1}{N} \sum_{\text{sur toutes les molécules}} e_c$$

Les molécules d'un même gaz ayant toutes la même masse, donc :

$$\overline{v^2} = \frac{1}{N} \sum_{\text{sur toutes les molécules}} v^2$$

On définit la vitesse quadratique moyenne d'une molécule par :

$$u = \sqrt{\overline{v^2}}$$

c. Pression cinétique

La pression d'un gaz est interprétée comme la force moyenne résultant des chocs des molécules sur les parois par unité de surface :

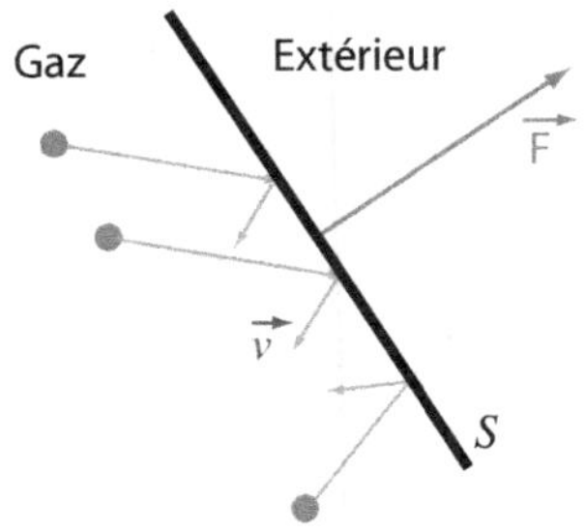

$$P = \frac{F}{S}$$

- P : pression en Pa
- F : force de pression en N
- S : surface en m^2

- Soit $\vec{F}$ la force exercée par une certaine molécule sur la paroi. D'après la 2e loi de Newton (ou théorème du centre d'inertie), $\vec{F} = \dfrac{\vec{dp}}{dt}$ où $\vec{p}$ est le vecteur quantité de mouvement.

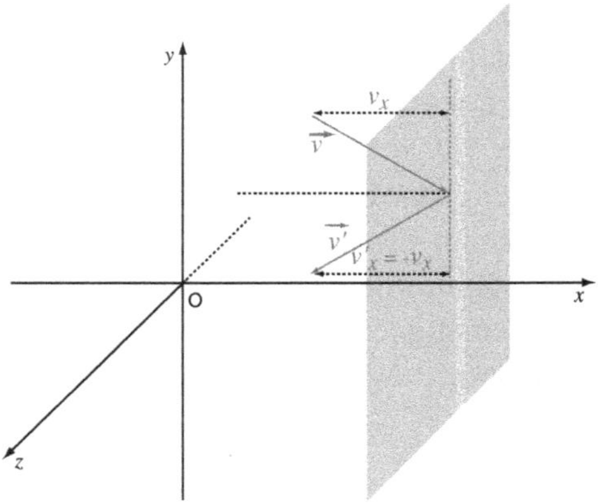

Chaque particule peut aller dans une des trois directions possibles et dans un des deux sens.
La variation de quantité de mouvement, suivant Ox, est $\Delta p_x = 2mv_x$.
Chaque molécule parcourt la distance $2l$ à la vitesse v_x, alors :

$$F = \frac{\Delta(mv_x)}{\Delta t} = \frac{2mv_x}{\frac{2l}{v_x}} = m\frac{v_x^2}{l}$$

d'où $F = \frac{m}{l}\sum_{i=1}^{N} v_{xi}^2 = \frac{m}{l}N\overline{v_x^2}$ avec $\overline{v_x^2} = \frac{\sum_{i=1}^{N} v_{xi}^2}{N}$

- Comme $\overrightarrow{v} = v_x\overrightarrow{i} + v_y\overrightarrow{j} + v_z\overrightarrow{k}$, alors :

$$v^2 = v_x^2 + v_y^2 + v_z^2 \text{ et } \overline{v^2} = \overline{v_x^2} + \overline{v_y^2} + \overline{v_z^2}$$

- Les molécules se déplacent au hasard (les vitesses n'ont donc pas de direction fixe), alors :

$$\overline{v_x^2} = \overline{v_y^2} = \overline{v_z^2} = \frac{\overline{v^2}}{3}$$

Ainsi :

$$F = \frac{m}{l}N\frac{\overline{v^2}}{3} = \frac{1}{3}n_v l^2 m\overline{v^2}$$

- La pression cinétique est par définition : $P = \frac{F}{S}$.

Donc :

$$P = \frac{1}{3}n_v m u^2 = \frac{2}{3}n_v\overline{e_c}$$

$$\text{soit } PV = \frac{1}{3}Mu^2$$

P : pression du gaz

$n_v = \frac{N}{V} = \frac{\text{nombre de molécules}}{\text{volume}}$: densité moléculaire

m : masse d'une molécule

M : masse molaire du gaz

$u = \sqrt{\overline{v^2}}$: vitesse quadratique moyenne

$\overline{e_c} = \frac{1}{2}mu^2$: énergie cinétique moyenne de translation d'une molécule

Attention : m en kg, M en kg · mol^{-1}.

d. Température d'un gaz

La température d'un gaz parfait monoatomique est définie par :

$$\overline{e_c} = \frac{1}{2}mu^2 = \frac{3}{2}k_B T \text{ ; } k_B\text{: constante de Boltzmann}$$

2. Distribution de Maxwell-Boltzmann – Fonction de distribution des vitesses

a. Loi de distribution

Pour un gaz en équilibre thermique à la température absolue T, à la pression P et de densité moléculaire $n_v = \frac{N}{V}$, formé de N particules sans interaction (ou en très faible interaction) :

$$f(v) = 4\pi\left(\frac{m}{2\pi k_B T}\right)^{3/2} e^{-\frac{mv^2}{2k_B T}} v^2$$

m : masse d'une molécule
k_B : constante de Boltzmann
T : température du gaz
v : vitesse moléculaire

La proportion de molécules telle que la vitesse soit comprise entre v et $v + dv$ est telle que :

$$\frac{dn_V}{n_V} = f(v)dv$$

b. Répartition des vitesses

vitesse la plus probable	v_p	$\sqrt{\frac{2k_B T}{m}} = \sqrt{\frac{2RT}{M}}$
vitesse moyenne	$\overline{v}$	$\sqrt{\frac{8k_B T}{\pi m}} = \sqrt{\frac{8RT}{\pi M}}$
vitesse quadratique moyenne	u	$\sqrt{\frac{3k_B T}{m}} = \sqrt{\frac{3RT}{M}}$

Attention :
m : masse d'une molécule en kg
M : masse molaire du gaz en $kg \cdot mol^{-1}$
k_B : constante de Boltzmann

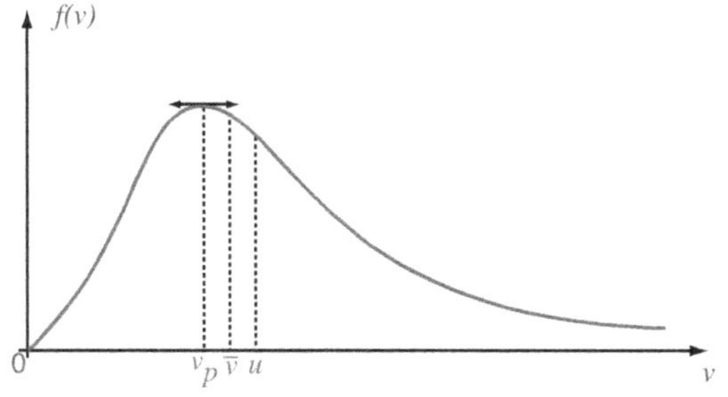

[IMPORTANT]

- La vitesse la plus probable pour une molécule est la vitesse qui rend maximale la fonction de distribution.
- Les vitesses v_p, $\overline{v}$ et u sont proportionnelles à $\sqrt{T}$.
- La vitesse quadratique moyenne u intervient dans l'interprétation microscopique de la pression alors que la vitesse moyenne $\overline{v}$ intervient lors de la diffusion des molécules.

3. Définition macroscopique. Équation d'état

- Comme $\overline{e_c} = \dfrac{1}{2}mu^2 = \dfrac{3}{2}k_BT$ et $P = \dfrac{1}{3}n_v mu^2$, alors :

$$PV = nRT \qquad \left| \begin{array}{l} n = \dfrac{N}{\mathcal{N}_A} : \text{quantité de matière en moles} \\ R = k_B \cdot \mathcal{N}_A : \text{constante des gaz parfaits} \end{array} \right.$$

L'équation $PV = nRT$ résume l'ensemble des propriétés des gaz connues sous le nom de loi de Mariotte, lois de Gay-Lussac, loi de Charles, loi d'Avogadro et loi de Dalton.

- Mélange de gaz parfaits : loi de Dalton, $P = \sum_i P_i$ où P est la pression totale du mélange et P_i la pression partielle du gaz i :

$$P_i = X_i P \text{ avec } X_i = \frac{n_i}{n}$$

avec $n = \sum_i n_i$, X_i représente la fraction molaire du gaz i.

Tout se passe comme si le mélange était formé de différents gaz parfaits i de x_i moles occupant indépendamment les uns des autres tout le volume V aux pressions $P_i = n_i \dfrac{RT}{V}$.

FICHE COURS 8

[Thermodynamique] Statique des fluides ou hydrostatique

1. Pression statique en un point d'un fluide

La force pressante $\overrightarrow{dF}$ exercée par un fluide en équilibre sur un élément de surface dS est donnée par :

$$\overrightarrow{dF} = -PdS\overrightarrow{n}$$; $\overrightarrow{dF}$ est normale à l'élément de surface dS de centre M

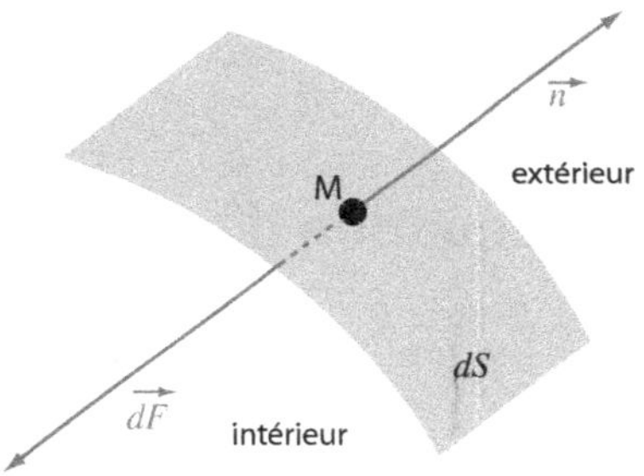

$\overrightarrow{n}$: normale à la surface, dirigée vers l'extérieur

$\overrightarrow{dF}$: force exercée sur l'élément de surface dS

P : pression régnant au point M

L'unité de pression est le Pascal (Pa) ou $N \cdot m^{-2}$

Autres unités :

1 atm = 76 cm de mercure = 1 013 millibars = $1{,}013 \cdot 10^5$Pa

[IMPORTANT]

- La force de pression agit toujours vers l'intérieur du volume délimité par l'élément de surface dS.
- La pression P est indépendante de la surface et de son orientation.

2. Relation fondamentale de l'hydrostatique

Un élément de fluide de volume dV et de masse volumique ρ est en équilibre sous l'action :

- des forces pressantes : $\overrightarrow{dF} = -PdS\overrightarrow{n}$
- de la force de pesanteur : $\overrightarrow{dp} = \rho dV\overrightarrow{g}$

La condition d'équilibre de la particule fluide de masse dm et de volume dV conduit à la relation fondamentale :

$$dP = -\rho g dz \text{ ou } \overrightarrow{\text{grad}}\, P = \rho \overrightarrow{g}$$

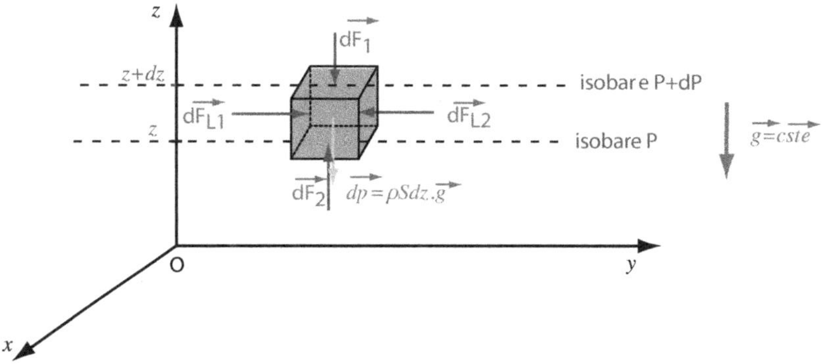

dP : variation de pression
ρ : masse volumique du fluide
$\overrightarrow{g}$: champ de pesanteur
dz : variation d'altitude

3. Variations de pression en fonction de l'altitude

a. Cas d'un liquide

Dans le cas d'un fluide incompressible, $\rho = cste$, et si g est supposé uniforme alors :

$$\int_{P_A}^{P_B} dP = -\int_{z_A}^{z_B} \rho g dz$$

Soit : $$P_B - P_A = -\rho g(z_B - z_A)$$

ou encore : $$P_A = P_B + \rho g h \text{ avec } h = z_B - z_A$$

b. Cas d'un gaz

Pour un gaz supposé parfait :

$$PV = nRT = \frac{m}{M}RT, \text{ soit } PM = \rho RT$$

De la relation :

$$dP = -\rho g dz \text{ avec } \rho = \frac{PM}{RT}$$

il vient :

$$\frac{dP}{P} = -\frac{M}{RT} g dz$$

En supposant le gaz isotherme ($T = cste$) et en intègrant de z_0 où la pression vaut P_0 jusqu'à z où la pression vaut P, alors :

$$\int_{P_0}^{P} \frac{dP}{P} = \int_{z_0}^{z} -\frac{M}{RT} g dz = -\frac{M}{RT} g(z - z_0)$$

soit :

$$P = P_0 e^{-\frac{M}{RT} g(z-z_0)}$$

4. Surface libre d'un liquide

La surface libre d'un liquide est une surface isobare.
Si la seule force extérieure est la force de pesanteur alors, $\overrightarrow{\text{grad}} P = \rho \overrightarrow{g}$.
Comme $dP = \overrightarrow{\text{grad}} P \cdot \overrightarrow{dl}$ (par définition du gradient) et pour une isobare $dP = 0$ alors :

$$\overrightarrow{\text{grad}}\, P \perp \overrightarrow{dl}$$

Conclusion : la surface libre d'un liquide au repos est orthogonale aux lignes du champ de pesanteur. Elle est donc plane et horizontale dans une région où $\overrightarrow{g}$ est uniforme.

Premier principe de la thermodynamique

1. Principe de l'équivalence

Lorsqu'un système parcourt un cycle de transformations au cours duquel il échange du travail et de la chaleur avec le milieu extérieur, alors :

$$W + Q = 0$$

W : travail échangé
Q : chaleur échangée avec le milieu extérieur

Conventions :

- $W > 0$: le système reçoit du travail de la part du milieu extérieur ;
- $W < 0$: le système cède du travail au milieu extérieur ;
- $Q > 0$: le système reçoit de la chaleur du milieu extérieur ;
- $Q < 0$: le système cède de la chaleur au milieu extérieur.

2. Premier principe : énergie interne

a. Travail mécanique de la force de pression extérieure

Le milieu extérieur exerce au niveau de la paroi du système une pression extérieure P_e. Le travail élémentaire des forces de pression se met sous la forme suivante :

$$\delta W = -P_e dV, \text{ soit } W = \int_{V_i}^{V_f} -P_e dV$$

[ATTENTION]

Généralement, W dépend du chemin suivi et n'est pas une fonction d'état.

Exemple

Si la transformation est quasi-statique isobare ($P = cste$), alors $W = -P_e(V_f - V_i)$.

b. Énergie interne

À tout système est associé une fonction d'état U appelée énergie interne. Au cours d'une tranformation élémentaire, un système échange avec le milieu extérieur un travail élémentaire δW et une quantité de chaleur δQ. L'énergie interne du système subit alors la variation :

$$dU = \delta W + \delta Q$$
(pour une transformation élémentaire)

Pour un système macroscopiquement au repos, l'expression précédente devient :

$$\Delta U = W + Q$$
(principe de conservation de l'énergie)

ΔU : variation d'énergie interne, indépendante du chemin suivi
W : travaux reçus par le système
Q : quantité de chaleur échangée avec le milieu extérieur

Exemples :

- Pour un cycle : $U_f = U_i$, on a donc $\Delta U = 0$ et $W + Q = 0$.
- Pour un système thermiquement isolé ($Q = 0$), on a donc $\Delta U = W$ soit $dU = dW$ (transformation adiabatique).
- Pour un gaz parfait monoatomique : $U = \frac{3}{2} nRT$.

3. Enthalpie. Capacités calorifiques

a. Enthalpie

L'enthalpie H est une fonction d'état, extensive, définie à une constante près telle que :

$$H = U + PV$$

[IMPORTANT]

Pour un gaz parfait monoatomique $H = U + PV = \frac{3}{2}nRT + nRT = \frac{5}{2}nRT$.

b. Capacités calorifiques

On définit les capacités calorifiques à volume constant et à pression constante par :

$$C_V = (\frac{\partial U}{\partial T})_V \text{ : capacité calorifique à volume constant en J} \cdot \text{K}^{-1}$$

et

$$C_P = (\frac{\partial H}{\partial T})_P \text{ : capacité calorifique à pression constante en J} \cdot \text{K}^{-1}$$

Parfois, on utilise les capacités calorifiques molaires définies par :

$$C_{mv} = M \cdot C_V \text{ et } C_{mp} = MC_P$$

où M représente la masse molaire en $\text{g} \cdot \text{mol}^{-1}$

[IMPORTANT]

Pour un gaz parfait, les chaleurs massiques C_V et C_P sont reliées par le coefficient :

$$\gamma = \frac{C_P}{C_V}$$

Relation de Robert Mayer :

$$C_P - C_V = \frac{R}{M}$$

Ainsi :

$$C_V = \frac{R}{M(\gamma - 1)} \text{ et } C_P = \frac{\gamma R}{M(\gamma - 1)}$$

4. Les lois de Joule

a. Première loi de Joule

Pour un gaz parfait, l'énergie interne ne dépend que de la température :

$$dU = mC_V dT = nC_{mv} dT$$
$$(C_{mv} = M \cdot C_V)$$

dU : variation d'énergie interne
m : masse du système
$C_V = (\frac{\partial U}{\partial T})_V$: capacité calorifique à volume constant
n : quantité de matière
$C_{mv} = \frac{C_v}{n}$: capacité calorifique molaire

b. Deuxième loi de Joule

Pour un gaz parfait, l'enthalpie ne dépend que de la température :

$$dH = mC_P dT \underset{(C_{mp}=MC_P)}{=} nC_{mp} dT$$

dH : variation d'enthalpie
m : masse du système
$C_P = (\frac{\partial H}{\partial T})_P$: capacité calorifique à pression constante
n : quantité de matière
$C_{mp} = \frac{C_p}{n}$: capacité calorifique molaire

5. Relation de Robert Mayer

Pour un gaz parfait on a : $U = \frac{3}{2}nRT$ et $H = \frac{5}{2}nRT$.
Comme $dU = nC_{mv}dT$ (d'après la 1re loi de Joule) et $dH = nC_{mp}dT$ (d'après la 2e loi de Joule), alors :

$$C_{mp} - C_{mV} = R$$

Ainsi :

$$C_{mV} = \frac{R}{\gamma - 1} \text{ et } C_{mP} = \frac{\gamma R}{\gamma - 1}$$

Paramètres d'état. Transformations. Travail échangé au cours d'une transformation réversible

1. Définitions

- Système : c'est l'ensemble d'éléments (que l'on étudie) séparé du reste de l'univers (milieu extérieur) par une frontière (paroi) :
  - le système est dit ouvert si la paroi est perméable ;
  - le système est dit fermé si la paroi est imperméable ;
  - le système est dit isolé s'il n'existe aucun échange avec le milieu extérieur.
- Paramètres d'état : l'état d'un système est défini par l'ensemble de ses propriétés macroscopiques instantanées. Ce sont les grandeurs extensives (masse, volume...) ou intensives (masse volumique, température...).
- Transformation : une transformation est le passage d'un état initial à un état final. Elle peut être :
  - isobare : la pression P est constante en tout point du système ;
  - isotherme : la température T est constante en tout point du système ;
  - isochore : le volume V du système reste constant ;
  - adiabatique : il n'y a pas d'échange de chaleur.
- Une transformation réversible est une succession d'équilibres voisins (quasi-statiques) tels que l'on puisse repasser par les états antérieurs.
- Pour une transformation irréversible, les états intermédiaires ne sont pas des états d'équilibres.

[IMPORTANT]

La plupart des transformations réelles présentent un caractère irréversible. C'est le cas, par exemple, des transformations qui s'accompagnent d'échanges de chaleur.

Les différentes transformations sont représentées ci-après (diagramme de Clapeyron) :

Transformation isobare

$P = P_0 = cste$; $\frac{V_i}{T_i} = \frac{V_f}{T_f}$

Transformation isotherme

$T = cste$; $P_iV_i = P_fV_f$

Transformation isochore

$V = cste$; $\frac{P_i}{T_i} = \frac{P_f}{T_f}$

Transformation adiabatique

$PV^{\gamma} = cste$

$P_iV_i^{\gamma} = P_fV_f^{\gamma}$

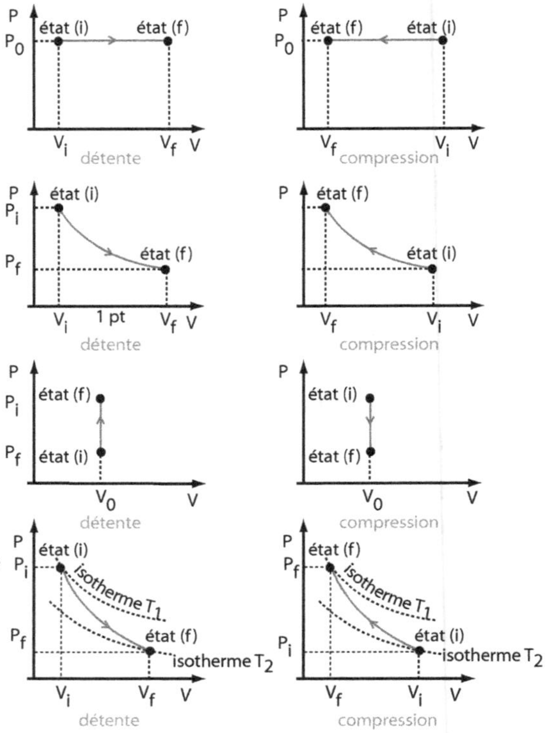

2. Expressions du travail échangé pour les différentes transformations

Dans le cas d'une transformation réversible, la pression du système est $P = Pe$.

Le travail élémentaire échangé s'écrit donc :

$$\delta W = -PdV$$

- Pour une transformation isochore, $V_i = V_f = cste$. Ainsi :

$$W = -\int_{V_i}^{V_f} PdV = 0$$

- Pour une transformation isobare, $P_i = P_f = cste$. Ainsi :

$$W = -\int_{V_i}^{V_f} PdV = -P_0(V_f - V_i)$$

- Pour une transformation isotherme, $T = cste$ et $P = \frac{nRT}{V}$ (pour un gaz parfait). Ainsi :

$$W = -\int_{V_i}^{V_f} PdV = -\int_{V_i}^{V_f} \frac{nRT}{V}dV = -nRT\ln\frac{V_f}{V_i}$$

Pour une transformation adiabatique, $PV^{\gamma} = cste$. Ainsi :

$$W = -\int_{V_i}^{V_f} PdV = \frac{P_f V_f - P_i V_i}{\gamma - 1}$$

FICHE COURS 11

[Thermodynamique] Second principe de la thermodynamique

1. Entropie

Tout système est caractérisé par une fonction d'état, notée S, appelée entropie.

L'entropie S possède les propriétés suivantes :

- S est une fonction d'état liée au désordre moléculaire ;
- S est une grandeur extensive additive.

2. Second principe de la thermodynamique

- Pour une transformation réversible, l'entropie d'un système isolé reste constante et augmente strictement jusqu'à l'établissement d'un état d'équilibre, si la transformation est irréversible :

$$dS = \frac{\delta Q}{T} + \delta S_{irrev}$$

δQ : transferts de chaleur vers le système
T : température de surface du système
δS_{irrev} : création d'entropie ; $\delta S_{irrev} \geqslant 0$

- Pour une transformation réversible :

$$S_f - S_i = \int_{E_i}^{E_f} \frac{\delta Qr}{T}$$

δQ_r : chaleur élémentaire échangée le long d'un chemin réversible
T : température de la source

3. Entropie d'une mole de gaz parfait

a. Idendités thermodynamiques

De $dU = \delta W + \delta Q$ et $dH = dU + d(PV)$, il vient :

$$dU = -PdV + \delta Q \text{ et } dH = VdP + \delta Q$$

Comme $\delta Q = TdS$, alors :

$$dU = TdS - PdV \text{ et } dH = TdS + VdP$$

b. Cas du gaz parfait

Des définitions de C_{mv} et de C_{mp}, il vient :

$$dS = C_{mp}\frac{dT}{T} - R\frac{dP}{P}, \text{ en fonction de } T \text{ et } P$$

$$dS = C_{mv}\frac{dT}{T} + R\frac{dV}{V}, \text{ en fonction de } T \text{ et } V$$

$$dS = C_{mp}\frac{dV}{V} + C_{mv}\frac{dP}{P}, \text{ en fonction de } V \text{ et } P$$

c. Variation d'entropie d'une mole de gaz parfait

- Pour une transformation isochore : $\Delta S = C_{mv} \ln \frac{T_2}{T_1}$
- Pour une transformation isobare : $\Delta S = C_{mp} \ln \frac{T_2}{T_1}$
- Pour une transformation isotherme : $\Delta S = R \ln \frac{P_1}{P_2} = R \ln \frac{V_2}{V_1}$
- Pour une transformation adiabatique reversible : $\Delta S = 0$

4. Machines thermiques

a. Premier et second principes appliqués sur un cycle

Le long d'un cycle, la variation d'énergie interne est nulle (d'après le premier principe). À tout cycle de transformation correspond une variation d'entropie nulle (S est une fonction d'état), soit :

$$\Delta U = [W + Q]_{\text{cycle}} = 0 \text{ et } \Delta S = 0$$

b. Cycle de Carnot. Machines dithermes

Cycle ditherme

Le système qui le décrit est successivement en contact thermique avec deux sources de chaleur : une source S_1 à la température T_1 et une source S_2 à la température T_2.

Cycle de Carnot

Un cycle de Carnot est un cycle ditherme réversible.

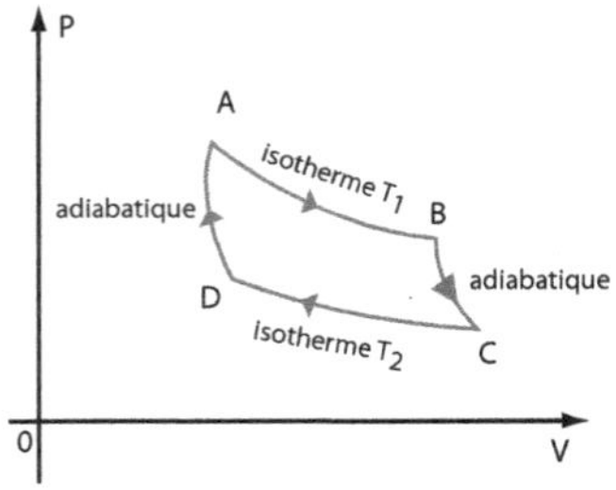

(AB) : isotherme T_1
(CD) : isotherme T_2

$$T_1 > T_2$$

(BC) et (DA) : deux adiabatiques
Q_1 : quantité de chaleur échangée au cours de l'isotherme T_1, $Q_1 > 0$
Q_2 : quantité de chaleur échangée au cours de l'isotherme T_2, $Q_2 < 0$

La machine thermique peut fournir du travail W en empruntant la quantité de chaleur Q_1 à la source chaude et en restituant la quantité de chaleur Q_2 à la source froide : $W = -Q_1 - Q_2$.

Rendement et efficacité

- Pour un **moteur thermique**, on définit le rendement η par :

$$\eta = -\frac{W}{Q_1}$$

Dans le cas du cycle de carnot, $\eta = 1 + \dfrac{Q_2}{Q_1} = 1 - \dfrac{T_2}{T_1}$

- Pour une **machine frigorifique**, on définit l'efficacité e, ou coefficient de performance, par :

$$e = \frac{Q_2}{W}$$

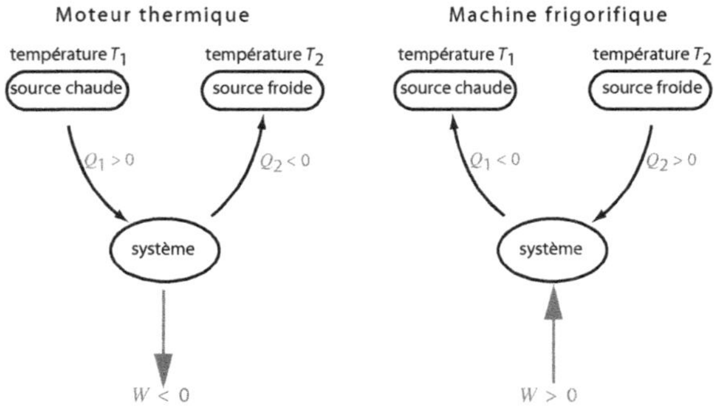

[Thermodynamique]
Changements de phases d'un corps pur

FICHE COURS 12

1. Les différentes transformations

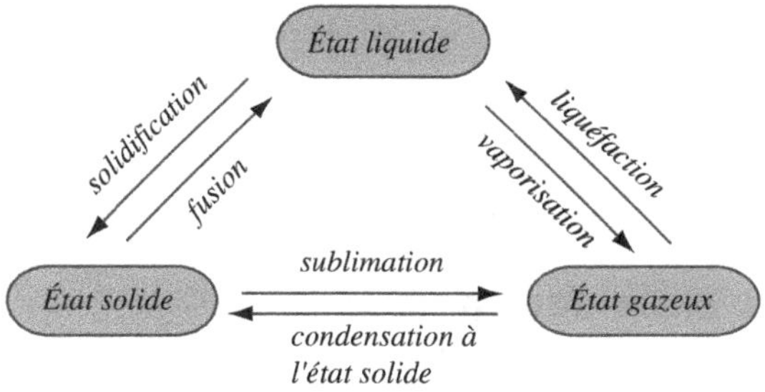

2. Courbe d'équilibre. Diagramme (*P*, *T*)

La courbe ci-après représente les trois courbes d'équilibres $P = f(T)$ d'un corps pur sous deux phases :

- la courbe de fusion : solide $\overset{\text{fusion}}{\rightleftarrows}$ liquide ;
- la courbe de vaporisation : liquide $\overset{\text{vaporisation}}{\rightleftarrows}$ vapeur ;
- la courbe de sublimation : solide $\overset{\text{sublimation}}{\rightleftarrows}$ vapeur.

Considérons un point M de coordonnées (T, P).

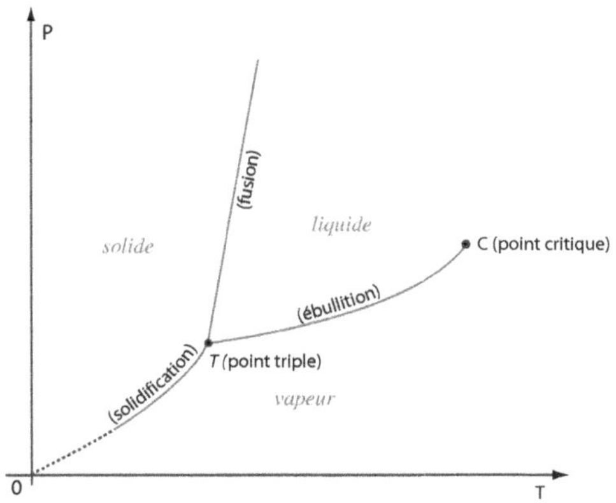

Si le point M appartient à l'une des trois courbes, alors on aura un équilibre entre deux phases ; sinon le corps existe sous une seule phase (solide, liquide ou gaz).

[IMPORTANT]

- Au point triple *T*, les trois phases coexistent à l'équilibre.
- Au-delà du point critique *C*, on ne peut plus différencier les deux phases liquide et gaz : il existe une seule phase appelée fluide.

3. Équilibre liquide - vapeur Diagramme de Clapeyron

a. Équilibre entre deux phases

Un corps pur peut exister sous deux phases fluides :

$$\text{liquide} \underset{\text{liquéfaction}}{\overset{\text{vaporisation}}{\rightleftarrows}} \text{vapeur}$$

La vapeur, plus légère
Le liquide, plus dense

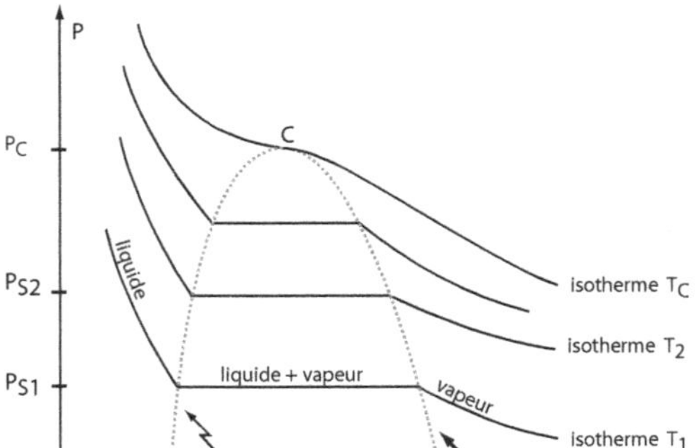

[ATTENTION]

Cet équilibre n'est réalisable qu'entre un point critique et un point triple :

- point critique : température et pression critiques constituent les bornes supérieures au-dessus desquelles la coexistence des deux phases est impossible,
- point triple : c'est la borne inférieure pour la pression et la température, où liquide et vapeur sont en équilibre avec le solide.

b. Pression de vapeur saturante

La pression à l'équilibre, appelée vapeur saturante, est notée P_S. P_S est une fonction de la température.

- Si $P < P_S$, on a uniquement de la vapeur sèche, gaz qui se comporte approximativement comme un gaz parfait.
- Si $P = P_S$, on a un mélange liquide – vapeur en équilibre.
- Si $P > P_S$, on a uniquement la phase liquide.

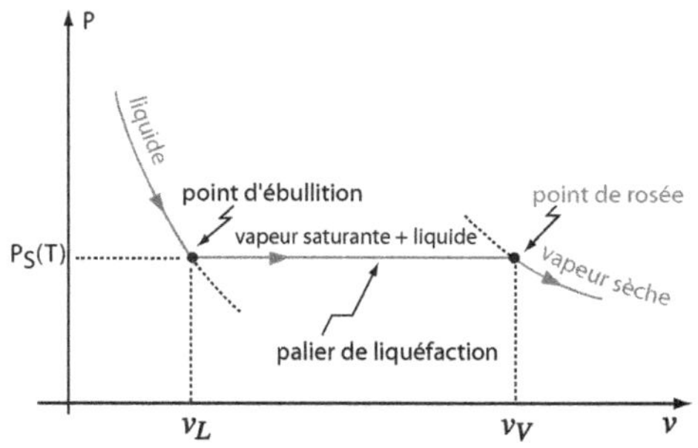

c. Mesure de la pression de vapeur saturante

La mesure de la pression de vapeur saturante P_S peut se faire par deux méthodes :

- La méthode statique : dans une enceinte prise à la température T, on mesure la pression P. Lorsque l'équilibre liquide – vapeur est atteint, alors $P = P_S$.
- La méthode dynamique : un liquide bout à la température T lorsque sa pression est $P = P_S$. La mesure de la pression P nous renseigne sur P_S.

d. Pression de vapeur saturante de l'eau

- La pression de la vapeur saturante de l'eau (en atmosphères) entre 0 et 130°C est donnée par la formule empirique de Rankine :

$$\ln P_S = 13{,}7 - \frac{5\,120}{T}$$

| P_S : pression de vapeur saturante en atm
| T : température absolue en K

- Pour des températures comprises entre 100 et 200° C, P_S est donnée, avec une bonne approximation, par la formule empirique de Duperray :

$$P_S = (\frac{\theta}{100})^4$$

| P_S : pression de vapeur saturante en atm
| θ : température en ° C

4. Relation de Clapeyron

Le changement d'une phase (1) à une phase (2) est un processus réversible qui s'effectue à P et T constants. Il s'accompagne toujours d'une absorption ou d'une libération de chaleur :

$$L_{1\to 2} = T(u_2 - u_1)\left(\frac{dP}{dT}\right)_{T1\to 2}$$

| $L_{1\to 2}$: chaleur latente massique de passage de la phase (1) à la phase (2)
| T : température de changement d'état
| u_1 : volume massique du corps dans la phase (1)
| u_2 : volume massique du corps dans la phase (2)

1. Notion de flux

a. Vecteur densité de courant de particules

Par analogie avec le vecteur densité de courant, on définit le vecteur densité de courant de diffusion de particules par :

$$\overrightarrow{J} = n_v \cdot \overrightarrow{v} \quad ;$$
(J en particules · $m^{-2} \cdot s^{-1}$ et n_V en m^{-3})

n_v : nombre de particules par unité de volume

b. Flux de particules à travers une surface S

C'est le nombre de particules traversant cette surface par unité de temps, soit :

$$\Phi = \frac{dN}{dt} = \iint_{(S)} \overrightarrow{J} \cdot \overrightarrow{dS}$$
(Φ en particules·s^{-1})

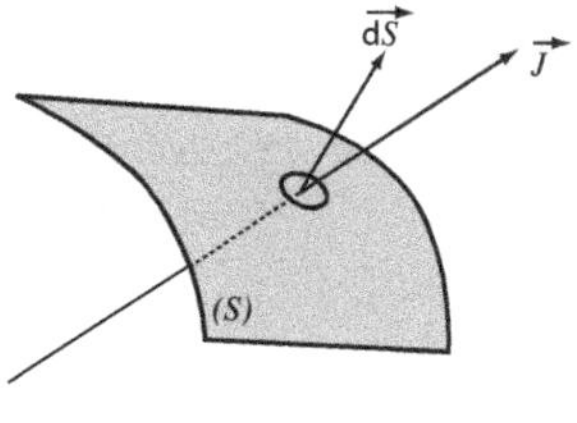

[IMPORTANT]

Le flux Φ représente un débit de particules.

2. Première loi de Fick

La variation de la concentration est caractérisée par son gradient :

$$\begin{cases} (1)\ \overrightarrow{\text{grad}} n_V = \dfrac{\partial n_v}{\partial x}\overrightarrow{u_x}, n_v : \text{nombre de particules par unité de volume} \\ \text{ou} \\ (2)\ \overrightarrow{\text{grad}} C = \dfrac{\partial C}{\partial x}\overrightarrow{u_x}, C : \text{concentration en mol} \cdot \text{m}^{-3} \end{cases}$$

La densité de flux de particules est proportionnelle en chaque point au gradient de concentration, soit :

$$\begin{cases} (1)\ J(x) = -D\dfrac{\partial n_v}{\partial x},\ J(x) \text{ en particules} \cdot \text{m}^{-2} \cdot \text{s}^{-1} \\ \qquad\qquad \text{ou} \\ (2)\ J(x) = D\dfrac{\partial C}{\partial x},\ J(x) \text{ en mol} \cdot \text{m}^{-2} \cdot \text{s}^{-1} \end{cases} \quad \text{(Première loi de Fick)}$$

Dans le cas général (problème à trois dimensions) la première loi de Fick s'écrit :

$$\vec{J} = -D\,\overrightarrow{\text{grad}}\,n_v \text{ avec } \overrightarrow{\text{grad}}\,n_v = \frac{\partial n_v}{\partial x}\vec{u_x} + \frac{\partial n_v}{\partial y}\vec{u_y} + \frac{\partial n_v}{\partial z}\vec{u_z}$$

[IMPORTANT]

- La 1re loi de Fick traduit la tendance à l'étalement.
- Le flux de particules est proportionnel au gradient de concentration de ces particules.
- Le signe « – » indique que la diffusion s'effectue dans le sens des concentrations décroissantes.
- Le coefficient D dépend de la grosseur des molécules diffusantes et de la nature du solvant.
- Le nombre de particules qui diffusent par unité de temps à travers une surface S normale à Ox s'écrit donc :

$$\Phi(x) = J(x)S$$

Par conséquent, les équations précédentes deviennent :

$$\begin{cases} (3)\ \Phi(x) = -DS\dfrac{\partial n_v}{\partial x} \\ \qquad \text{ou} \\ (4)\ \Phi(x) = -DS\dfrac{\partial C}{\partial x} \end{cases}$$

3. Équation de diffusion. Deuxième loi de Fick

a. Conservation du nombre de particules

Le bilan qui traduit la conservation du nombre de particules s'écrit :

$$\text{Accumulation} = \text{flux entrant} - \text{flux sortant}$$

Considérons un cylindre de section S et de génératrices parallèles à l'axe Ox.

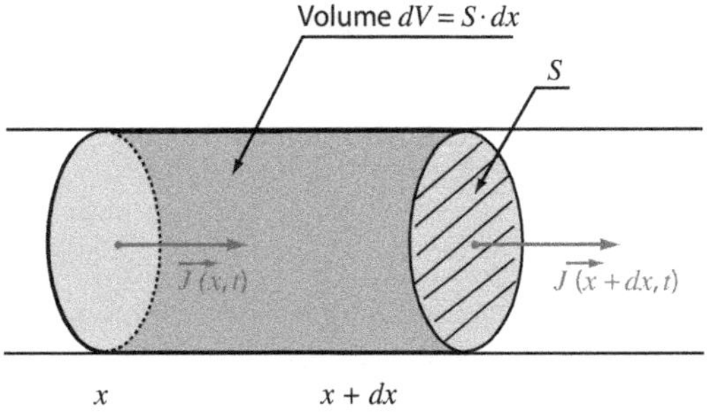

Dans le volume élémentaire $dV = S \cdot dx$, le nombre de particules accumulées dans le volume dV par unité de temps est :

$$\frac{\partial}{\partial t}(n_v S dx) = \frac{\partial n_v}{\partial t} S dx \,;\, S = cste$$

Exprimons les flux au niveau des bases du cylindre d'abscisses x et $x + dx$:

$$\begin{cases} \Phi(x) = J(x)S : \text{flux entrant} \\ \qquad\qquad \text{et} \\ \Phi(x+dx) = J(x+dx)S : \text{flux sortant} \end{cases}$$

Ainsi :

$$\begin{aligned} \frac{\partial n_v}{\partial t} S dx &= \underset{\text{(flux entrant)}}{J(x)S} - \underset{\text{(flux sortant)}}{J(x+dx)S} \text{ avec } J(x) - J(x+dx) \\ &= \frac{\partial J(x)}{\partial x} dx \end{aligned}$$

b. Équation de diffusion

L'équation $\frac{\partial n_v}{\partial t} S dx = \underset{\text{(flux entrant)}}{J(x)S} - \underset{\text{(flux sortant)}}{J(x+dx)S}$ donne $\frac{\partial n_v}{\partial t} = -\frac{\partial J(x)}{\partial x}$.

En combinant l'équation précédente avec la 1re loi de Fick, il vient :

$$D\frac{\partial^2 n_v}{\partial x^2} = \frac{\partial n_v}{\partial t}$$

ou

$$D\frac{\partial^2 C}{\partial x^2} = \frac{\partial C}{\partial t}$$

n_v : nombre de particules par unité de volume en m^{-3} (seconde loi de Fick)

C : concentration en $mol \cdot m^{-3}$

[ATTENTION]

L'équation $D\frac{\partial^2 n_V}{\partial x^2} = \frac{\partial n_V}{\partial t}$ est une équation aux dérivées partielles et sa résolution sort du cadre du programme de L1 santé. Elle traduit simplement la conservation de la matière.

Thermodynamique chimique

1. Les fonctions thermodynamiques

a. Potentiel chimique

Pour un système ouvert, masse et composition chimique sont variables. L'énergie interne U du système dépend de S, V et n_i, soit :

$$U = U(S, V, n_i)$$

La différentielle totale de U s'écrit :

$$dU = TdS - PdV + \sum_{i=1}^{N} \mu_i dn_i$$

avec $\mu_i = \left(\dfrac{\partial U}{\partial n_i}\right)_{S,V,n_j \neq n_i}$

μ_i : potentiel chimique du constituant i

Pour P et T constants, on obtient :

$$U = TS - PV + \sum_{i=1}^{N} \mu_i n_i$$

b. Fonctions d'états H, F et G et potentiel chimique μ_i

On définit les fonctions d'états H (enthalpie), G (enthalpie libre ou fonction de Gibbs) et F (énergie libre ou fonction de Helmholtz) par :

$$H = TS + \sum_{i=1}^{N} \mu_i n_i$$

$$F = -PV + \sum_{i=1}^{N} \mu_i n_i$$

$$G = \sum_{i=1}^{N} \mu_i n_i$$

[IMPORTANT]

- Si l'on désigne par g_i l'enthalpie libre partielle du constituant i, alors :

$$\mu_i = g_i \text{ et } G = \sum_{i=1}^{N} g_i n_i$$

- Le potentiel chimique peut être défini à partir des fonctions H, F et G telles que :

$$dH = VdP + TdS + \sum_{i=1}^{N} \mu_i dn_i, \quad \mu_i = \left(\frac{\partial H}{\partial n_i}\right)_{P,S,n_j \neq n_i}$$

$$dF = -PdV - SdT + \sum_{i=1}^{N} \mu_i dn_i, \quad \mu_i = \left(\frac{\partial F}{\partial n_i}\right)_{V,T,n_j \neq n_i}$$

$$dG = VdP - SdT + \sum_{i=1}^{N} \mu_i dn_i, \quad \mu_i = \left(\frac{\partial G}{\partial n_i}\right)_{T,P,n_j \neq n_i}$$

2. Condition d'équilibre physique

Soit un système constitué de deux phases (notées φ_1 et φ_2) en équilibre à T et P donnés, par exemple :

$$\varphi_1 \rightleftarrows \varphi_2$$

$$dG = \left(\frac{\partial G}{\partial P}\right)_{T,n_1,n_2} dP + \left(\frac{\partial G}{\partial T}\right)_{P,n_1,n_2} dT + \mu_1 dn_1 + \mu_2 dn_2$$

Condition d'équilibre :

$$dG_{T,P} = 0 \text{ soit } \mu_1 dn_1 + \mu_2 dn_2 = 0$$

[IMPORTANT]

Pour un système fermé, on a $n = n_1 + n_2 = cste$. Par suite :

$$dG_{T,\,P} = \mu_1 dn_1 - \mu_2 dn_1 = 0, \text{ soit } \mu_1 = \mu_2$$

Dans le cas de l'équilibre chimique :

$$\alpha A + \beta B \rightleftarrows \gamma C + \delta D$$

à T et P donnés :

$$dG_{T,P} = \mu_A dn_A + \mu_B dn_B + \mu_C dn_C + \mu_D dn_D$$

À l'équilibre chimique $dG_{T,P} = 0$, soit :

$$\sum \nu_{\text{produit}}\,\mu_{\text{produit}} - \sum \nu_{\text{réactif}}\,\mu_{\text{réactif}} = 0$$

3. Expressions du potentiel chimique

a. Corps pur gazeux

- Cas d'une phase homogène formée d'un seul constituant :

$$G = n\mu$$

- Si le gaz est supposé parfait :

$$\mu(P,T) = \mu^0(T) + RT\,\ln a \text{ avec } a = \frac{P}{P_0} : \text{activité du gaz}$$

b. Mélange de gaz parfaits

Pour le gaz i :

$$\mu_i(P,T) = \mu_i^0(T) + RT\,\ln\frac{P_i}{P_0} = g_i + RT\,\ln X_i$$

$g_i = \mu_i^0 + RT\,\ln\dfrac{P}{P_0}$: enthalpie libre partielle du constituant i
P_i : pression partielle du gaz i
$X_i = \dfrac{n_i}{n} = \dfrac{P_i}{P}$: fraction molaire du constituant i
P : pression du mélange gazeux

c. Constituant d'une phase liquide idéale

- Pour le constituant i d'une phase liquide idéale :

$$\mu_i(X_i,T) = \mu_i^0(T) + RT\ln X_i$$

$\mu_i^0(T)$: potentiel chimique dans l'état standard (constituant i séparé, pur) à la température T,
X_i : fraction molaire du constituant i

- Le potentiel chimique d'un constituant i d'une phase liquide idéale est donné par :

$$\mu_i(X_i,T) = \mu_i^0(T) + RT \ln X_i$$

- Soluté dans une phase liquide

Pour le soluté S :

$$\mu_S(C_S,T) = \mu_S^0(T) + RT \ln C_S$$

C_S : concentration molaire du soluté S (en $\text{mol} \cdot \text{L}^{-1}$)
$\mu_S^0(T)$: potentiel chimique dans l'état standard (solution du soluté S à 1 $\text{mol} \cdot \text{L}^{-1}$), à la température T

4. Étude des solutions

a. Ébullioscopie. Augmentation de la température d'ébullition du solvant

L'ébullition correspond à la transformation :

$$\text{liquide} \underset{\text{ébullition}}{\longrightarrow} \text{gaz}$$

La dissolution d'une faible quantité de soluté dans un solvant entraîne une augmentation de sa température d'ébullition à pression constante :

$$\Delta T = \frac{RT_{eb}^2 X_1}{L_v} = K_{éb} C_S,\ \Delta T > 0$$

b. Cryoscopie. Abaissement de la température de fusion du solvant

La fusion correspond à la transformation :

$$\text{solide} \underset{\text{fusion}}{\longrightarrow} \text{liquide}$$

La dissolution d'une faible quantité de soluté dans un solvant entraîne une diminution de sa température de fusion à pression constante :

$$\Delta T = -\frac{RT_f^2 X_1}{L_f} = -K_f C_S,\ \Delta T < 0$$

QCM

Énoncés

1. La vitesse du son dans un gaz de masse molaire M à la température T est donnée par la formule :

$$v = \sqrt{\gamma \frac{RT}{M}}$$

R est la constante des gaz parfaits et γ un coefficient qui dépend du nombre d'atomes par molécule du gaz.
À la température de 7 °C, la vitesse du son dans le dioxygène est $v = 300 \text{ m} \cdot \text{s}^{-1}$.

On donne :

Masses molaires en $\text{g} \cdot \text{mol}^{-1}$: H : 1,0 ; O : 16

Constante des gaz parfaits : $R = 8{,}314 \text{ J} \cdot \text{mol}^{-1} \cdot \text{K}^{-1}$.

La vitesse du son dans le dihydrogène à la température de 7 °C est :

❑ **a.** $300 \text{ m} \cdot \text{s}^{-1}$ ❑ **b.** $600 \text{ m} \cdot \text{s}^{-1}$ ❑ **c.** $1\,200 \text{ m} \cdot \text{s}^{-1}$

La vitesse du son dans le dihydrogène à la température de 70 K est :

❑ **d.** $300 \text{ m} \cdot \text{s}^{-1}$ ❑ **e.** $600 \text{ m} \cdot \text{s}^{-1}$

L'énoncé suivant est commun aux questions 2 et 3.

Les gaz seront supposés parfaits.
Trois récipients de volumes différents contiennent respectivement du dioxygène, du diazote et du dihydrogène :

Pour O_2 : $V_1 = 2{,}0$ L ; $P_1 = 500$ mmHg ; $\theta_1 = 20$ °C
Pour N_2 : $V_2 = 2{,}0$ L ; $P_2 = 760$ mmHg ; $\theta_2 = 0$ °C,
Pour H_2 : $V_3 = 5{,}0$ L ; $P_3 = 500$ mmHg ; $\theta_3 = 20$ °C.
On mélange ces trois gaz dans un récipient de volume $V = 10$ L à la température $\theta = 0$ °C.

2. Les quantités de matières de chaque gaz, avant mélange, sont respectivement pour O_2, N_2 et H_2 :

❑ **a.** 0,055 mol ; 0,14 mol ; 0,089 mol.

❑ **b.** 0,55 mol ; 1,4 mol ; 0,89 mol

❑ **c.** 0,055 mol ; 0,89 mol ; 0,14 mol

❑ **d.** 0,055 mol ; 0,089 mol ; 0,14 mol

❑ **e.** 0,055 mol ; 0,14 mol ; 0,089 mol

3. Après mélange, la pression totale est :

❑ **a.** 0,59 atm ❑ **b.** 0,63 atm ❑ **c.** 0,79 atm

❑ **d.** 1,3 atm ❑ **e.** 1,2 atm

L'énoncé suivant est commun aux questions 4 et 5.

L'argon est un élément chimique, de symbole Ar et de numéro atomique $Z = 18$. Sa masse molaire de l'argon est $M = 40 \text{ g} \cdot \text{mol}^{-1}$.

Il appartient à la famille des gaz rares.

On supposera que l'argon se comporte comme un gaz parfait.

4. La vitesse quadratique des atomes d'argon, lorsque le gaz est pris à la température de 0 °C, est de :

❑ **a.** $0 \text{ m} \cdot \text{s}^{-1}$ ❑ **b.** $413 \text{ m} \cdot \text{s}^{-1}$

Lorsque la température (température prise en K) est multipliée par un facteur de 10, la vitesse quadratique moyenne :

❑ **c.** augmente de $\sqrt{10}$.

❑ **d.** est multipliée par $\sqrt{10}$.

❑ **e.** est divisée par $\sqrt{10}$.

5. L'énergie interne d'une mole de ce gaz pris à la température de 0 °C est :

❑ **a.** 0 J ❑ **b.** 1 135 J

❑ **c.** 3 405 J

L'énergie qu'il faut à une mole d'argon pour élever sa température de 10 degrés est :

❑ **d.** 124,7 J

❑ **e.** 41,6 J

Corrigés

1. Bonnes réponses : **c** et **e**.

La vitesse du son dans le dihydrogène est :

$$v_{H_2} = \sqrt{\gamma \frac{RT}{M(H_2)}}$$

La vitesse du son dans le dioxygène est :

$$v_{O_2} = \sqrt{\gamma \frac{RT}{M(O_2)}}$$

Attention : T sera exprimé en kelvins.

On rappelle que : $0\,°\text{C} = 273\,\text{K}$

Ainsi : $$\left(\frac{v_{O_2}}{v_{H_2}}\right)_{T=280\text{K}} = \frac{\sqrt{\gamma \frac{RT}{M(O_2)}}}{\sqrt{\gamma \frac{RT}{M(H_2)}}} = \sqrt{\frac{M(H_2)}{M(O_2)}}$$

Comme $M(O_2) = 32\text{g} \cdot \text{mol}^{-1}$ et $M(H_2) = 2\text{g} \cdot \text{mol}^{-1}$, alors :

$$\left(\frac{v_{O_2}}{v_{H_2}}\right)_{T=280\text{K}} = \sqrt{\frac{1}{16}} = \frac{1}{4}$$

La vitesse du son dans le dihydrogène à la température $T = 280$ K est donc : $v_{H_2} = 4v_{O_2}$, soit $1\,200\ \text{m} \cdot \text{s}^{-1}$.

On a : $$v_{H_2 \text{ à } T_1} = \sqrt{\gamma \frac{RT_1}{M(H_2)}} \text{ et } v_{H_2 \text{ à } T_2} = \sqrt{\gamma \frac{RT_2}{M(H_2)}}$$

Ainsi : $$\frac{v_{H_2 \text{ à } T_1}}{v_{H_2 \text{ à } T_2}} = \frac{\sqrt{\gamma \frac{RT_1}{M(H_2)}}}{\sqrt{\gamma \frac{RT_2}{M(H_2)}}} = \sqrt{\frac{T_1}{T_2}}$$

De la relation précédente il vient :

$$v_{H_2 \text{ à } T_2} = v_{H_2 \text{ à } T_1}\sqrt{\frac{T_2}{T_1}}$$

Numériquement :

$$v_{H_2 \text{ à 70 K}} = v_{H_2 \text{ à 280 K}} \times \sqrt{\frac{70}{280}} = v_{H_2 \text{ à 280 K}} \times \frac{1}{2} = 600 \text{ m} \cdot \text{s}^{-1}.$$

Complément : calcul de la constante γ.

Comme $v = \sqrt{\gamma \frac{RT}{M}}$, alors :

$$v^2 = \gamma \frac{RT}{M}, \text{ soit } \gamma = v^2 \frac{M}{RT}$$

Attention : M est en $\text{kg} \cdot \text{mol}^{-1}$.

Application numérique :

$M(O_2) = 32\text{g} \cdot \text{mol}^{-1} = 32 \cdot 10^{-3}\text{kg} \cdot \text{mol}^{-1}$

$T = 7 + 273 = 280 \text{ K}$

$\gamma = 320^2 \times \frac{32 \cdot 10^{-3}}{8{,}314 \times 280} \simeq 1{,}4$

2. Bonne réponse : **d**.

Les gaz étant parfaits, ils obéissent donc à la loi $PV = nRT$, soit $n = \frac{PV}{RT}$ où P est la pression du gaz en Pa, V le volume en m^3, T la température absolue en kelvins et R la constante des gaz parfaits.

La quantité de matière de gaz (i) est donnée par :

$$n_i = \frac{P_i V_i}{RT_i}$$

On rappelle que :

$$1 \text{ atm} = 1{,}013.10^5 \text{ Pa} = 760 \text{ mmHg, soit } 1 \text{ mmHg} = 133{,}29 \text{ Pa}$$

$$1{,}0 \text{ L} = 1{,}0 \cdot 10^{-3} \text{m}^3$$

$$0\ °\text{C} = 273 \text{ K}$$

Les résultats numériques sont groupés dans le tableau ci-dessous :

	O_2	N_2	H_2
P_i (en Pa)	$6{,}660 \cdot 10^4$	$1{,}013 \cdot 10^5$	$6{,}660 \cdot 10^4$
T_i (en K)	293	273	293
V_i (en m^3)	$2{,}0 \cdot 10^{-3}$	$2{,}0 \cdot 10^{-3}$	$5{,}0 \cdot 10^{-3}$
n_i (en mol)	0,055	0,089	0,14

3. Bonne réponse : **b**.

Après mélange, on a une quantité de matière totale $n = \sum_i n_i$, soit $n = 0{,}284 \simeq 0{,}28$ mol.

Le mélange se comporte comme un gaz parfait, donc la pression du mélange est $P = \dfrac{nRT}{V}$.

Application numérique : $P \simeq 0{,}635 \cdot 10^5$ Pa, soit $P = 0{,}63$ atm.

[IMPORTANT]

On peut aussi passer par le calcul des pressions partielles.

La pression partielle P_i du gaz i est donnée par $P_i = X_i \cdot P$ avec $X_i = \dfrac{n_i}{n}$ (fraction molaire du gaz i).

Les résultats numériques sont groupés dans le tableau ci-dessous :

	O_2	N_2	H_2
X_i	0,194	0,313	0,493
P_i (en Pa)	$0{,}123 \cdot 10^5$	$0{,}199 \cdot 10^5$	$0{,}313 \cdot 10^5$

La pression totale est :

$$P = \sum_i P_i \text{ ; loi de Dalton}$$

4. Bonnes réponses : **b** et **d**.

La température d'un gaz parfait monoatomique est définie par :

$$\overline{e_c} = \frac{1}{2}mu^2 = \frac{3}{2}k_B T \text{ ; } k_B : \text{ constante de Boltzmann}$$

Ainsi : $$u^2 = \frac{3k_B T}{m}, \text{ soit } u = \sqrt{\frac{3k_B T}{m}}$$

Comme $R = k_B \cdot \mathcal{N}_A$, alors :

$$u = \sqrt{\frac{3RT}{m\mathcal{N}_A}} = \sqrt{\frac{3RT}{M}} \text{ car } M = m\mathcal{N}_A$$

Numériquement : $$u = \sqrt{\frac{3 \times 8{,}314 \times 273}{40 \cdot 10^{-3}}} \simeq 413 \text{ m} \cdot \text{s}^{-1}$$

On a $u = \sqrt{\frac{3RT}{M}}$. Ainsi : À T_1 : $u_1 = \sqrt{\frac{3RT_1}{M}}$

$$\text{À } T_2 = 10T_1 : u_2 = \sqrt{\frac{3R \times 10T_1}{M}} = \sqrt{\frac{3RT_1}{M}} \times \sqrt{10}$$

5. Bonnes réponses : **c** et **d**.

À la température T, l'énergie interne d'un parfait monoatomique est $U = \frac{3}{2}nRT$.

Numériquement : $U = \frac{3}{2} \times 8{,}314 \times 273 \simeq 3\,405$ J.

L'énergie qu'il faut fournir à n moles de gaz parfait pour élever la température de ΔT est : $$\mathcal{E} = \Delta U = \frac{3}{2}nR\Delta T$$

Numériquement : $$\mathcal{E} = \frac{3}{2} \times 8{,}314 \times 10 = 124{,}7 \text{ J}.$$

Les phénomènes de surface

1. Tension superficielle des liquides

a. Tension superficielle. Énergie de surface

Considérons une fine pellicule d'un liquide, de largeur l et de longueur L, tendue entre deux tiges horizontales dont l'une est fixe :

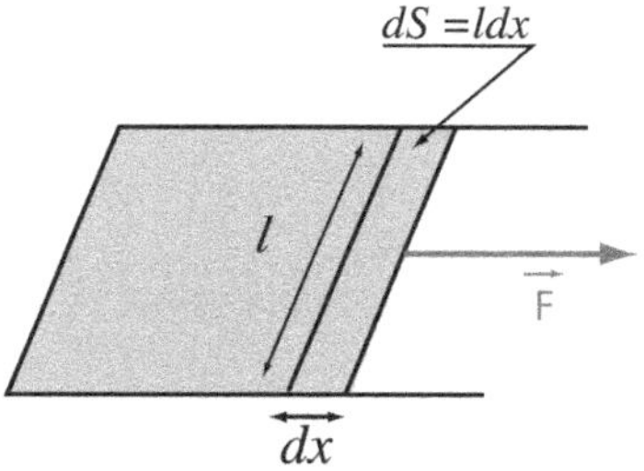

L'énergie dépensée pour accroître cette surface de $dS = ldx$ est :

$$d\mathcal{E}_{dep} = \gamma dS$$

(γ : tension superficielle de la membrane)

Pour un faible allongement dx, on peut supposer $\overrightarrow{F} = \overrightarrow{cste}$, et donc :

$$\delta W(\overrightarrow{F}) = \overrightarrow{F} \cdot (dx\overrightarrow{u}) = Fdx$$

Comme $d\mathcal{E}_{dep} = \delta W(\overrightarrow{F})$, alors $\gamma l dx = Fdx$.
Il s'ensuit que :

$$F = \gamma l \quad \text{ou} \quad \gamma = \frac{F}{l} \qquad \left| \begin{array}{l} F \text{ en N} \\ l \text{ en m} \\ \gamma \text{ en N.m}^{-1} \end{array} \right.$$

La tension superficielle est donc la force, par unité de longueur, qu'exerce le liquide sur la paroi qui le limite.

b. Loi de Laplace pour une membrane sphérique

Surpression dans une goutte liquide

Pour une goutte sphérique d'un liquide, de rayon r, il correspond une surpression ΔP à l'intérieur de la goutte :

$$\Delta P = P_{int} - P_{ext} = \frac{2\gamma}{r}$$

(pour une goutte liquide)

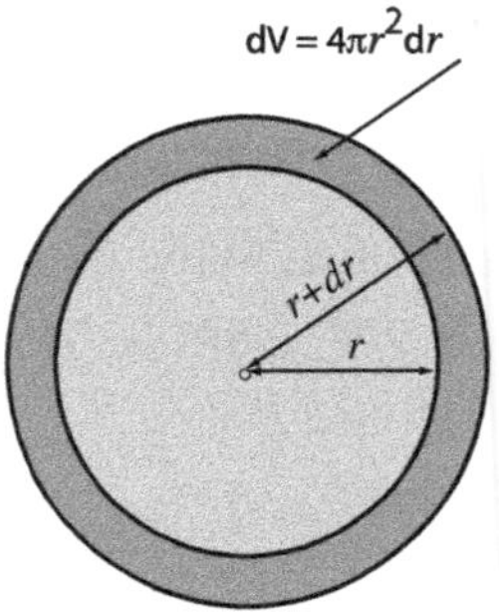

[ATTENTION]

- Pour une goutte liquide, ΔP est positif : on pénètre dans le liquide par une interface convexe.
- Pour un ménisque, ΔP est négatif : on pénètre dans le liquide par une interface concave.

Surpression dans une bulle

Dans ce cas (on traverse deux interfaces air / liquide), la surpression est donnée par :

$$\Delta P = P_{int} - P_{ext} = \frac{4\gamma}{r}$$

(pour une bulle)

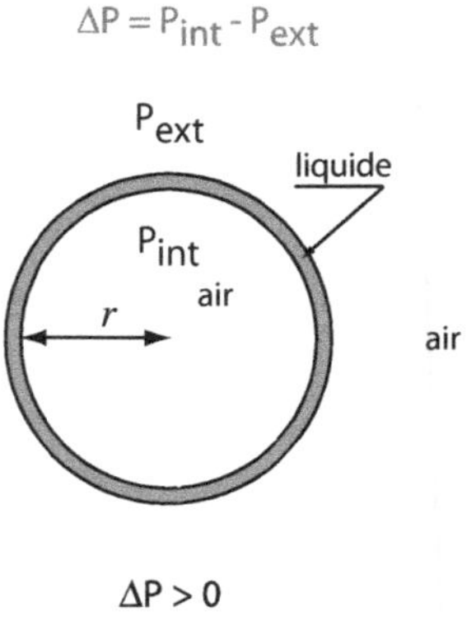

[ATTENTION]

Dans ce cas, on traverse deux interfaces air / liquide et $dS = 2 \times 8\pi r dr$.

Formule de Laplace

Si l'interface n'est pas sphérique et se caractérise localement par deux rayons de courbure R_1 et R_2 suivant deux directions orthogonales, on obtient la formule de Laplace.

Dans le cas d'une interface non sphérique de rayons de courbure R_1 et R_2 :

$$\Delta P = \gamma(\frac{1}{R_1} + \frac{1}{R_2})$$

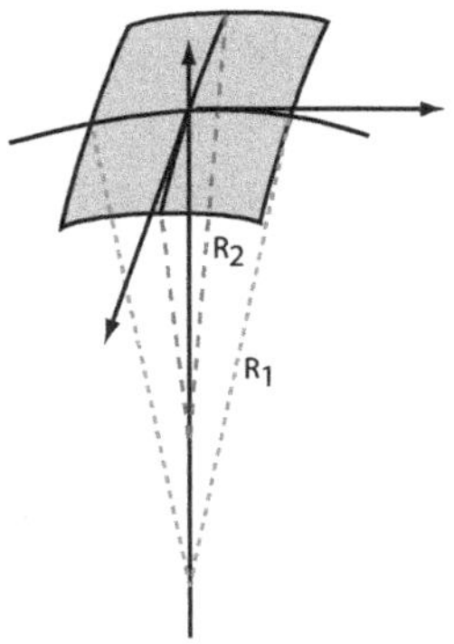

2. Liquide en contact d'un solide. Angle de raccordement

Soit une goutte liquide, en équilibre, sur une surface solide horizontale. Il faut considérer trois interfaces : gaz / liquide, gaz / solide et liquide / solide.

L'angle θ, appelé angle de raccordement ou angle de mouillage, est donné par la relation :

$$\cos\theta = \frac{\gamma_{\text{solide}} - \gamma_{\text{liq./solide}}}{\gamma_{\text{liq.}}}$$

Il traduit l'équilibre entre les forces de tension superficielle dues aux interactions des molécules aux interfaces gaz / liquide, gaz / solide et liquide/solide.

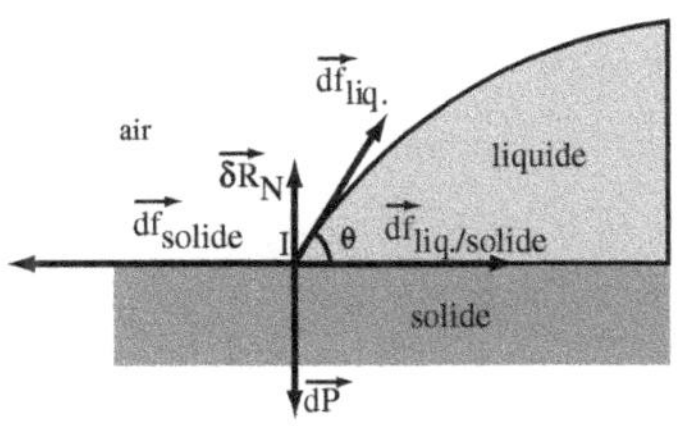

Il dépend de la nature des trois phases mises en présence ainsi que de l'état de propreté et du degré de polissage de la paroi solide.

[IMPORTANT]

L'angle de raccordement θ traduit l'équilibre entre les forces de tension superficielle dues aux interactions des molécules aux interfaces gaz / liquide, gaz / solide et liquide / solide.
Si l'angle de mouillage est presque nul, $\theta \simeq 0$, on dit que le mouillage est pratiquement parfait.

3. Ascension capillaire – Loi de Jurin

L'existence des forces de tensions superficielles ou forces capillaires explique l'ascension des liquides dans des tubes capillaires.
Si on plonge un tube capillaire dans de l'eau, on observe que l'eau monte dans le tube. De plus, la surface libre de l'eau dans le capillaire n'est pas plane et horizontale.
La hauteur d'ascension h est donnée par la relation :

$$h = \frac{2\gamma \cos\theta}{\rho g r}$$

(Loi de Jurin)

h : hauteur d'ascension
θ : angle de raccordement
r : rayon du capillaire

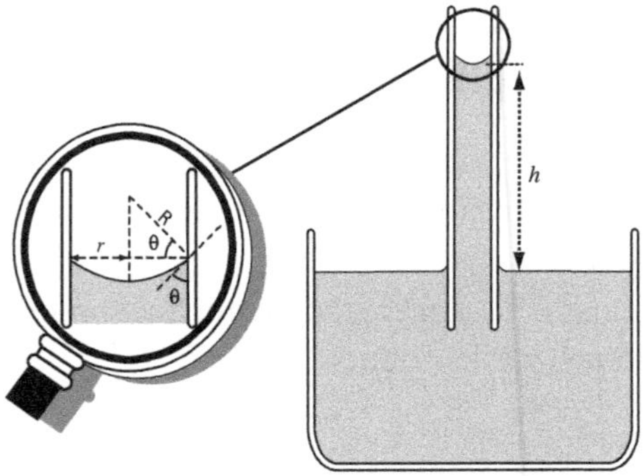

Mécanique des fluides

1. Dynamique des fluides

a. Débit d'un écoulement

Débit massique

Soit une surface S orientée délimitée par un contour $(\mathcal{C})$. Le débit massique à travers la surface S est :

$$Q_m(t) = \int_{(S)} \rho \overrightarrow{v} \cdot \overrightarrow{n}\, dS$$

(Q_m en kg·s^{-1})

ρ : masse volumique du fluide à l'instant t,
$\overrightarrow{v}$: vecteur vitesse en M, à la date t,
$\overrightarrow{n}$: normale à l'élément de surface (S), au point M.

$Q_m(t)$ est le flux du vecteur $\rho\overrightarrow{v}$ à travers la surface S.

Débit volumique

Pour un fluide incompressible ($\rho = cste$), il est possible de définir le débit volumique Q_V :

$$Q_m = \rho Q_V, \text{ soit } Q_V = \int_{(S)} \overrightarrow{v} \cdot \overrightarrow{n}\, dS : Q_V \text{ en m}^3 \cdot \text{s}^{-1}$$

b. Équation de continuité

En régime stationnaire (écoulement permanent) et dans le cas d'un fluide incompressible, le débit volumique (il en est de même pour le débit massique) se conserve :

$$Q_{V1} = Q_{V2}, \text{ soit } S_1 v_1 = S_2 v_2$$

c. Théorème de Bernoulli

Pour un écoulement incompressible et permanent, sur une même ligne de courant, on a la relation :

$$P + \rho g z + \frac{1}{2}\rho v^2 = cste$$

(Le long d'une même ligne de courant)

P : pression
ρ : masse volumique du fluide
v : vitesse du fluide (au point d'altitude z).

2. Dynamique des fluides réels

a. Viscosité

Pour un écoulement unidirectionnel (par exemple selon Ox), la composante tangentielle f (force de viscosité) est proportionnelle à l'aire S de contact entre les deux lames liquides et au gradient $\frac{\partial v}{\partial y}$, soit :

$$f = \eta S \frac{\partial v}{\partial y}$$

f : force de viscosité
$\frac{\partial v}{\partial y}$: variation de vitesse relative entre deux lames voisines du fluide
η : coefficient de viscosité du fluide

b. Nombre de Reynolds

Lors de son écoulement, un fluide peut présenter deux régimes d'écoulement : un écoulement laminaire ou un écoulement turbulent. La transition du régime laminaire au régime turbulent ne dépend que d'un seul facteur, le nombre de Reynolds (Re) :

$$\mathrm{Re} = \rho \frac{vD}{\eta}$$

(Re est un nombre sans dimension)

ρ : masse volumique du fluide
v : vitesse découlement
D : diamètre du tube
η : coefficient de viscosité du fluide

c. Écoulements laminaires. Loi de Poiseuille

Un écoulement est dit laminaire si les couches de fluide glissent les unes sur les autres sans se mélanger.

Conséquence : pour un régime laminaire, les lignes de courant glissent les unes sur les autres en restant parallèles.

Profil de vitesse

Dans le cas d'un écoulement laminaire d'un fluide dans une conduite cylindrique horizontale, de longueur L et de rayon R, la vitesse $v(r)$, à une distance r de l'axe du cylindre, est :

$$v(r) = \frac{\Delta P}{4\eta L}(R^2 - r^2)$$
(profil de vitesse parabolique)

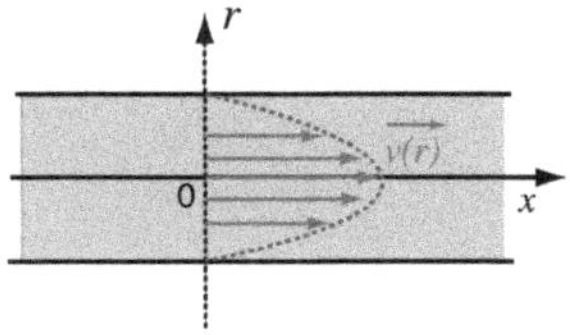

Soit : $$v(r) = v_{\max}(1 - \frac{r^2}{R^2}), \text{ avec } v_{\max} = \frac{\Delta P}{4\eta L}R^2$$

[IMPORTANT]

- La couche de fluide en contact direct avec la paroi du tube a donc une vitesse nulle ($r = R$; adhérence à la paroi) alors qu'elle est maximale sur l'axe du cylindre ($r = 0$) :
- La vitesse moyenne dans une telle conduite est :

$$v_{moy} = \frac{v_{max}}{2}$$

Formule de Poiseuille

Pour un fluide incompressible en régime laminaire, le débit volumique est donné par :

$$Q_V = v_{moy} \cdot S = \frac{\pi \Delta P R^4}{8\eta L}$$

$S = \pi R^2$
R : rayon du tube
L : longueur du tube
$\Delta P = P_1 - P_2$: différence de pression entre les deux extrémités du tube
$\frac{\Delta P}{L}$: perte de charge par unité de longueur

d. Résistance à l'écoulement

On définit la résistance à l'écoulement par la grandeur $\mathcal{R}$:

$$\mathcal{R} = \frac{8\eta L}{\pi R^4} = \frac{128\eta L}{\pi D^4}, \text{ soit } \mathcal{R} = \frac{\Delta P}{Q_V}$$
(avec $D = 2R$: diamètre du tube)

Cas d'un système de conduits en série

- Dans le cas d'un **système de conduits en série**, les résistances à l'écoulement s'ajoutent :

$$\mathcal{R}_T = \sum_{i=1}^{n} \mathcal{R}_i = \mathcal{R}_1 + \mathcal{R}_2 + \ldots$$

Cas d'un système de conduits en parallèles

- Dans le cas d'un **système de conduits en parallèles**, la résistance totale à l'écoulement est donnée par :

$$\frac{1}{\mathcal{R}_T} = \sum_{i=1}^{n} \frac{1}{\mathcal{R}_i} = \frac{1}{\mathcal{R}_1} + \frac{1}{\mathcal{R}_2} + \ldots$$

e. Loi de Stokes

Force de freinage

Dans le cas d'un écoulement laminaire et pour une sphère de rayon r, la force de freinage est proportionnelle à la vitesse, soit :

$$\vec{f} = -6\pi\eta r \vec{v}$$

$\vec{f}$: force de freinage
r : rayon de la sphère
η : viscosité du fluide
$\vec{v}$: vitesse de la sphère

[IMPORTANT]

Pour des écoulements turbulents, la force de viscosité est proportionnelle à v^2.

Vitesse limite

Une sphère de rayon r abandonnée sans vitesse initiale dans un fluide de masse volumique ρ_0 et de viscosité η atteind une vitesse limite de chute :

$$v_{\text{lim}} = \frac{2}{9}\frac{r^2 g}{\eta}(\rho - \rho_0)$$

QCM

Énoncés

1. Un fluide parfait de masse volumique ρ s'écoule en régime permanent dans une conduite horizontale présentant un rétrécissement (schéma ci-dessous).

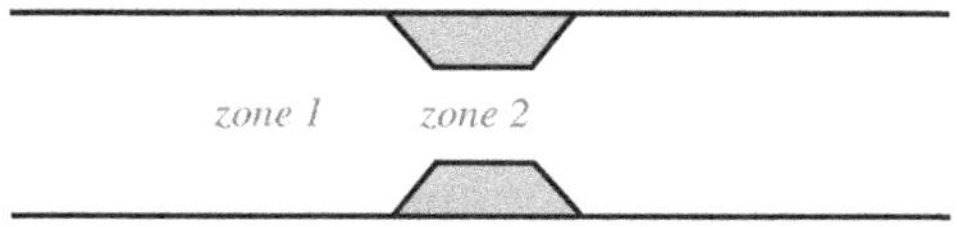

On désigne par :

- P_1 et P_2 les pressions dans les zones 1 et 2.
- S_1 et S_2 les sections de la conduite dans les zones 1 et 2, avec $S_1 = 2S_2$.
- v_1 et v_2 les vitesses d'écoulement du fluide dans les zones 1 et 2.

Dans ces conditions on peut établir que :

❑ **a.** $v_1 = 2v_2$ ❑ **b.** $v_2 = 2v_1$

❑ **c.** $P_2 - P_1 = \frac{3}{2}\rho v_1^2$ ❑ **d.** $P_1 - P_2 = \frac{3}{2}\rho v_2^2$

❑ **e.** $P_1 - P_2 = \frac{3}{2}\rho v_1^2$

2. Un liquide sans viscosité de masse volumique $\rho = 10^3\ \text{kg}\cdot\text{m}^{-3}$ s'écoule dans une canalisation horizontale de diamètre $d_1 = 20\ \text{mm}$ à la vitesse de $1{,}5\ \text{m}\cdot\text{s}^{-1}$. La canalisation, toujours horizontale, s'élargit dans une deuxième partie avec un diamètre $d_2 = 30\ \text{mm}$. On mesure le débit de cette canalisation à $0{,}471\ \text{L}\cdot\text{s}^{-1}$. Dans ces conditions que vaut la différence de pression dans la canalisation entre la première partie et la deuxième partie (choisir la valeur la plus proche) ?

❑ **a.** -1125 Pa ❑ **b.** -900 Pa ❑ **c.** 0 Pa

❑ **d.** $+900$ Pa ❑ **e.** $+1125$ Pa

3. On rappelle la loi de Poiseuille :

$$\Delta P = \frac{8\eta}{\pi R^4} QL$$

Dans une canalisation de 25 m de long et de 15 mm de diamètre, un liquide de coefficient de viscosité égal à 10^{-3} Pa·s circule avec un débit de 0,5 L·s^{-1}. Quelle est la résistance à l'écoulement, exprimée en Pa·sm^{-3} (choisir la valeur la plus proche) ?

❑ **a.** $1,13 \cdot 10^3$ ❑ **b.** $5,03 \cdot 10^4$
❑ **c.** $8,05 \cdot 10^5$ ❑ **d.** $1,26 \cdot 10^6$
❑ **e.** $2,01 \cdot 10^7$

L'énoncé suivant est commun aux questions 4 et 5.
On considère une bulle de savon de rayon $R = 10$ cm.
On donne :
Tension superficielle d'une eau savonneuse :
$\gamma = 25 \cdot 10^{-3}$ N · m^{-1}.
Pression atmoshérique : $P_a = 1{,}013 \cdot 10^5$ Pa

4. La surpression à l'intérieur de cette bulle de savon est :

❑ **a.** 0,25 Pa ❑ **b.** 0,50 Pa ❑ **c.** 0,25 atm
❑ **d.** 1,0 Pa ❑ **e.** 2,5 Pa

5. À 20 °C, quel est le travail nécessaire pour souffler une bulle de savon de rayon $R = 10$ cm.

❑ **a.** $3,14 \cdot 10^{-3}$ J ❑ **b.** $4,18 \cdot 10^{-3}$ J ❑ **c.** $6,28 \cdot 10^{-3}$ J
❑ **d.** $7,32 \cdot 10^{-3}$ J ❑ **e.** 4,18 J

6. Un patient a un pouls de 72 pulsations par minute. Chaque pulsation cardiaque envoie un volume $v = 75$ cm^3 de sang dans l'aorte. Si la section de l'aorte est $S_A = 2{,}8$ cm^2, alors le débit sanguin est :

❑ **a.** $5,4 \cdot 10^{-3}$ m^3 ❑ **b.** $9,0 \cdot 10^{-5}$ m$^3 \cdot$ s^{-1}
❑ **c.** $12 \cdot 10^{-3}$ m^3 ❑ **d.** $12 \cdot 10^{-4}$ m^3
❑ **e.** 5,4 L · min^{-1}

Corrigés

1. Bonnes réponses **b** et **e**.

En régime stationnaire (écoulement permanent) et dans le cas d'un fluide incompressible, le débit volumique (il en est de même pour le débit massique) se conserve :

$$Q_{V1} = Q_{V2}, \text{ soit } S_1 v_1 = S_2 v_2 \text{ (équation de continuité)}$$

Comme $S_1 = 2S_2$, alors :

$$2S_2 v_1 = S_2 v_2, \text{ soit } 2v_1 = v_2$$

Sur une même ligne de courant on a la relation :

$$P + \rho g z + \frac{1}{2}\rho v^2 = cste$$

(Le long d'une même ligne de courant)

P : pression
ρ : masse volumique du fluide
v : vitesse du fluide
(au point d'altitude z).

Comme $z = cste$ (sur une même horizontale), alors :

$$P_1 + \frac{1}{2}\rho v_1^2 = P_2 + \frac{1}{2}\rho v_2^2$$

Ainsi : $$P_1 - P_2 = \frac{1}{2}\rho v_2^2 - \frac{1}{2}\rho v_1^2 = \frac{1}{2}\rho(v_2^2 - v_1^2)$$

Comme $v_2 = 2v_1$, alors $v_2^2 - v_1^2 = (2v_1)^2 - v_1^2 = 3v_1^2$.

Ainsi : $$P_1 - P_2 = \frac{1}{2}\rho \times 3v_1^2 = \frac{3}{2}\rho v_1^2$$

2. Bonne réponse : **b**.

La conservation du débit (ou équation de continuité) donne :

$$Q_{v1} = Q_{v2} \text{ soit } \mathrm{S_1 v_1 = S_2 v_2}$$

Comme $S_1 = \pi r_1^2 = \pi\frac{d_1^2}{4}$ et $S_2 = \pi r_2^2 = \pi\frac{d_2^2}{4}$, alors :

$$\pi\frac{d_1^2}{4}v_1 = \pi\frac{d_2^2}{4}v_2, \text{ soit } v_2 = v_1\left(\frac{d_1}{d_2}\right)^2$$

Numériquement, $v_2 = 1{,}5 \times (\frac{20}{30})^2 = \dfrac{2}{3}\ \mathrm{m \cdot s^{-1}}$, soit $0{,}67\mathrm{m \cdot s^{-1}}$.

Ou encore $v_2 = \dfrac{Q_v}{S_2}$, soit numériquement $v_2 = \dfrac{0{,}471 \cdot 10^{-3}}{\pi \times (15 \cdot 10^{-3})^2}$ $\simeq 0{,}67\ \mathrm{m \cdot s^{-1}}$

Déterminons à présent la pression dans la deuxième partie.

L'écoulement étant horizontal, on applique le théorème de Bernoulli le long d'une ligne de courant passant par les points A et B :

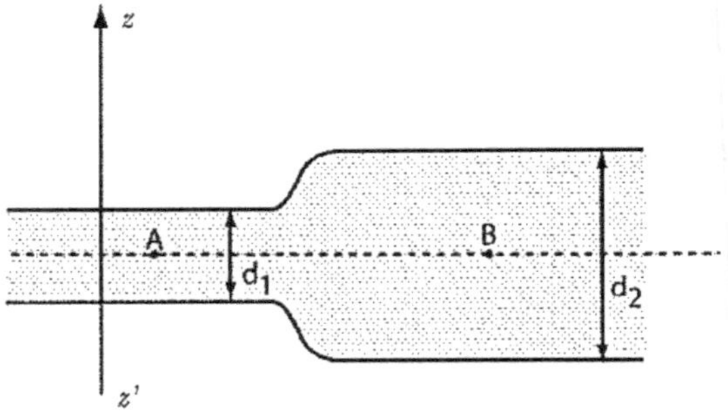

$$P_A + \rho g z_A + \frac{1}{2}\rho v_A^2 = P_B + \rho g z_B + \frac{1}{2}\rho v_B^2$$

Comme $z_A = z_B$ et en posant $v_A = v_1$, $v_B = v_2$, $P_A = P_1$ et $P_B = P_2$, il s'ensuit :

$$P_1 + \frac{1}{2}\rho v_1^2 = P_2 + \frac{1}{2}\rho v_2^2, \text{ soit } \Delta P = P_2 - P_1 = \frac{1}{2}\rho(v_1^2 - v_2^2)$$

Application numérique :

$\Delta P = P_2 - P_1 = \dfrac{1}{2} \times 10^3 \times (1{,}5^2 - (\dfrac{2}{3})^2) = 0{,}902 \cdot 10^3$ Pa, soit environ 900 Pa.

La différence de pression entre la première partie et la seconde partie est donc de -900 Pa.

3· Bonne réponse **e**.

La résistance à l'écoulement est donnée par :

$$\mathcal{R} = \frac{\Delta P}{Q}, \text{ soit } \mathcal{R} = \frac{8\eta L}{\pi R^4}$$

Numériquement :

$$\mathcal{R} = \frac{8 \times 1{,}0 \cdot 10^{-3} \times 25}{\pi \times (7{,}5 \cdot 10^{-3})^4} = 2{,}01.10^7 \text{ Pa} \cdot \text{sm}^{-3}.$$

4. Bonne réponse **d**.

La surpression à l'intérieur d'une bulle est donnée par :

$$\Delta P = P_{int} - P_{ext} = \frac{4\gamma}{r}$$

(pour une bulle)

Numériquement : $\Delta P = \dfrac{4 \times 25 \cdot 10^{-3}}{0{,}10} = 1{,}0 \text{ Pa}$

5. Bonne réponse **c**.

L'énergie dépensée pour accroître une surface de dS est :

$$d\mathcal{E}_{dep} = \gamma dS$$

(γ : tension superficielle de la membrane)

Dans le cas d'une bulle : $dS = 2 \times 8\pi r dr$ (on traverse deux interfaces air-liquide). Ainsi :

$$\mathcal{E}_{dep} = \int_{(S)} \gamma dS = \int_0^r \gamma \times 2 \times 8\pi r dr$$

$$= 16\pi\gamma \times [\frac{r^2}{2}]_0^R = \gamma \times 8\pi R^2$$

Numériquement : $\mathcal{E}_{dep} = 25 \cdot 10^{-3} \times 8\pi \times (0{,}10)^2 = 6{,}28 \cdot 10^{-3}$J.

6. Bonnes réponses **b** et **e**.

Le volume total envoyé par les 72 pulsations est : $V_T = 72v$, soit $V_T = 72 \times 75 \cdot 10^{-6} = 5{,}4 \cdot 10^{-3}\text{m}^3$.

Le débit est donc :

$$Q_V = \frac{72 \times 75 \cdot 10^{-6}}{60} = 9{,}0 \cdot 10^{-5}\text{m}^3 \cdot \text{s}^{-1} \text{ soit } 5{,}4 \text{ L} \cdot \text{min}^{-1}$$

[Électricité – Électromagnétisme] Champ et potentiel électrostatiques

1. Champ électrostatique

a. Interaction entre deux charges. Loi de Coulomb

L'interaction entre deux charges ponctuelles q_A et q_B est régie par la loi de Coulomb :

$$\overrightarrow{F}_{A/B} = -\overrightarrow{F}_{B/A} = \frac{1}{4\pi\varepsilon_0}\frac{q_A q_B}{r_{AB}^2}\overrightarrow{u}$$

ε_0 : permittivité du vide

$$\overrightarrow{u} = \overrightarrow{u}_{AB} = \frac{\overrightarrow{AB}}{\left\|\overrightarrow{AB}\right\|}$$:

vecteur unitaire de la droite (AB)

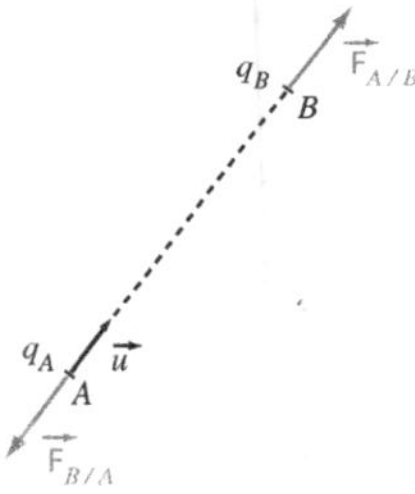

[IMPORTANT]

- Dans le cas représenté, on a $q_A q_B > 0$.
- Dans le cas d'un milieu diélectrique : $\varepsilon = \varepsilon_0 \varepsilon_r$ avec ε_r permittivité relative du milieu.

b. Champ électrostatique

Champ électrique créé dans le vide par une charge ponctuelle

Le champ électrique créé par une charge ponctuelle q placée en un point M distant de $r = OM$ est donné par :

$$\overrightarrow{E(M)} = \frac{1}{4\pi\varepsilon_0}\frac{q}{r^2}\overrightarrow{u_{OM}}$$

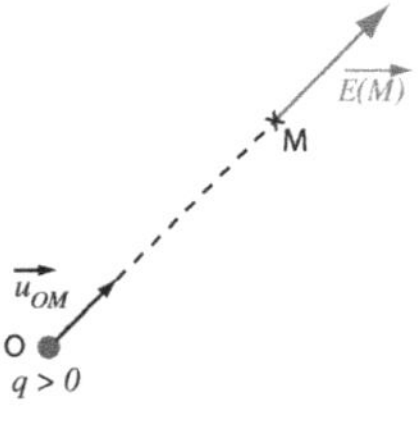

Cas d'une charge positive

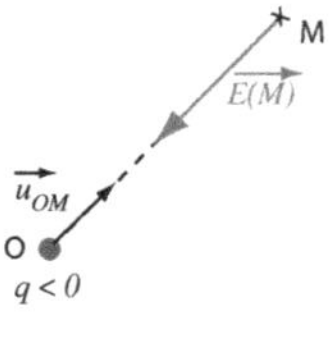

Cas d'une charge négative

$\overrightarrow{E(M)}$: champ électrostatique créé au point M par la charge q placée en O

Champ électrique créé dans le vide par une distribution de charges

- Cas d'une distribution discontinue de charges

$$\vec{E} = \sum_i \vec{E_i} = \frac{1}{4\pi\varepsilon_0}\sum_i \frac{q_i}{r_i^2}\vec{u}_i$$

- Cas d'une distribution continue de charges

$$\vec{E} = \int_{(D)} d\vec{E} = \frac{1}{4\pi\varepsilon_0}\int_{(D)} \frac{dq}{r^2}\vec{u} \text{ avec } dq = \rho dV$$

(cas d'une distribution volumique de charges)

2. Travail des forces électrostatiques. Potentiel électrostatique

a. Expression du travail électrostatique

Soit une charge Q_0 se déplaçant dans une région de l'espace où règne un champ électrostatique $\vec{E}$.

Le travail élémentaire de la force électrostatique $\vec{F}$ s'écrit :

$$\delta W = \vec{F} \cdot d\vec{l}$$

$\vec{dl} = \overrightarrow{MM'}$: déplacement élémentaire

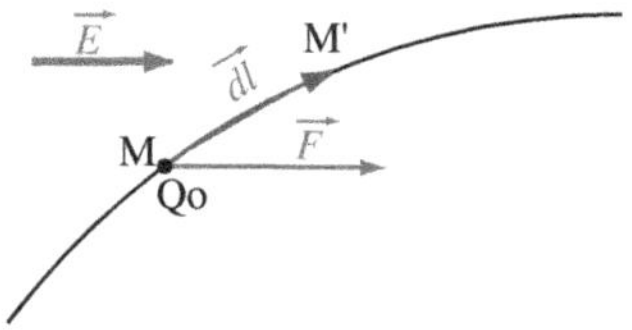

Le travail de la force $\vec{F} = Q_0\vec{E}$ pour un déplacement AB est donc :

$$W_{A\to B}(\vec{F}) = Q_0\int_A^B \vec{E} \cdot d\vec{l}$$

b. Cas d'un champ $\vec{E}$ produit par une charge ponctuelle q

Le champ électrostatique créé par une charge ponctuelle q à la distance r est :

$$\overrightarrow{E(M)} = \frac{1}{4\pi\epsilon_0}\frac{q}{r^2}\vec{u}$$

$W_{A \to B}(\overrightarrow{F}) = Q_0(V_A - V_B)$

avec $\quad V = \dfrac{q}{4\pi\epsilon_0}\dfrac{1}{r} + cste$

V : potentiel électrique au point M

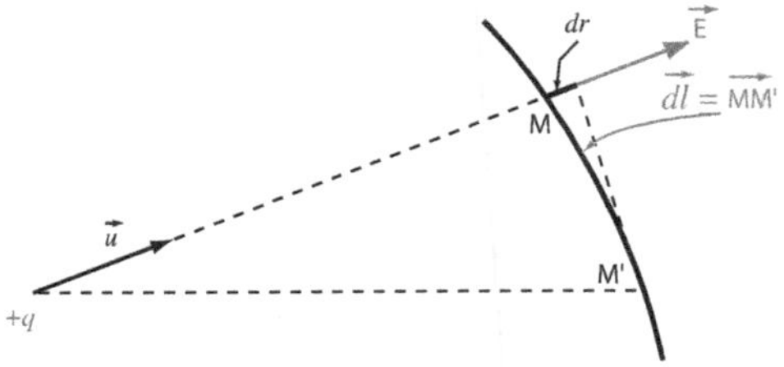

[ATTENTION]

Le travail des forces électrostatiques ne dépend pas du chemin suivi mais uniquement de l'état final et de l'état initial.

3. Potentiel électrostatique

- Cas d'une distribution discontinue de charges

$$V = \frac{1}{4\pi\epsilon_0}\sum_i \frac{q_i}{r_i}$$

- Cas d'une distribution continue de charges

$$V = \underset{(\text{où } dq=\rho dV)}{\int_{(\mathcal{D})} dV} = \frac{1}{4\pi\epsilon_0}\int_{(\mathcal{D})}\frac{dq}{r}$$

Relation entre champ et potentiel

$$\underset{\text{(relation locale)}}{\overrightarrow{E(M)} = -\overrightarrow{\text{grad}}V} \quad \text{ou} \quad \underset{\text{(relation intégrale)}}{V(A) - V(B) = \int_A^B -\overrightarrow{E}\cdot d\overrightarrow{l}}$$

- En coordonnées cartésiennes, $\overrightarrow{E}$ a pour coordonnées $\begin{cases} E_x = -\dfrac{\partial V}{\partial x} \\ E_y = -\dfrac{\partial V}{\partial y} \\ E_z = -\dfrac{\partial V}{\partial z} \end{cases}$

- En coordonnées polaires, $\overrightarrow{E}$ a pour coordonnées $\begin{cases} E_r = -\dfrac{\partial V}{\partial r} \\ E_\theta = -\dfrac{1}{r}\dfrac{\partial V}{\partial \theta} \end{cases}$

Énergie potentielle électrique

- Cas d'une charge Q

Une particule chargée, de charge Q, placée dans une région de l'espace où règne un champ électrique $\overrightarrow{E}$ possède une énergie potentielle :

$$\mathcal{E}_p = QV$$

(Q en C, V en V et $\mathcal{E}_p$ en J)

$\mathcal{E}_p$: énergie potentielle de la charge Q
V : potentiel électrique au point M

- Cas de plusieurs charges

Dans le cas d'un système de deux charges, l'énergie potentielle d'interaction est donnée par :

$$\mathcal{E}_p = \frac{1}{4\pi\epsilon_0}\frac{q_A q_B}{r_{AB}}$$

Dans le cas de n charges ponctuelles q_i, l'énergie potentielle d'interaction s'écrit :

$$\mathcal{E}_p = \frac{1}{2}\sum_{i=1}^{n} q_i V(M_i) \text{ où } V(M_i) = \frac{1}{4\pi\epsilon_0}\sum_{j\neq i}\frac{q_j}{r_{ij}}$$

[Électricité – Électromagnétisme] Le dipôle électrostatique

1. Potentiel et champ créé par un dipôle

a. Définition

On appelle dipôle électrostatique, deux charges électriques $+q$ et $-q$ distantes de a.

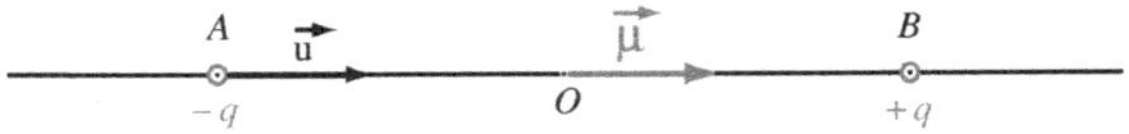

b. Moment dipolaire

Un dipôle est caractérisé par son moment dipolaire électrique $\vec{\mu}$:

$$\vec{\mu} = q\overrightarrow{AB} = qa\vec{u}$$

(q en C, a en m et μ en C·m)

$\vec{\mu}$ est un vecteur dirigé selon l'axe (AB) dans le sens de $-\ q$ vers $+\ q$ et a pour origine le point O milieu du segment AB.

[ATTENTION]

Comme $\overrightarrow{AB} = \overrightarrow{OB} - \overrightarrow{OA}$, alors $\vec{\mu} = q\overrightarrow{AB} = q\overrightarrow{OB} + (-q)\overrightarrow{OA}$

c. Potentiel créé par un dipôle électrostatique

Le potentiel $V(M)$ en un point M éloigné du dipôle est :

$$\begin{aligned} V(M) &= V_{-q}(M) + V_{+q}(M) \\ &= \frac{1}{4\pi\epsilon_0}\left(\frac{q}{r_B} - \frac{q}{r_A}\right) = \frac{q}{4\pi\epsilon_0}\frac{r_A - r_B}{r_A r_B} \end{aligned}$$

Comme $a \ll r$, on a donc $r_A r_B \simeq r^2$ et $r_A - r_B \simeq a\cos\theta$ de sorte que :

$$V(M) = \frac{1}{4\pi\epsilon_0}\frac{qa\cos\theta}{r^2} = \frac{\overrightarrow{\mu}\cdot\overrightarrow{u_r}}{r^2}$$

d. Composantes du champ électrostatique créé par un dipôle

Comme $\overrightarrow{E(M)} = -\overrightarrow{\text{grad}}V$, alors :

$$\overrightarrow{E}\begin{cases} E_r = -\dfrac{\partial V}{\partial r} = 2\dfrac{\mu\cos\theta}{4\pi\epsilon_0 r^3} = \dfrac{2\overrightarrow{\mu}\cdot\overrightarrow{u_r}}{4\pi\epsilon_0 r^3} \\ E_\theta = -\dfrac{1}{r}\dfrac{\partial V}{\partial\theta} = \dfrac{\mu\sin\theta}{4\pi\epsilon_0 r^3} = -\dfrac{\overrightarrow{\mu}\cdot\overrightarrow{u_\theta}}{4\pi\epsilon_0 r^3} \end{cases}$$

[ATTENTION]

Les composantes de $\overrightarrow{E}$ sont en $\dfrac{1}{r^3}$.

2. Action d'un champ extérieur uniforme $\overrightarrow{E_0}$ sur un dipôle

a. Les actions mécaniques subies par le dipôle

- Résultante des forces appliquées au dipôle.

Soit le doublet $(A(-q)\ ;\ B(+q))$ plongé dans le champ extérieur uniforme $\overrightarrow{E_0}$.

La résultante des forces exercées sur le dipôle est :

$$\overrightarrow{F} = q_A\overrightarrow{E_0} + q_B\overrightarrow{E_0} = \overrightarrow{0} \text{ car } q_A = -q_B$$

- Moment du couple des forces exercées sur le dipôle.

Les moments du couple des forces $\overrightarrow{F_A} = q_A\overrightarrow{E_0}$ et $\overrightarrow{F_B} = q_B\overrightarrow{E_0}$ s'écrit :

$$\overrightarrow{\mathcal{M}} = \overrightarrow{OA}\wedge\overrightarrow{F_A} + \overrightarrow{OB}\wedge\overrightarrow{F_B} = (\overrightarrow{OB} - \overrightarrow{OA})\wedge(q\overrightarrow{E_0}) = \overrightarrow{\mu}\wedge\overrightarrow{E_0}$$

Comme $\overrightarrow{\mu} = q\overrightarrow{AB} = q\overrightarrow{OB} + (-q)\overrightarrow{OA}$, alors :

$$\overrightarrow{\mathcal{M}} = \overrightarrow{\mu}\wedge\overrightarrow{E_0}$$

Le module du moment $\overrightarrow{\mathcal{M}} = \overrightarrow{\mu} \wedge \overrightarrow{E_0}$ est :

$$\left\|\overrightarrow{\mathcal{M}}\right\| = \mu \cdot E_0 \cdot |\sin\alpha| \text{ avec } \alpha = (\overrightarrow{\mu}, \overrightarrow{E_0})$$

b. Énergie potentielle du dipôle plongé dans le champ extérieur uniforme $\overrightarrow{E_0}$

Soient $V_{ext}(A)$ et $V_{ext}(B)$ les potentiels électrostatiques aux points A et B associés au champ uniforme extérieur $\overrightarrow{E_0}$.
L'énergie potentielle $\mathcal{E}_p$ associée au doublet $(A(-q)\ ;\ B(+q))$ est telle que :

$$\mathcal{E}_p = q\,[V_{ext}(B) - V_{ext}(A)] = q\int_A^B dV_{ext}$$

Comme $dV_{ext} = -\overrightarrow{E_0}\cdot\overrightarrow{dl}$, alors :

$$\begin{aligned}\mathcal{E}_p &= q\int_A^B -\overrightarrow{E_0}\cdot\overrightarrow{dl}\\ &= -\overrightarrow{\mu}\cdot\overrightarrow{E_0}\\ &= -\mu E_0\cos\alpha \text{ avec } \alpha = (\overrightarrow{\mu}, \overrightarrow{E_0})\end{aligned}$$

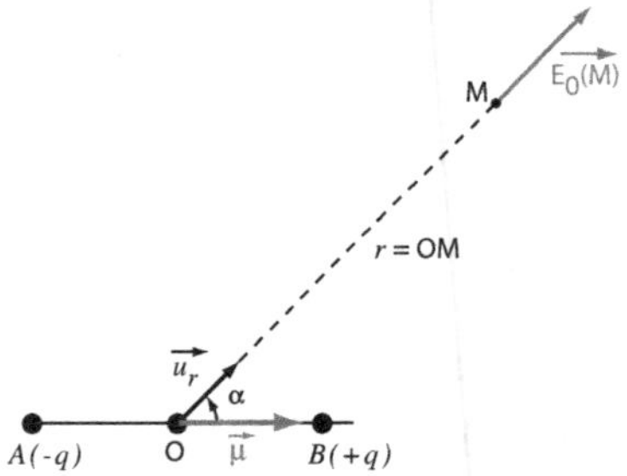

Positions d'équilibre du dipôle : ces positions correspondent aux extremas de l'énergie potentielle $\mathcal{E}_p = -\mu E_0\cos\alpha$, soit :

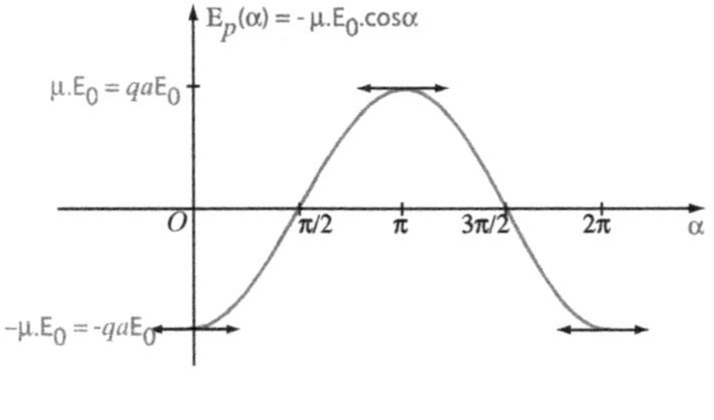

Minimum : $E_p = -qaE_0$ pour $\alpha = 0$; $\overrightarrow{\mu}$ et $\overrightarrow{E_0}$ parallèles

Maximum : $E_p = qaE_0$ pour $\alpha = \pi$; $\overrightarrow{\mu}$ et $\overrightarrow{E_0}$ antiparallèles

Flux du vecteur champ électrique. Théorème de Gauss

1. Définition

Si $\overrightarrow{E(M)}$ est le vecteur champ électrique au point M, le flux élémentaire du champ à travers $\overrightarrow{dS}$ est :

$$d\Phi = \overrightarrow{E(M)} \cdot \overrightarrow{dS} = E(M)dS\cos\theta$$

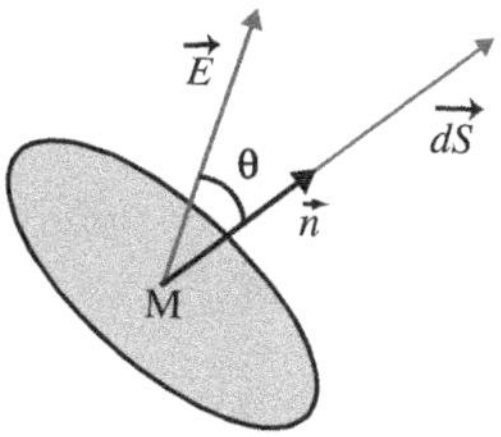

[ATTENTION]

Pour l'orientation de dS : sur la normale en M, on choisit un sens positif et l'on pose $\overrightarrow{dS} = \vec{n}\,dS$

2. Flux du champ de vecteur à travers une surface fermée

Pour une surface finie :

$$\Phi = \sum_i \overrightarrow{E(M_i)} \cdot \overrightarrow{dS} \quad \text{ou encore} \quad \Phi = \int\int_{(S)} \vec{E} \cdot \overrightarrow{dS}$$

Convention de signe :

- tout flux sortant sera compté positivement ;
- tout flux rentrant sera compté négativement.

3. Angle solide

Soient un cône de sommet O et une sphère de centre O et de rayon R. On appelle angle solide Ω, la portion d'espace S délimitée par les génératrices du cône de sommet O : c'est l'angle solide sous lequel on voit la surface S du point O, soit

$$\Omega = \frac{S}{R^2}$$

L'unité d'angle solide est le stéradian (sr).

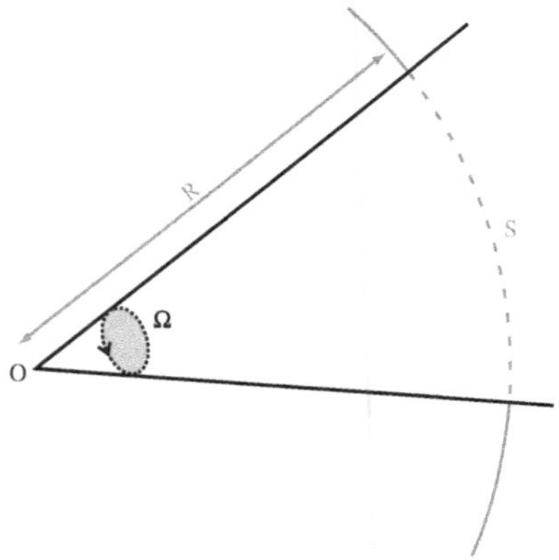

[IMPORTANT]

L'angle solide est une grandeur intrinsèque : Ω ne dépend pas de la sphère considérée mais uniquement du cône de sommet O. En effet, comme $\frac{S_1}{R_1^2} = \frac{S_2}{R_2^2} \cdots = \frac{S_n}{R_n^2}$, alors :

$$\Omega = \frac{S_1}{R_1^2} = \frac{S_2}{R_2^2} \cdots = \frac{S_n}{R_n^2}$$

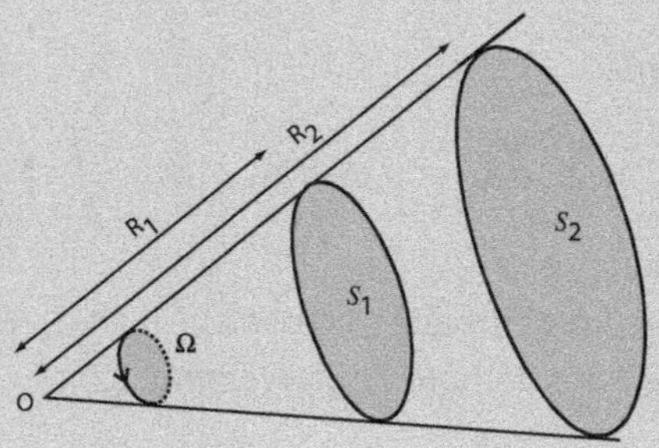

4. Flux produit par une charge ponctuelle

Le champ créé par une charge ponctuelle s'écrit :

$$\overrightarrow{E(M)} = \frac{1}{4\pi\varepsilon_0}\frac{q}{r^2}\overrightarrow{u}$$

Comme $d\Phi = \overrightarrow{E(M)} \cdot \overrightarrow{dS}$, alors :

$$d\Phi = \frac{1}{4\pi\varepsilon_0}\frac{q}{r^2}\overrightarrow{u} \cdot \overrightarrow{dS} = \frac{q}{4\pi\varepsilon_0}d\Omega$$

$$\text{avec } d\Omega = \frac{\overrightarrow{u} \cdot \overrightarrow{dS}}{r^2} = \frac{dS\cos\theta}{r^2} \left| \begin{array}{l} \Omega > 0,\ si\ 0 < \theta < \pi/2 \\ d\Omega < 0,\ si\ \theta > \pi \end{array} \right.$$

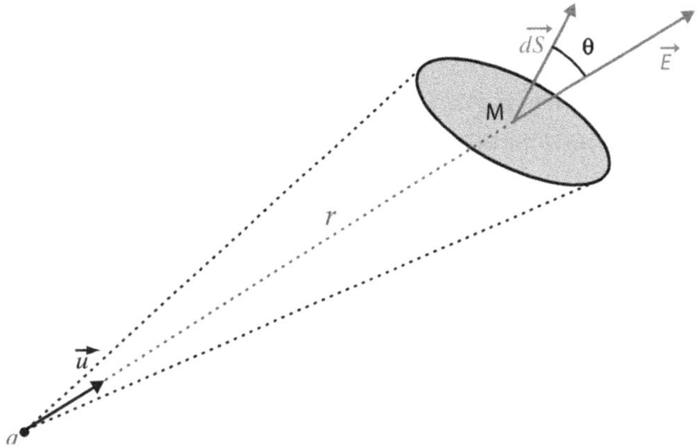

5. Théorème de Gauss

Le flux du champ électrique à travers une surface fermée est donné par :

$\Phi_S = \frac{1}{\varepsilon_0}\sum_i q_i$ où $\sum_i q_i$ représente la somme des charges intérieures

[IMPORTANT]

- Par rapport à une surface fermée, on considère un intérieur et un extérieur.
- Le sens positif pris sur la normale en un point de la surface est celui allant de l'intérieur vers l'extérieur. Les vecteurs $\overrightarrow{dS}$ sont donc dirigés vers l'extérieur.

[Électricité – Électromagnétisme] Condensateurs. Capacité

1. Capacité de différents condensateurs

a. Définition

Un condensateur est l'ensemble de deux conducteurs, dont l'un entoure complétement l'autre de façon à ce que soient réalisées les conditions de l'influence totale. On définit ainsi une armature externe et une armature interne.

b. Condensateur plan

Les armatures sont deux plans parallèles.
On suppose le cas d'un influence totale (plans infinis). Le champ électrique entre les deux armatures est donc uniforme et la norme de $\overrightarrow{E}$ est :

$$E = -\frac{\Delta V}{\Delta r} = \frac{U}{e};\ U : \text{ d.d.p. entre les deux armatures}$$

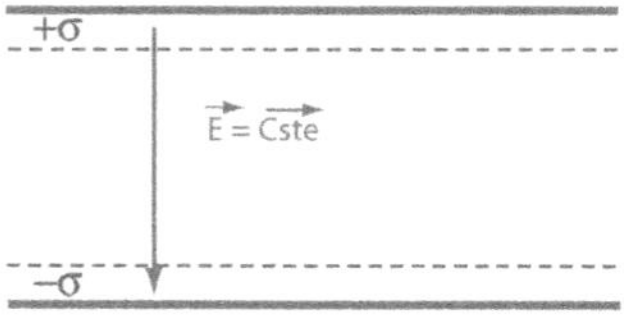

Si e représente la distance séparant les deux armatures, alors la capacité du condensateur plan est :

$$C = \frac{Q}{U} = \epsilon_0 \frac{S}{e}$$

e : distance séparant les deux armatures
σ : densité superficielle de charge
$c\sigma = \epsilon_0 E = \epsilon_0 \frac{U}{e}$

c. Condensateur cylindrique

L'armature interne est un cylindre de rayon R_1 et l'armature externe une surface cylindrique de même axe et de rayon R_2.

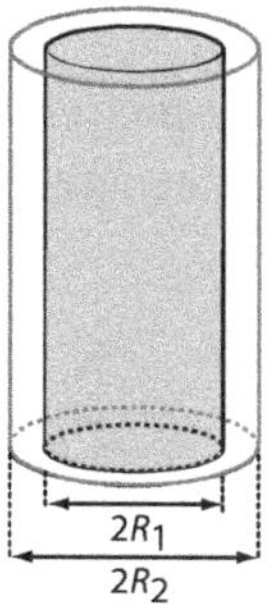

- Le champ électique $\vec{E}$ a la même valeur en tout point situé à la même distance r de l'axe du cylindre :

$$E(r) = \frac{1}{2\pi\epsilon_0}\frac{Q}{hr}$$

- La d.d.p. quand on passe d'une armature à l'autre est égale à la circulation de $\vec{E}$:

$$U = \int_{R_1}^{R_2} E(r)dr = \frac{1}{2\pi\epsilon_0}\frac{Q}{h}\int_{R_1}^{R_2}\frac{dr}{r} = \frac{1}{2\pi\epsilon_0}\frac{Q}{h}\ln(\frac{R_2}{R_1})$$

- La capacité du condensateur cylindrique de longueur h est donnée par :

$$C = \frac{Q}{U} = \frac{2\pi\epsilon_0 h}{\ln(\frac{R_2}{R_1})}$$

[IMPORTANT]

Si e représente l'épaisseur du condensateur alors $R_2 = R_1 + e$.
Comme $\ln(\frac{R_2}{R_1}) = \ln(1 + \frac{e}{R_1}) \approx \frac{e}{R_1}$ alors :

$$C = \frac{2\pi\varepsilon_0 h}{\frac{e}{R_1}} = \frac{2\pi\varepsilon_0 h R_1}{e} = \frac{\varepsilon_0 S}{e}$$

d. Condensateur sphérique

Les faces en regard sont deux sphères concentriques de rayon R_1 pour l'armature interne et R_2 pour l'armature externe.

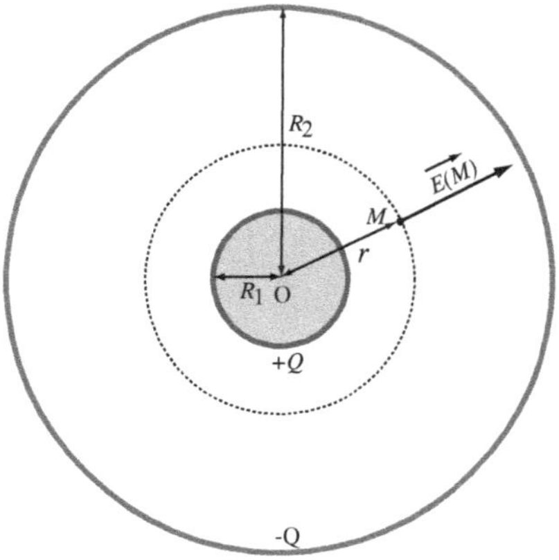

- Entre les deux sphères, le champ est radial et vaut :

$$E(r) = \frac{1}{4\pi\epsilon_0}\frac{Q}{r^2}$$

- La d.d.p. quand on passe d'une armature à l'autre est :

$$U = \int_{R_1}^{R_2} E dr = \frac{Q}{4\pi\epsilon_0}\int_{R_1}^{R_2}\frac{dr}{r^2} = \frac{Q}{4\pi\epsilon_0}\left(\frac{1}{R_1} - \frac{1}{R_2}\right)$$

- La capacité du condensateur sphérique est :

$$C = \frac{Q}{U} = 4\pi\epsilon_0\frac{R_1 R_2}{R_2 - R_1}$$

[IMPORTANT]

Si e est l'épaisseur du condensateur avec $R_2 = R_1 + e$, on a donc $R_1 R_2 = R_1^2 + eR_1 = R_1^2\left(1 + \frac{e}{R_1}\right)$ et par suite :

$$C = \frac{4\pi\varepsilon_0 R_1^2}{e}\left(1 + \frac{e}{R_1}\right) \approx \frac{\varepsilon_0 S}{e} \text{ car } \frac{e}{R_1} << 1$$

2. Groupements de condensateurs

a. Groupement en parallèle

Pour un groupement de condensateurs en parallèle, la capacité C équivalente est donnée par :

$$C = \sum_i C_i$$

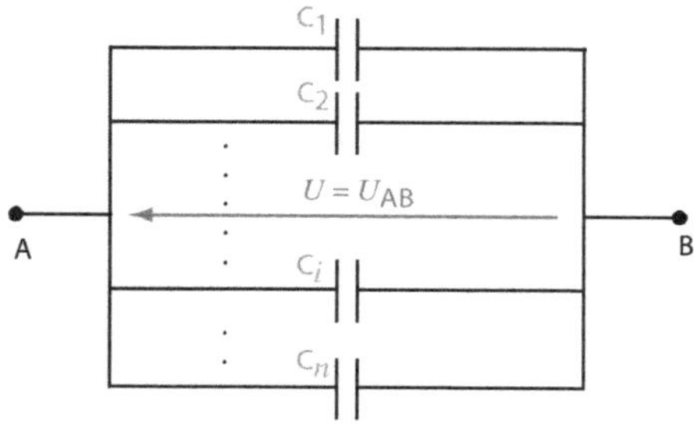

La charge totale portée par l'association est :

$$Q = \sum_i q_i = \sum_i C_i U = U \sum_i C_i$$

C_i : capacité du condensateur i
$q_i = C_i U$: charge portée par le condensateur de capacité C_i

b. Groupement en série

Pour un groupement de condensateurs en série, la capacité C équivalente est donnée par :

$$\frac{1}{C} = \sum_i \frac{1}{C_i}$$

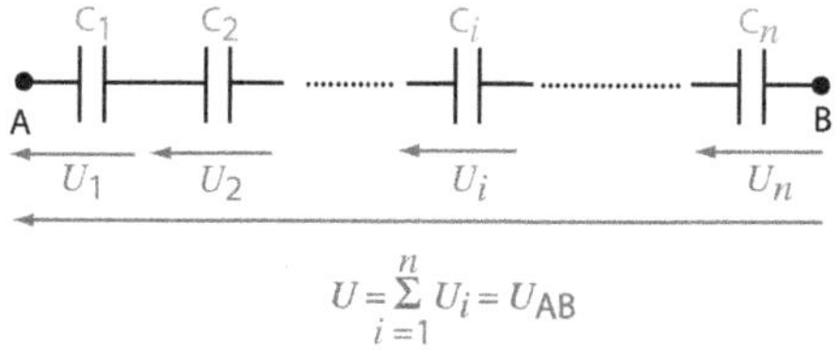

La charge totale portée par l'association est égale à la charge portée par chacun des condensateurs de l'association, soit :

$$Q = q_i = CU$$

C_i : capacité du condensateur i
$q_i = C_i U_i$: charge portée par le condensateur de capacité C_i

3. Énergie emmagasinée par un condensateur

L'énergie d'un condensateur correspond à l'énergie emmagasinée par ce condensateur lorsque la tension entre ses bornes passe de $u = 0$ à $u = U$.
Comme $d\mathcal{E}_e = p(t)dt$ où $p(t) = u(t)i(t)$ représente la puissance électrique reçue par le dipôle, alors :

$$\mathcal{E}_e = \int p(t)dt = \int u(t)i(t)dt$$

Comme $u = \frac{q}{C}$ et $i = \frac{dq}{dt} = C\frac{du}{dt}$, il en résulte :

$$\mathcal{E}_e = \int_0^U Cudu = \frac{1}{2}CU^2$$

Sachant que $U = \frac{Q}{C}$, on a alors :

$$\mathcal{E}_e = \frac{1}{2}CU^2 = \frac{1}{2}\frac{Q^2}{C} = \frac{1}{2}QU$$

Électrocinétique

1. Intensité d'un courant électrique

L'intensité d'un courant électrique traversant une section S d'un conducteur, représente la quantité d'électricité traversant S par unité de temps, soit :

$$i = \frac{dQ}{dt}$$

i : intensité du courant électrique en A
dQ en C
dt en s

[IMPORTANT]

- L'intensité d'un courant représente le débit des charges à travers une section du conducteur par unité de temps.
- Dans le cas d'un courant continu, $i = I = cste$, charge et intensité sont liées par la relation : $Q = I \cdot t$

2. Réseaux de conducteurs

Un réseau de conducteurs est formé par un ensemble de générateurs et de récepteurs qui constitue un circuit fermé.
Un nœud est un point de jonction de plusieurs conducteurs (point où se rejoignent au moins trois conducteurs).
Une branche formée par l'ensemble de générateurs et de récepteurs placés en série qui va d'un nœud à l'autre.
Une maille est un contour fermé constitué par une suite de branches, deux branches successives ayant en commun un même nœud.

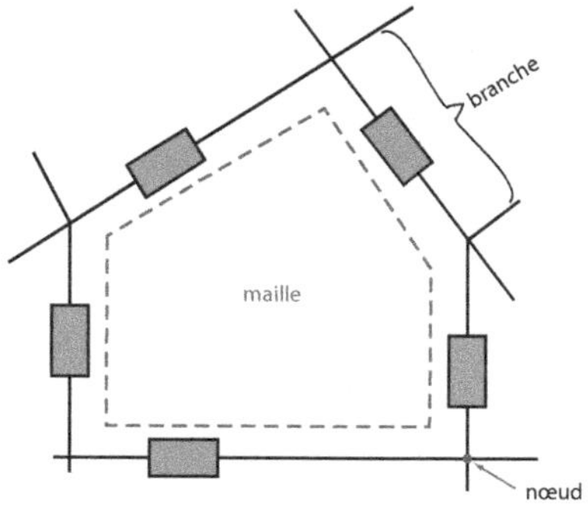

3. Lois de Kirchhoff

a. Loi des nœuds

La somme des intensités des courants qui partent d'un nœud est égale à la somme des intensités des courants qui arrivent au même nœud.
On pourra affecter du signe (+) les courants qui arrivent au nœud et du signe (−) les courants qui partent du nœud.
Ainsi la somme algébrique des courants est nulle :

$$\sum_j \epsilon_j I_j = 0 \quad \text{avec} \quad \left| \begin{array}{l} \epsilon_j = +1, \text{ lorsque le courant se dirige vers le nœud ;} \\ \epsilon_j = -1, \text{ lorsque le courant repare du nœud.} \end{array} \right.$$

Exemple

Au nœud N, on a :
$i_1 - i_2 + i_3 - i_4 - i_5 = 0$

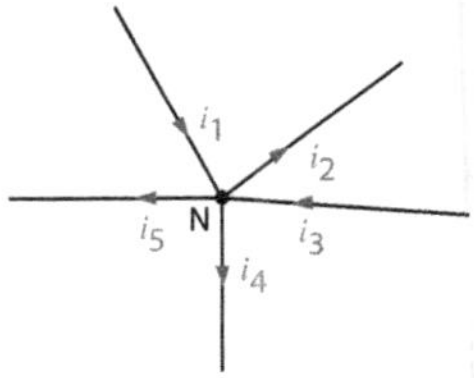

b. Loi des mailles

Si l'on parcourt une maille dans un sens donné, la somme algébrique des tensions rencontrées le long de cette maille est nulle.

Exemple

La loi des mailles conduit à :
$-R_2 i_2 + e_2 - e_3 + R_3 i_3 + R_1 i_1 - e_1 = O$
soit :

$$\sum_j R_j i_j - \sum_j e_j = 0$$

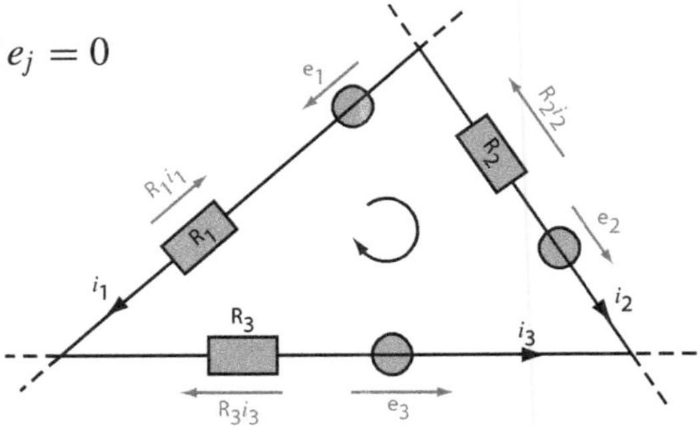

[ATTENTION]

En régime permanent, chaque point du réseau a un potentiel déterminé et fixe.

4. Associations de conducteurs ohmiques

a. Association en série

La résistance équivalente à n résistances montées en séries est telle que :

$$R_{eq} = \sum_{i=1}^{n} R_i$$

R_i et R_{eq} en Ω

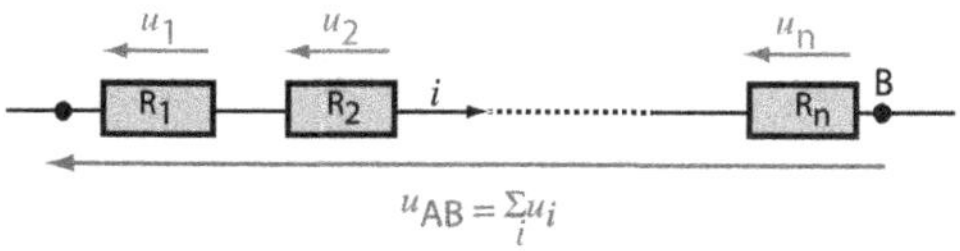

b. Association en parallèle

- La résistance équivalente à n résistances montées en parallèles est telle que :

$$\frac{1}{R_{eq}} = \sum_{i=1}^{n} \frac{1}{R_i} \text{ ; } R_i \text{ et } R_{eq} \text{ en } \Omega$$

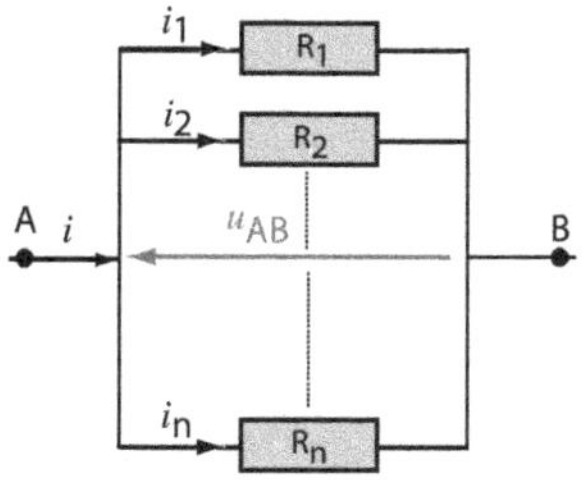

- La conductance équivalente est telle que :

$$G_{eq} = \sum_{i=1}^{n} G_i\text{; } G_{eq} \text{ et } G_i \text{ en S avec } G_{eq} = \frac{1}{R_{eq}} \text{ et } G_i = \frac{1}{R_i}$$

Milieux conducteurs

1. Loi d'Ohm

a. Vecteur densité de courant

Considérons un milieu conducteur comportant une densité de charges mobiles ρ_v.

Soit $dq = \rho_v \cdot dV$ la charge élémentaire contenue dans un volume dV entourant le point M et $\overrightarrow{v}$ le vecteur vitesse des charges mobiles. Par définition, le vecteur densité de courant est :

$$\overrightarrow{j} = \rho_v \overrightarrow{v} = n_v q \overrightarrow{v}$$

où $n_v = \dfrac{dN}{dV}$ représente le nombre de porteurs de charge par unité de volume.

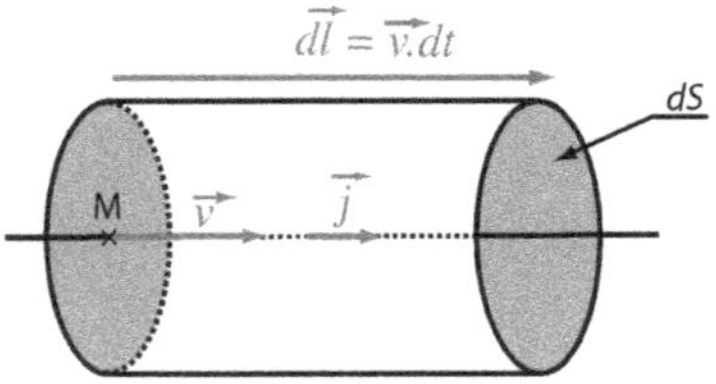

La charge dq qui traverse l'élément de surface orienté $\overrightarrow{dS}$ est donnée par :

$$dq = \rho_v \overrightarrow{v} dt \cdot \overrightarrow{dS}$$

avec $\rho_v = \dfrac{dq}{dV} = n_v q$: densité de charge volumique

b. Intensité du courant électrique

Soit un élément de surface dS prise dans un milieu chargé. L'intensité du courant électrique à travers l'élément de surface dS est :

$$i = \frac{dq}{dt} = \overrightarrow{j} \cdot \overrightarrow{dS} = n_V q \overrightarrow{v} \cdot \overrightarrow{dS}$$

L'intensité I du courant électrique à travers la section S est :

$$I = \iint_S \vec{j} \cdot \overrightarrow{dS} \quad : \text{flux de } \vec{j} \text{ à travers } S$$

(I en A, j en $A{\cdot}m^{-2}$ et S en m^2)

[ATTENTION]

En régime permanent, le flux du vecteur $\vec{j}$ est conservatif et par suite l'intensité I est constante à travers S.

c. Relation entre $\vec{j}$ et $\vec{E}$

Dans un conducteur homogène, isotrope et à température uniforme, le vecteur densité de courant $\vec{j}$ est proportionnel au vecteur champ électrique $\vec{E}$, soit :

$$\vec{j} = \sigma \vec{E} \text{ ou } \vec{E} = \rho \vec{j}$$

(σ en $\Omega^{-1}{\cdot}m^{-1}$ et ρ en $\Omega{\cdot}m$)
(loi d'Ohm locale)

$\vec{j}$: vecteur densité de courant
σ : conductivité du milieu
$\rho = \dfrac{1}{\sigma}$: résistivité du conducteur
$\vec{E}$: vecteur champ électrique

2. Loi d'Ohm pour un conducteur ohmique

L'intensité du courant électrique traversant un conducteur ohmique est proportionnelle à la d.d.p. U à laquelle est soumis ce conducteur, soit :

$$U = RI \text{ ou } I = GU$$

R : résistance du conducteur (en Ω)
$G = \dfrac{1}{R}$: conductante du conducteur (en S)

[IMPORTANT]

Dans le cas d'un conducteur cylindrique, la résistance du conducteur s'écrit :

$$R = \rho \frac{l}{S}$$

ρ: résistivité du conducteur (en $\Omega \cdot m$)
l: longueur du conducteur (en m)
S: section du conducteur (en m^2)

3. Conductivité. Mobilité

a. Conductivité d'un métal

Le vecteur densité de courant s'écrit :

$$\vec{j} = \rho_v \mu \vec{E} = \sigma \vec{E}$$
et
$$\sigma = \rho_v \mu = n_v q \mu$$

ρ_v : densité de charge volumique
$\vec{E}$: vecteur champ électrique
σ : conductivité du milieu
μ: mobilité des électrons libres
$q = e$: charge électrique

b. Conductivité d'un électrolyte

Mobilité ionique

Soit une solution contenant : l'anion A^{x-} à la concentration c^-, le cation C^{y+} à la concentration c^+.
Pour un type d'ion i, la vitesse d'ensemble $\vec{v_i}$ s'écrit : $\vec{v_i} = \mu_i \vec{E}$. Ainsi :

$$\vec{v^-} = -\mu^- \vec{E} \text{ et } \vec{v^+} = +\mu^+ \vec{E}$$

μ^- : mobilité de l'anion
μ^+ : mobilité du cation
$\vec{v^-}$: vecteur vitesse de l'anion
$\vec{v^+}$: vecteur vitesse du cation

Le faraday

Le faraday, noté $\mathcal{F}$, représente la quantité d'électricité d'une mole d'électrons :

$$1\mathcal{F} = \mathcal{N}_A e = 96\,500\ \text{C} \cdot \text{mol}^{-1}$$

$\mathcal{N}_A$: nombre d'Avogadro
e : charge élémentaire

Intensité du courant électrique

Par définition, l'intensité du courant électrique est $I = \dfrac{dq}{dt}$, soit :

$$I = (c^- \mu^- z^- + c^+ \mu^+ z^+) E S \mathcal{F}$$

c^- : concentration de l'anion (en $\text{mol} \cdot \text{m}^{-3}$)
c^+ : concentration du cation (en $\text{mol} \cdot \text{m}^{-3}$)
μ^- et μ^+ : mobilité des ions
z^- : valence de l'anion
z^+ : valence du cation
S : surface (en m^2)

Le vecteur densité de courant $\overrightarrow{j}$ s'écrit :

$$\overrightarrow{j} = \rho^- \overrightarrow{v^-} + \rho^+ \overrightarrow{v^+} = \sum_i \rho_i \overrightarrow{v_i} = \sigma \overrightarrow{E}$$
avec
$$\sigma = (\sum_i z_i c_i \mu_i)\mathcal{F}$$

| ρ_i : résistivité de l'ion i
| z_i : valence de l'ion i
| c_i : concentration de l'ion i
| μ_i : mobilité de l'ion i

4. Énergie électrique

a. Énergie électrique en courant continu

L'énergie consommée, entre les dates t_1 et t_2, par un conducteur et parcouru par un courant d'intensité I, est donnée par :

$$W = \int_{t_1}^{t_2} \mathcal{P} dt$$

| $\mathcal{P} = UI$: puissance électrique consommée (en W)
| I : intensité du courant (en A)
| U : tension aux bornes du conducteur ohmique (en V)

b. L'effet Joule

Dans le cas d'un conducteur ohmique :

$$\mathcal{P} = UI = RI^2 = \frac{U^2}{R}$$
et
$$\mathcal{E}_J = \int_{t_1}^{t_2} \mathcal{P} dt = \int_{t_1}^{t_2} RI^2 dt$$

| R : résistance du conducteur ohmique (en Ω)
| I : intensité du courant (en A)
| U : tension aux bornes du conducteur ohmique (en V)
| $\mathcal{P}$: puissance consommée (en W)
| $\mathcal{E}_J$: énergie transformée en chaleur (en J)

FICHE COURS 25

[Électricité – Électromagnétisme] Champ d'induction magnétique

1. Champ magnétique

- Un ensemble de boussoles disposées autour d'un aimant droit s'oriente selon les lignes de champ.

Les lignes de champ sont orientées selon le sens S ⟶ N des boussoles.

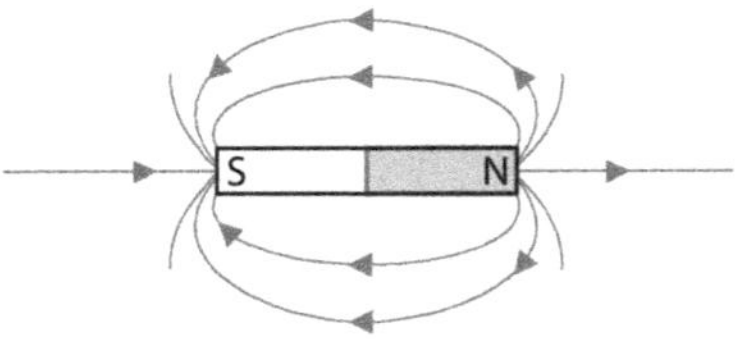

- Dans l'entrefer de l'aimant, le champ est pratiquement uniforme : les lignes de champ entre les branches de l'aimant sont parallèles entre elles.

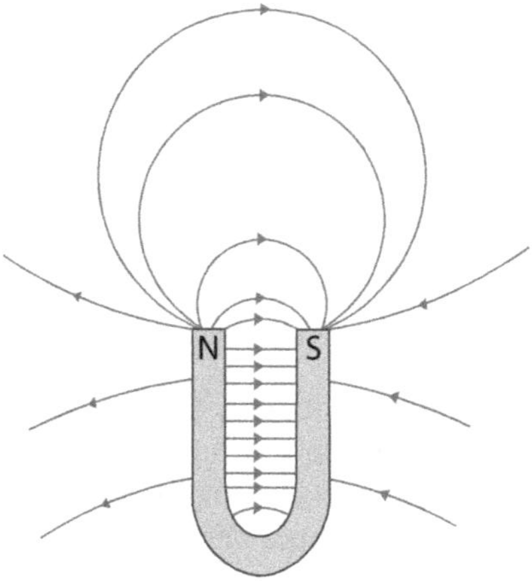

2. Force de Laplace

Tout élément d'un circuit électrique de longueur dl, parcourue par un courant d'intensité I et placé dans un champ magnétique uniforme $\overrightarrow{B}$ est soumis à une force $d\overrightarrow{F}$ qui s'écrit :

$$d\overrightarrow{F} = I d\overrightarrow{l} \wedge \overrightarrow{B}$$; le vecteur $d\overrightarrow{l}$ a le sens du courant

Généralisation

Une portion rectiligne de conducteur de longueur l, parcourue par un courant d'intensité I et placée dans un champ magnétique uniforme $\vec{B}$ est soumise à des actions réparties d'origine électromagnétique équivalentes à une force $\vec{F}$ donnée par la loi de Laplace :

$$\vec{F} = I \cdot \vec{l} \wedge \vec{B}$$

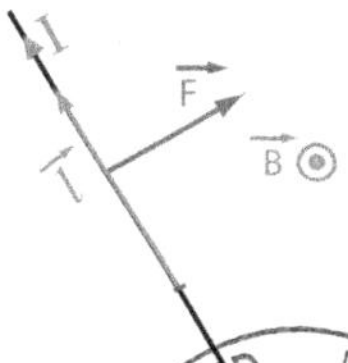

$$\begin{cases} \text{direction : c'est la perpendiculaire au plan} \\ \quad \text{définie par les vecteurs } I.\vec{l} \text{ et } \vec{B} \\ \text{sens : trièdre } (I \cdot \vec{l}, \vec{B}, \vec{F}) \text{ est un trièdre direct} \\ \text{valeur : } F = |I \cdot l \cdot B \cdot \sin\alpha| \text{ ; } \alpha : (\vec{l}, \vec{B}) \end{cases}$$

3. Champ d'induction magnétique créé par un élément de courant

a. Loi de Biot et Savart

- Tout élément de circuit de longueur dl, parcouru par un courant électrique d'intensité I, crée en tout point M de l'espace un champ d'induction magnétique élémentaire $d\vec{B}$ donné par la loi de Biot et Savart :

$$d\vec{B} = \frac{\mu_0}{4\pi} \frac{I d\vec{l} \wedge \vec{u}}{r^2}$$

- Le champ d'induction magnétique créé au point M, par une portion de circuit $(\mathcal{C})$ filiforme parcouru par un courant d'intensité I, a pour expression :

$$\vec{B} = \frac{\mu_0}{4\pi} \int_{(\mathcal{C})} \frac{I d\vec{l} \wedge \vec{u}}{r^2}$$

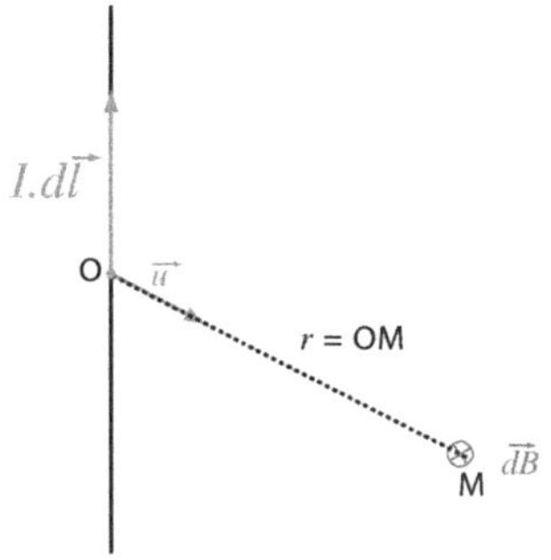

$d\overrightarrow{l}$: élément de circuit dirigé dans le même sens que le courant.

$\overrightarrow{u} = \dfrac{\overrightarrow{OM}}{\left\|\overrightarrow{OM}\right\|} = \dfrac{\overrightarrow{OM}}{r}$: vecteur unitaire dirigé de l'élément de courant vers le point M.

$(Id\overrightarrow{l}, \overrightarrow{u}, d\overrightarrow{B})$: trièdre direct

b. Champ d'un fil rectiligne infini

Le vecteur champ magnétique $\overrightarrow{B}$ créé en un point M de l'espace par un fil infini parcouru par un courant d'intensité I a les caractéristiques suivantes :

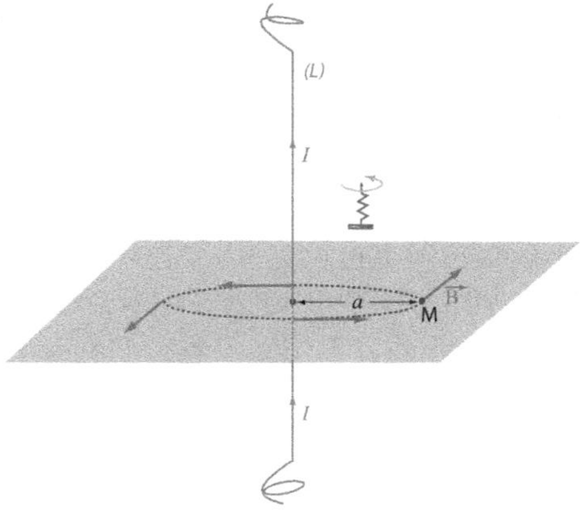

$\overrightarrow{B}$:
- direction : c'est la tangente au cercle centré sur le fil, passant par le point M contenu dans le plan perpendiculaire au fil
- sens : donné par la règle du tire-bouchon
- valeur : $B = \dfrac{\mu_0}{2\pi}\dfrac{I}{a}$

Règle du tire-bouchon : on tourne suivant I, on progresse suivant $\overrightarrow{B}$.

c. Champ d'une spire circulaire de courant

- Le champ magnétique $\overrightarrow{B}$ au centre d'une spire, parcourue par un courant d'intensité I, se déduit à partir de la loi de Biot et Savart :

$$\overrightarrow{B} = \frac{\mu_0}{4\pi} \oint_{(spire)} \frac{I d\overrightarrow{l} \wedge \overrightarrow{u}}{r^2} = \frac{\mu_0 I}{2R}\overrightarrow{u_x}$$

Le vecteur champ magnétique $\overrightarrow{B_0}$ créé au centre d'une spire circulaire de courant, de centre O et de rayon R a les caractéristiques suivantes :

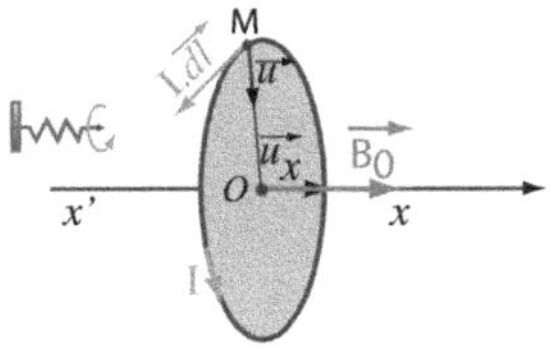

$$\overrightarrow{B_0} \begin{cases} \text{direction : orthogonale au plan de la spire} \\ \text{sens : donné par la règle du tire-bouchon} \\ \text{valeur : } B_0 = \dfrac{\mu_0 I}{2R} \end{cases}$$

- Le champ d'une bobine circulaire plate de rayon R, comportant N spires est donné par :

$$B_0 = N\frac{\mu_0 I}{2R}$$

[Électricité – Électromagnétisme] Action d'un champ magnétique $\vec{B}$ sur un circuit fermé

1. Moment magnétique

Un circuit fermé indéformable, de surface orientée $\vec{S}$, parcouru par un courant d'intensité I et placé dans un champ magnétique $\vec{B}$ est soumis à un ensemble de forces magnétiques de résultante nulle et dont le couple de forces magnétiques est donné par :

$$\vec{\Gamma} = \vec{\mathcal{M}} \wedge \vec{B}$$

$\vec{\mathcal{M}}$ représente le vecteur moment magnétique du circuit :

$$\vec{\mathcal{M}} = I\vec{S} = IS\vec{n}$$

($\vec{S}$ représente le vecteur surface et $\vec{n}$ le vecteur unitaire de la normale à la surface S)

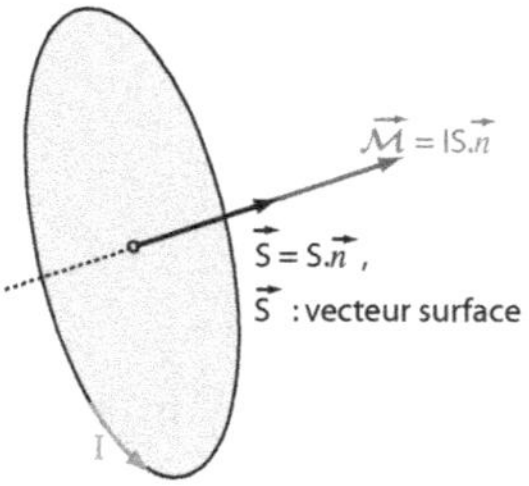

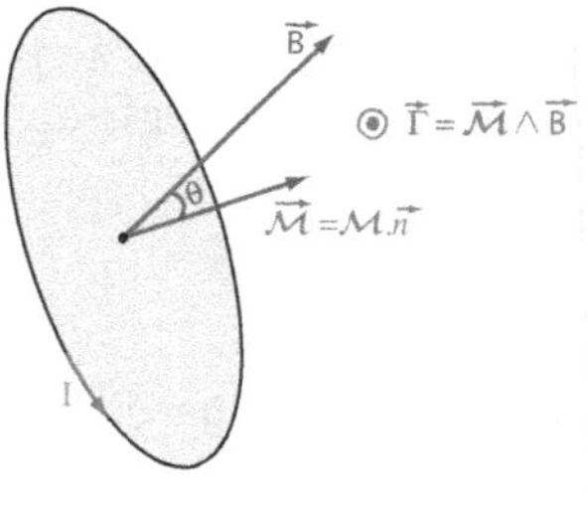

2. Dipôle magnétique

Une boucle de courant plane, de rayon R, parcourue par un courant d'intensité I, crée en un point M de l'axe de la boucle, distant de x du centre du cercle, un champ magnétique $\vec{B}$ donné par :

$$\vec{B} = \frac{\mu_0 I}{2} \frac{R^2}{(R^2 + x^2)^{3/2}} \vec{u_x}$$

Comme $\vec{\mathcal{M}} = I\vec{S} = I\pi R^2 \vec{u_x}$, alors :

$$\vec{B} = \frac{\mu_0}{2\pi} \frac{\vec{\mathcal{M}}}{(R^2 + x^2)^{3/2}}$$

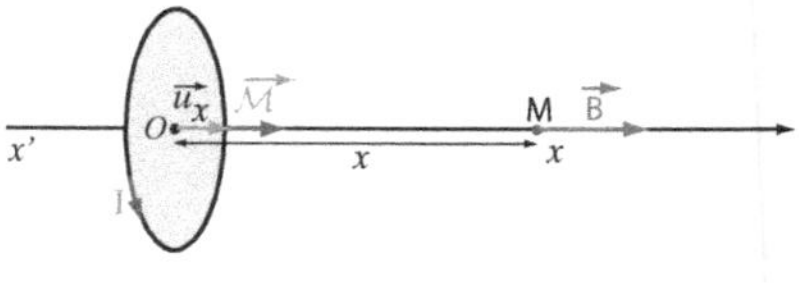

3. Champ magnétique d'un dipôle

Si la boucle circulaire devient suffisamment petite pour que son rayon R soit négligeable devant la distance r, alors :

$$\overrightarrow{B} \simeq \frac{\mu_0}{2\pi}\frac{\overrightarrow{\mathcal{M}}}{x^3}$$

Les composantes $\overrightarrow{B}_r$ et $\overrightarrow{B}_\theta$ du champ magnétique $\overrightarrow{B}$ créé par un dipôle magnétique en un point M en dehors de l'axe du dipôle sont :

$$\overrightarrow{B}_r = \frac{\mu_0}{4\pi}\frac{2\mathcal{M}\cos\theta}{r^3}\overrightarrow{u_r}$$
$$\overrightarrow{B}_\theta = \frac{\mu_0}{4\pi}\frac{\mathcal{M}\sin\theta}{r^3}\overrightarrow{u_\theta}$$

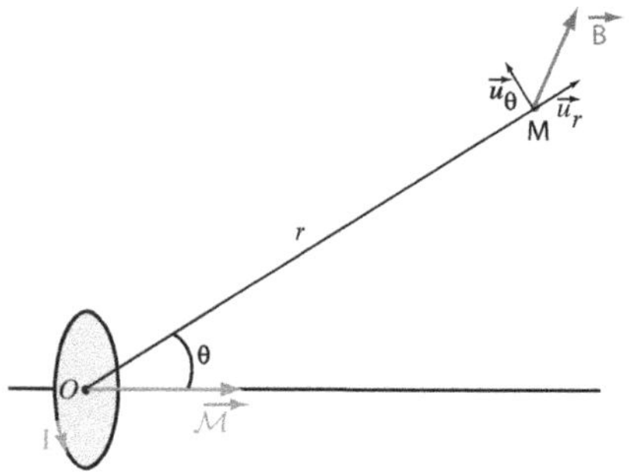

4. Potentiel magnétique d'un dipôle

$$V_m = \frac{\mu_0}{4\pi}\frac{\overrightarrow{\mathcal{M}}\cdot\overrightarrow{u_r}}{r^2}$$

V_m : potentiel magnétique créé au point M
$\overrightarrow{\mathcal{M}}$: moment magnétique du dipôle

Le champ $\overrightarrow{B}$ dérive d'un potentiel magnétique V_m tel que :

$$\overrightarrow{B} = -\overrightarrow{grad}V_m$$

5. Énergie potentielle magnétique

$$\mathcal{E}_p = -\overrightarrow{\mathcal{M}}\cdot\overrightarrow{B}$$

$\mathcal{E}_p$: énergie potentielle magnétique
$\overrightarrow{\mathcal{M}}$: moment magnétique de la spire
$\overrightarrow{B}$: champ magnétique auquel est soumis la spire

FICHE COURS 27

[Électricité – Électromagnétisme] Mouvement d'une particule chargée dans un champ uniforme

1. Action d'un champ électrique uniforme sur une particule chargée

a. Dynamique newtonienne

Une particule de masse m et de charge q, située dans une région où règne un champ électrique $\overrightarrow{E}$, subit :

- une force

$$\overrightarrow{F} = q\overrightarrow{E}$$

$\overrightarrow{F}$ est de même sens que $\overrightarrow{E}$ si $q > 0$, de sens contraire pour $q < 0$.

- une accélération $\overrightarrow{a}$ telle que :

$$\overrightarrow{F} = q\overrightarrow{E} = m\overrightarrow{a}$$

[IMPORTANT]

Le poids de la particule (électron, proton...) est négligeable devant la force électrique $\overrightarrow{F} = q\overrightarrow{E}$.
Dans le cas où le champ $\overrightarrow{E}$ est uniforme, la particule se déplace dans un plan (mouvement plan).

- Énergie cinétique de la particule

Si la particule chargée a une vitesse $\overrightarrow{v_A} = \overrightarrow{v_0}$, à l'instant $t_A = t_0$, sa vitesse à l'instant t_B est $\overrightarrow{v_B}$.
Le théorème de l'énergie cinétique appliqué à la particule chargée entre les instants t_A et t_B donne :

$$\Delta\mathcal{E}_c = \mathcal{E}_{cB} - \mathcal{E}_{cA} = \frac{1}{2}mv_B^2 - \frac{1}{2}mv_0^2 = \underset{A\longrightarrow B}{W(\overrightarrow{F})} = q(V_A - V_B) = qU$$

Soit : $\frac{1}{2}mv_B^2 = \frac{1}{2}mv_0^2 + qU ; U = V_A - V_B$: d.d.p. entre A et B

D'où : $$v_B = \sqrt{v_0^2 + 2\frac{qU}{m}} = \sqrt{\frac{2}{m}(\mathcal{E}_{c0} + qU)}$$

En conséquence :

$$\begin{cases} \text{si } qU > 0 \text{ ; la vitesse augmente et la particule est accélérée.} \\ \text{si } qU < 0 \text{ ; la vitesse diminue et la particule est freinée.} \end{cases}$$

- Équation de la trajectoire :

$\overrightarrow{v_0}$ est colinéaire avec l'axe Ox : $y = \pm\frac{1}{2}\frac{qE}{mv_0^2}x^2$

$\overrightarrow{v_0}$ fait un angle θ avec l'axe Ox : $y = \pm\frac{1}{2}\frac{qE}{mv_0^2\cos^2\theta}x^2 + \tan\theta$

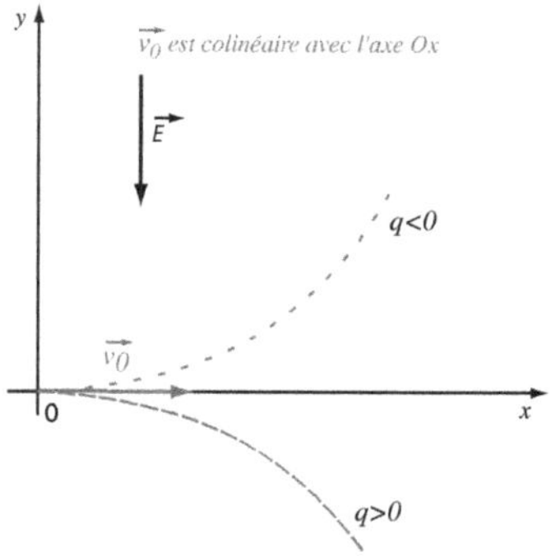

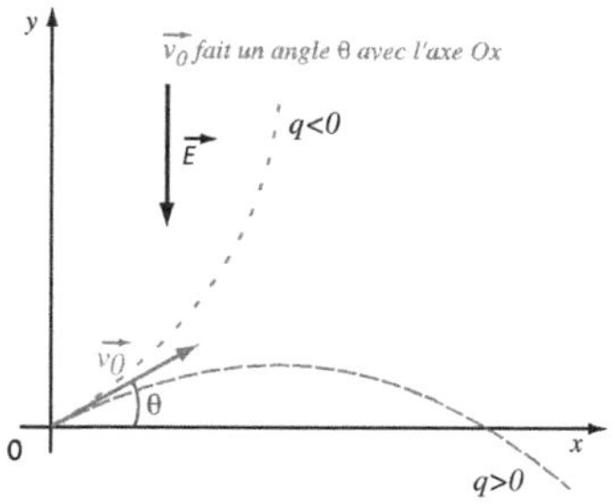

b. Dynamique relativiste

Pour traiter ce problème en dynamique relativiste, il faut faire intervenir les expressions relativistes.

- $\beta = \frac{v}{c}$ et $\gamma = \frac{1}{\sqrt{1 - \frac{v^2}{c^2}}}$, c : célérité de la lumière dans le vide

$(\gamma \geqslant 1)$

- Le vecteur quantité de mouvement $\overrightarrow{p}$ d'une particule de masse m est :

$$\overrightarrow{p} = \gamma m \overrightarrow{v}$$

- L'énergie totale de la particule est :

$$\mathcal{E} = \gamma mc^2$$

Si la particule est au repos ($v = 0$, $\gamma = 1$), alors l'énergie au repos ou énergie de masse est : $\mathcal{E}_0 = mc^2$.
L'énergie cinétique de la particule est :

$$\mathcal{E}_C = \mathcal{E} - mc^2 = (\gamma - 1)mc^2$$

Si $v \ll c$, $\dfrac{v^2}{c^2} \ll 1$, alors :

$$\gamma = \frac{1}{\sqrt{1 - \dfrac{v^2}{c^2}}} = (1 - \frac{v^2}{c^2})^{-\frac{1}{2}} \simeq 1 + \frac{1}{2}\frac{v^2}{c^2}$$

Ainsi :

$$\begin{cases} \overrightarrow{p} = \gamma m \overrightarrow{v} \text{, on néglige } \dfrac{1}{2}\dfrac{v^2}{c^2} \text{ dans l'expression de } \gamma\text{, d'où } \overrightarrow{p} \simeq m\overrightarrow{v} \\ \mathcal{E}_C = (\gamma - 1)mc^2\text{, puisque } \gamma \simeq 1 + \dfrac{1}{2}\dfrac{v^2}{c^2} \text{ alors } \mathcal{E}_C \simeq \dfrac{1}{2}mv^2 \end{cases}$$

On retrouve les relations données en mécanique newtonienne : la mécanique newtonienne est donc un cas particulier de la mécanique relativiste.

- Relation entre $\overrightarrow{p}$ et $\mathcal{E}$.

Comme $\overrightarrow{p} = \gamma m \overrightarrow{v}$ et $\mathcal{E} = \gamma mc^2$, on en déduit $p = \gamma mv$ et $\dfrac{\mathcal{E}}{p} = \dfrac{c^2}{v}$.

En élevant au carré les deux relations précédentes, il vient :

$\mathcal{E}^2 = p^2\dfrac{c^4}{v^2}$, $p^2 = \gamma^2m^2v^2$ et $\mathcal{E}^2 - p^2c^2 = p^2\dfrac{c^4}{v^2} - \gamma^2m^2v^2c^2$, soit :

$$\mathcal{E}^2 = p^2c^2 + m^2c^4$$

2. Action d'un champ magnétique uniforme sur une particule chargée

a. Force de Lorentz

Une particule de charge q, de masse m, évoluant à la vitesse $\overrightarrow{v}$ dans un champ magnétique $\overrightarrow{B}$, subit l'action d'une force magnétique $\overrightarrow{F_{\mathcal{L}}}$ donnée par :

$$\overrightarrow{F_{\mathcal{L}}} = q\,\overrightarrow{v}(t) \wedge \overrightarrow{B}$$

($\overrightarrow{F_{\mathcal{L}}}$, force de Lorentz)

- La force $\overrightarrow{F_{\mathcal{L}}}$ est perpendiculaire au vecteur vitesse, ainsi $v = v_0 = cste$ et $\mathcal{E}_C = cste$:
  l'action d'un champ magnétique sur une particule chargée en mouvement ne modifie pas la norme de sa vitesse.
- La force $\overrightarrow{F_{\mathcal{L}}}$ est perpendiculaire au champ $\overrightarrow{B}$:

  si $\overrightarrow{B}$ est dirigé selon Oy, le mouvement projeté selon Oy est uniforme $v_y = cste$.

b. Mouvement d'une particule chargée dans un champ magnétique uniforme

Dans un référentiel terrestre, supposé galiléen, le théorème du centre d'inertie à la particule supposée ponctuelle donne :

$$m\overrightarrow{a} = \overrightarrow{F_{\mathcal{L}}} = q\,\overrightarrow{v} \wedge \overrightarrow{B}$$

soit :

$$\overrightarrow{a} = \frac{q}{m}\overrightarrow{v} \wedge \overrightarrow{B}$$

Dans le cas particulier où la vitesse d'entrée $\overrightarrow{v_0}$ est orthogonale à $\overrightarrow{B}$, le mouvement est plan, situé dans un plan orthogonal à $\overrightarrow{B}$. La trajectoire est un cercle de rayon $R = \dfrac{mv_0}{|q|\,B}$.

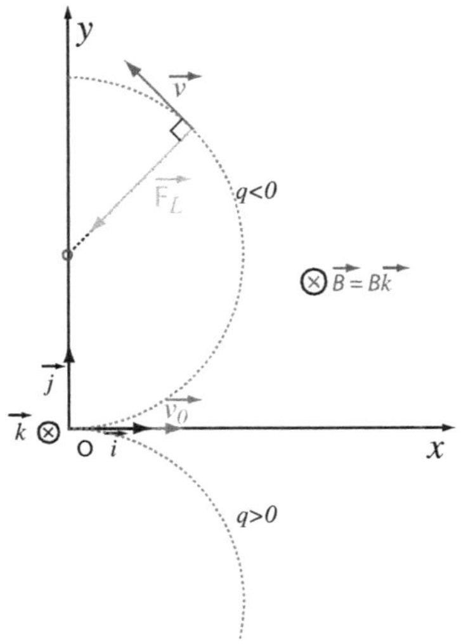

Conséquences : les particules de charge massique $\frac{q}{m}$ décrivent une trajectoire circulaire à la vitesse angulaire $\omega = \frac{v_0}{R}$, donnée par :

$$\omega = \frac{|q|\,B}{m}$$

(ω indépendante de v_0)

La durée T d'un tour est $T = \frac{2\pi}{\omega} = 2\pi \frac{m}{|q|\,B}$ et la fréquence de rotation, appelée **fréquence cyclotron** f_C, vaut :

$$f_C = \frac{1}{T} = \frac{|q|\,B}{2\pi m}$$

QCM

Énoncés

1. Quelle est la vitesse acquise par des électrons initialement immobiles accélérés par une différence de potentiel de 511 kV ?

❑ **a.** $424 \cdot 10^6$ m/s ❑ **b.** $9{,}35 \cdot 10^8$ km/h

❑ **c.** $2{,}25 \cdot 10^8$ m/s ❑ **d.** $1525 \cdot 10^6$ km/h

❑ **e.** $2{,}6 \cdot 10^8$ m/s

2. Des noyaux α sont émis en un point O avec une vitesse $v_0 = 1{,}54 \cdot 10^4 \text{m} \cdot \text{s}^{-1}$. Ils pénètrent dans une région de l'espace où règne un champ magnétique $\overrightarrow{B}$ uniforme et perpendiculaire à $\overrightarrow{v_0}$. L'expérience a lieu dans le vide et on prendra $B = 0{,}1$ T.

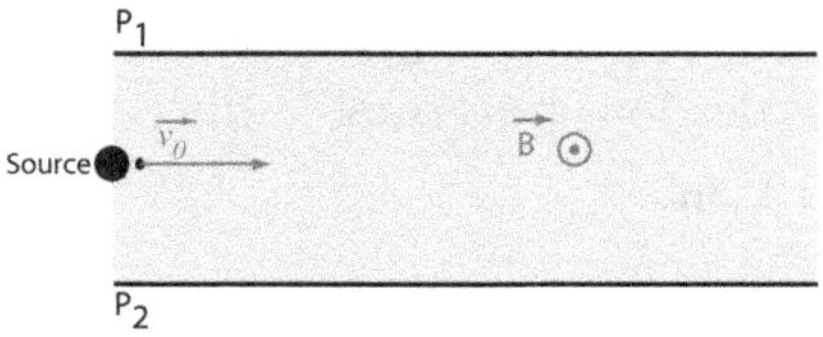

❑ **a.** Le mouvement des particules α est rectiligne uniformément accéléré.

❑ **b.** Le mouvement des particules α est circulaire uniforme.

❑ **c.** Le rayon de la trajectroire décrite par les particules α est $R = 32$ cm.

❑ **d.** Le rayon de la trajectroire décrite par les particules α est $R = 64$ cm.

❑ **e.** Le temps mis pour effectuer un demi-tour est de $6{,}5 \cdot 10^{-8}$ s.

3. Entre les plaques P_1 et P_2 d'un filtre de vitesse d'un spectrographe de masse règne un champ électrique $\overrightarrow{E}$ de valeur $E = 15\,000 \text{ V} \cdot \text{m}^{-1}$ et un champ magnétique $\overrightarrow{B}$ de valeur $B = 0{,}5$ T.

[QCM]

Une source d'ions, dont la charge q est celle du proton, est placée à l'entrée du dispositif.

La direction et le sens du champ $\vec{E}$ sont indiqués sur le schéma.

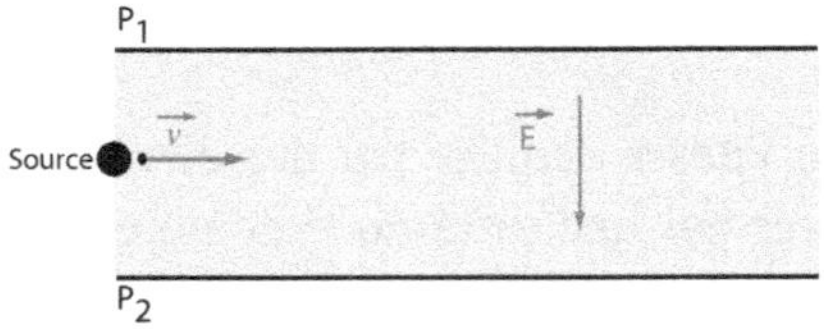

Pour que les ions puissent traverser le filtre sans subir de déviation, il faut que le champ $\vec{B}$ soit :

❑ **a.** colinéaire à $\vec{E}$ et de sens contraire.

❑ **b.** perpendiculaire au plan contenant $\vec{E}$ et $\vec{v_0}$ et tel que le trièdre $(\vec{v_0}, \vec{F}_{\mathcal{L}}, \vec{B})$ soit direct.

❑ **c.** perpendiculaire au plan contenant $\vec{E}$ et $\vec{v_0}$ et tel que le trièdre $(\vec{v_0}, \vec{B}, \vec{F}_{\mathcal{L}})$ soit direct.

La vitesse des ions traversant le filtre est de :

❑ **d.** $3 \cdot 10^4 \text{ m} \cdot \text{s}^{-1}$.

❑ **e.** $3 \cdot 10^8 \text{ m} \cdot \text{s}^{-1}$.

Corrigés

1. Bonnes réponses : **b** et **e**.

Attention, il ne faut pas se précipiter et appliquer la formule du cours, soit :

$$v = \sqrt{\frac{2\,|q|\,U}{m}}$$

Il faut d'abord vérifier si la dynamique newtonienne est applicable, soit $U < 4\,700$ V.

Ici $U = 511$ kV, l'application de la formule précédente donne :

$$v = \sqrt{\frac{2 \times 1{,}6 \cdot 10^{-19} \times 511 \cdot 10^3}{9{,}1 \cdot 10^{-31}}} = 4{,}24 \cdot 10^8 \text{ m} \cdot \text{s}^{-1}$$

Cette valeur est supérieure à la vitesse de la lumière, ce qui est absurde. La réponse **a** est donc fausse.

La variation d'énergie cinétique du système {électron de masse m} est :

$$\mathcal{E}_f - \mathcal{E}_i = W(\overrightarrow{F}_{\text{électrique}}) \text{ avec } \mathcal{E}_i = mc^2 \text{ et } \mathcal{E}_f = mc^2 + \mathcal{E}_c$$

$W(\overrightarrow{F}_{\text{électrique}}) = |q|\,U = \mathcal{E}_c$.

Numériquement :

$$W(\overrightarrow{F}_{\text{électrique}}) = 1{,}6 \cdot 10^{-19} \times 511 \cdot 10^3$$
$$= 8{,}176 \cdot 10^{-14}\text{J, soit } \mathcal{E}_c = 0{,}511 \text{ MeV.}$$

$\mathcal{E}_c$ est proche de mc^2 : l'électron est donc relativiste.

$\mathcal{E}_f = mc^2 + \mathcal{E}_c$, soit numériquement $\mathcal{E}_f = 0{,}511 + 0{,}511$
$= 1{,}02$ MeV.

Or $\mathcal{E}_f = \sqrt{(mc^2)^2 + (pc)^2}$,

D'où : $$pc = \sqrt{\mathcal{E}_f^2 - (mc^2)^2}$$

Application numérique : $pc = 0{,}855$ MeV.

Par suite : $p = 0{,}855 \text{ MeV}/c$.

Comme $\dfrac{v}{c} = \dfrac{pc}{\mathcal{E}_f}$, alors : $v = \dfrac{pc}{\mathcal{E}_f} \times c$.

Numériquement : $v = 2{,}51.10^8 \text{m} \cdot \text{s}^{-1}$.

[IMPORTANT]

La réponse **b** est aussi bonne car $2{,}51 \cdot 10^8$ m · s^{-1} correspond à environ une vitesse de $9{,}35 \cdot 10^8$ km · h^{-1}

2. Bonnes réponses : **b**, **c** et **e**.

Chaque particule placée dans le champ magnétique $\overrightarrow{B}$ est soumise à la force de Lorentz $\overrightarrow{F}_{\mathcal{L}} = q\overrightarrow{v} \wedge \overrightarrow{B}$.

$\overrightarrow{F}_{\mathcal{L}}$ est donc perpendiculaire à $\overrightarrow{v}$: son travail entre deux instants quelconque est donc nul. En vertu du théorème de l'énergie cinétique, la variation de l'énergie cinétique est donc nulle : $\mathcal{E}_c$ est donc constante et par suite $v = cste$.

La particule restera dans le plan contenant $\overrightarrow{v_0}$ et $\overrightarrow{F}_{\mathcal{L}}$ car $\overrightarrow{F}_{\mathcal{L}} = q\overrightarrow{v} \wedge \overrightarrow{B}$, en un point de la trajectoire, est toujours perpendiculaire à $\overrightarrow{B}$ et à $\overrightarrow{v}$ et se trouve dans le plan défini précédemment : la trajectoire est donc plane.

Conclusion : le mouvement des particules est donc circulaire uniforme.

L'accélération de l'ion est radiale car la composante tangentielle est nulle ($v = cste$), par suite :

$$\overrightarrow{a} = -\frac{v_0^2}{R}\overrightarrow{u_r} \text{ et } \overrightarrow{a} = \frac{\overrightarrow{F}_{\mathcal{L}}}{m} = \frac{q\overrightarrow{v} \wedge \overrightarrow{B}}{m}$$

Ainsi :
$$a_n = \frac{v_0^2}{R} = \frac{qv_0B}{m}$$

Comme q , v, m et B sont constants alors $a_n = \frac{v_0^2}{R} = cste$. Par suite :

$$R = \frac{mv_0}{qB}$$

Numériquement : $R = 32$ cm.

La durée mise par la particule α pour effectuer un demi-tour à la vitesse v_0 est :

$$\tau = \frac{\pi R}{v_0} = \frac{\pi m}{qB}$$

Numériquement : $\tau = 6{,}5 \cdot 10^{-8}$ s.

3. Bonnes réponses : **c** et **d**.

Chaque ion est soumis aux deux forces $\overrightarrow{F}_{\text{électrique}} = q\overrightarrow{E}$ et $\overrightarrow{F}_{\mathcal{L}} = q\overrightarrow{v} \wedge \overrightarrow{B}$.

Pour annuler l'effet de la force électrique il faut donc que $\overrightarrow{F}_{\mathcal{L}} = q\overrightarrow{v} \wedge \overrightarrow{B}$ soit opposée à $\overrightarrow{F}_{\text{électrique}}$.

Comme $\overrightarrow{F}_{\mathcal{L}} = q\overrightarrow{v} \wedge \overrightarrow{B}$ et que $q > 0$, il faut donc $\overrightarrow{B}$ soit perpendiculaire au plan de la figure et dirigé dans le sens contraire du lecteur.

La vitesse des ions est telle que $\overrightarrow{F}_{\text{électrique}} = -\overrightarrow{F}_{\mathcal{L}}$ soit :

$$qE = qvB \text{ ou encore } v = \frac{E}{B}$$

Numériquement : $v = 3 \cdot 10^4 \text{ m} \cdot \text{s}^{-1}$.

Généralités sur les ondes

1. Définitions

- On appelle **perturbation**, la modification (ou variation) locale et temporaire de certaines grandeurs physiques : de déplacement, de pression, de masse volumique...
- La **source** représente le système (ou l'opérateur) qui fournit l'énergie nécessaire à la formation de la perturbation.
- On appelle **onde**, la déformation qui se propage ou propagation de la perturbation. Le point où se crée la perturbation s'appelle la source de l'onde.

a. Classement des ondes

On peut classer les ondes en deux catégories : les ondes électromagnétiques et les ondes mécaniques.

- Les ondes électromagnétiques : elles résultent de la vibration de champs électrique $\vec{E}$ et magnétique $\vec{B}$. Ce sont des ondes de nature vectorielle. Elles se propagent aussi bien dans le vide que dans certains milieux matériels.
- Les ondes mécaniques : contrairement aux ondes électromagnétiques, les ondes mécaniques nécessitent un support matériel. Les ondes mécaniques sont de nature scalaire.

b. Ondes transversales et longitudinales

On distingue deux sortes d'ondes : les ondes transversales et les ondes longitudinales :

- si la déformation du milieu matériel a lieu normalement à la direction de propagation de la perturbation, l'onde est dite transversale ;
- si la déformation du milieu matériel et la propagation de l'onde se font dans la même direction, l'onde est dite longitudinale.

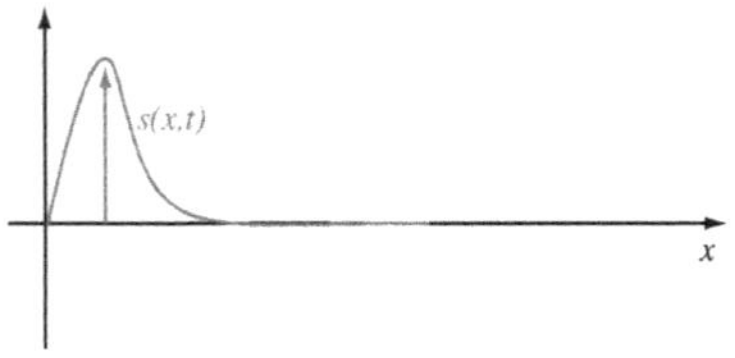

Onde transversale

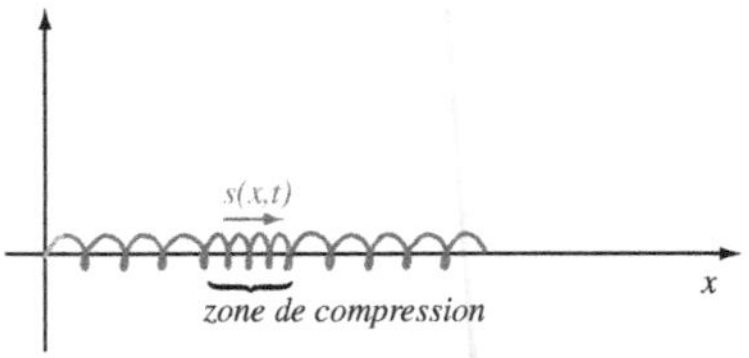

Onde longitudinale

2. Ondes planes progressives sinusoïdales

La propagation des ondes implique trois éléments essentiels : la source, un milieu dans lequel les ondes se propagent et un récepteur.

Description mathématique de la propagation

Soit une grandeur scalaire $s = f(t)$ qui se propage sur un axe Ox à la célérité c que l'on supposera constante et identique dans toutes les directions (absence d'amortissement).
Considérons un point M d'abscisse x, de l'axe Ox. D'une façon générale, on peut écrire :

$$s(x,t) = f(t \pm \frac{x}{c})$$

[IMPORTANT]

Si la perturbation en S est entretenue, on obtient une onde progressive.

Équation d'onde

Soit une onde progressive se propageant dans un milieu unidimensionnel, le long d'un axe Ox, définie par : $s(x,t) = f(t \pm \frac{x}{c})$.
Si la fonction f est continue et deux fois dérivable en x et t, alors la fonction $s(x,t)$ satisfait à l'équation différentielle aux dérivées partielles :

$$\frac{\partial^2 s}{\partial x^2} = \frac{1}{c^2}\frac{\partial^2 s}{\partial t^2}$$

D'une façon générale, nous dirons qu'une grandeur scalaire $s(x,t)$ satisfait à une équation de propagation si elle est telle que :

$$\nabla^2 s = \frac{1}{c^2}\frac{\partial^2 s}{\partial t^2} \qquad \text{(équation de d'Alembert)}$$

(équation de propagation à trois dimensions)

où ∇^2 représente le laplacien de s et c la célérite de l'onde.

Onde progressive périodique

Un phénomène variable dans le temps est périodique, et de période T, lorsqu'il se reproduit identique à lui-même aux instants t, $t - T, t + T, ..., t + kT$, soit :

$$f(t) = f(t + kT)\ ;\ k \in \mathbb{Z}$$

Si la perturbation en S est entretenue et périodique, alors l'onde est dite progressive périodique.

- En un point M_0 d'abscisse $x = x_0$:

$$s(x_0, t) = s(x_0, t \pm T)$$

- À une date $t = t_0$:

$$s(x, t_0) = s(x \pm \lambda, t_0)$$

Les relations précédentes, montrent que l'onde progressive périodique possède une double périodicité : une période temporelle T et une période spatiale $\lambda = cT$, appelée longueur d'onde.

Onde plane progressive sinusoïdale

Si l'une des grandeurs caractéristiques du milieu varie sinusoïdalement au cours du temps : la fonction $s(x,t)$ est une fonction sinusoïdale, ou harmonique.
Au point S, la grandeur étudiée, peut s'écrire :

$$s(x,t) = s_0 \cos(\omega t - kx) = s_0 \cos 2\pi\left(\frac{t}{T} - \frac{x}{\lambda}\right)$$

$k = \dfrac{\omega}{c} = \dfrac{2\pi}{\lambda}$: norme du vecteur d'onde
s_0 : amplitude du phénomène vibratoire
ω : pulsation du phénomène vibratoire
$\omega t - kx = \phi(x,t)$: phase du phénomène vibratoire au point $M(x)$ à la date t

- Correspondance temps-espace :

Les grandeurs temporelles	Les grandeurs spatiales
Période : T	Longueur d'onde : λ
Pulsation : ω	Norme du vecteur d'onde : k
Fréquence : $f = \frac{1}{T}$	Nombre d'onde : $\sigma = \frac{1}{\lambda}$
avec $\omega = \frac{2\pi}{T} = 2\pi f$	avec $k = \frac{2\pi}{\lambda} = 2\pi\sigma$

- La vitesse de propagation $c = \frac{\omega}{k}$ est appelée vitesse de phase.
- Surface d'onde : c'est l'ensemble des points M tels que $\phi(x,t) = cste$.
- Si les surfaces d'onde sont des plans, l'onde est dite onde plane. Dans ce cas, la grandeur scalaire (ou vectorielle) qui se propage ne dépend que d'une seule coordonnée, x par exemple, et du temps t.

$s(x,t)$ a alors même valeur, à un instant t donné, en tous points d'un plan, appelé **plan d'onde**, perpendiculaire à l'axe Ox.

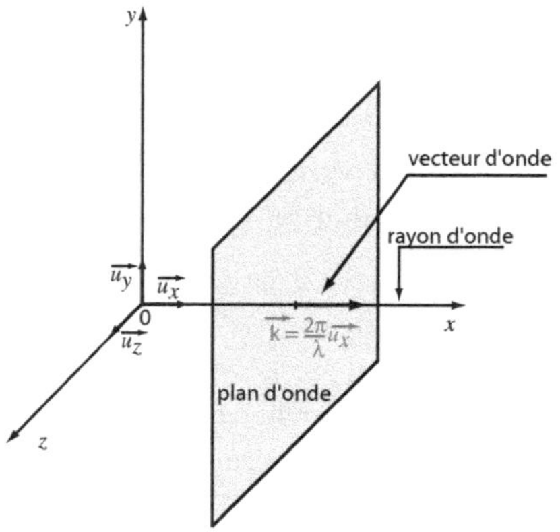

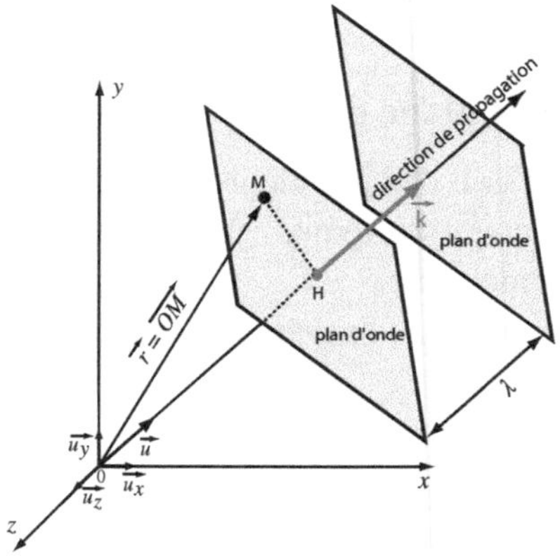

Dans le cas général, la direction de propagation est définie par le **vecteur d'onde** $\overrightarrow{k}$ tel que :

$$\overrightarrow{k} = \frac{2\pi}{\lambda}\overrightarrow{u} \; ; \overrightarrow{k} : \text{ vecteur d'onde et } \left\|\overrightarrow{k}\right\| = k = \frac{\omega}{c} = \frac{2\pi}{\lambda}$$

Le vecteur $\overrightarrow{k}$ est perpendiculaire aux plans d'onde et il est de même sens que la propagation.
Quelle que soit la direction de propagation, on peut alors écrire :

$$s(r,t) = s_0 \cos(\omega t - \overrightarrow{k} \cdot \overrightarrow{r})$$

Effet Doppler-Fizeau

Si une source S, en mouvement, émet des ondes de fréquence f, un observateur percevra des ondes de fréquence différente de celle de la source. La fréquence apparente d'un mouvement vibratoire varie donc selon la vitesse relative de la source par rapport à l'observateur : c'est l'effet Doppler-Fizeau.

1. Source en mouvement et observateur immobile

Considérons une source sonore S, supposée ponctuelle, émettant des signaux très brefs de fréquence f et se déplaçant à la vitesse v_S selon un mouvement rectiligne uniforme le long d'un axe $x'Ox$. Notons c la célérité du son dans l'air.

- Cas où la source se dirige vers l'observateur :

La fréquence perçue f' est supérieure à la fréquence f de la source :

$$f' = f\frac{1}{1 - \frac{v_S}{c}}$$

- Cas où la source s'éloigne de l'observateur :

La fréquence perçue f'' est inférieure à la fréquence f de la source :

$$f'' = f\frac{1}{1 + \frac{v_S}{c}}$$

2. Source et récepteur en mouvement colinéaire

Notons v_0 la vitesse de l'observateur.

- Si la source et l'observateur se rapprochent l'un de l'autre :

la fréquence f' perçue est :

$$f' = f\frac{1 + \frac{v_0}{c}}{1 - \frac{v_S}{c}}$$

• Si la source et l'observateur s'éloignent l'un de l'autre, la fréquence f' perçue est :

$$f' = f\frac{1-\frac{v_0}{c}}{1+\frac{v_S}{c}}$$

Dans le cas particiler où v_0 et v_S sont faibles devant c, alors :

$$f' = f(1-\frac{v_0 - v_S}{c}) = f(1-\frac{v_{O/S}}{c})$$

v_0 : vitesse de l'observateur
v_s : vitesse de la source
c : célérité de l'onde
$v_{O/S} = v_0 - v_S$: vitesse de l'observateur par rapport à la source

[IMPORTANT]

La source et l'observateur peuvent se déplacer dans des directions quelconques avec des vitesses $\overrightarrow{v_S}$ et $\overrightarrow{v_O}$ telles que :

$$\begin{cases} \theta_S = (\overrightarrow{v_S}, \overrightarrow{S_0O_0}) \\ \theta_O = (\overrightarrow{v_O}, \overrightarrow{S_0O_0}) \end{cases}$$

S_0 et O_0 étant les positions de la source et de l'observateur à la date $t = 0$.

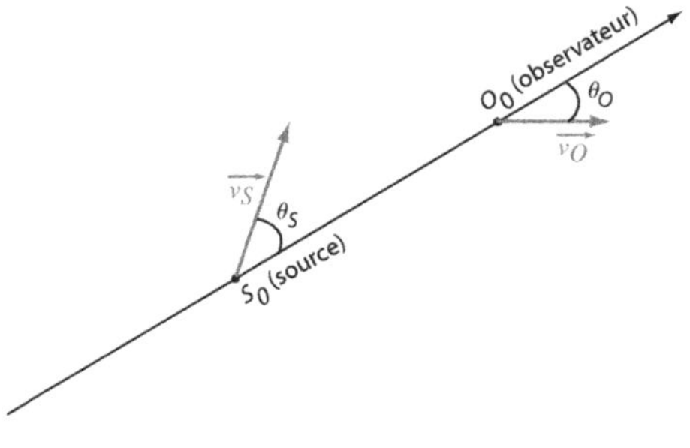

La relation donnant f' reste alors valable, à condition de remplacer v_0 par $v_0 \cos\theta_O$ et v_S par $v_S \cos\theta_S$.

3. Une application de l'effet Doppler Vélocimétrie des globules sanguins

Cas où la source (émetteur ultrasonore) est en mouvement à la vitesse v et le récepteur est fixe :

- Lorsque la source se déplace dans la même direction que le récepteur, la fréquence f_r perçue par le récepteur d'onde ultrasonore est différente de la fréquence d'émission f.

$$f_r = f\frac{c}{c-v}, \quad c: \text{ célérité du son dans le milieu}$$

Il en résulte une variation relative de fréquence de :

$$\frac{\Delta f}{f} = \frac{v}{c}$$

(lorsque v reste très petit devant c)

- Lorsque la direction du faisceau d'ultrasons fait un angle θ avec la vitesse $\vec{v}$, vitesse de propagation de l'obstacle, on a :

$$f_r \simeq f\left(1 + 2\frac{v}{c}\cos\theta\right), \quad f: \text{ fréquence de l'onde émise par le transducteur}$$

La variation relative de fréquence est : $\dfrac{\Delta f}{f} = 2\dfrac{v}{c}\cos\theta$

Exemple

Cas d'un faisceau d'ultrasons envoyé par une sonde sur un vaisseau où circulent des cellules sanguines (hématies) :

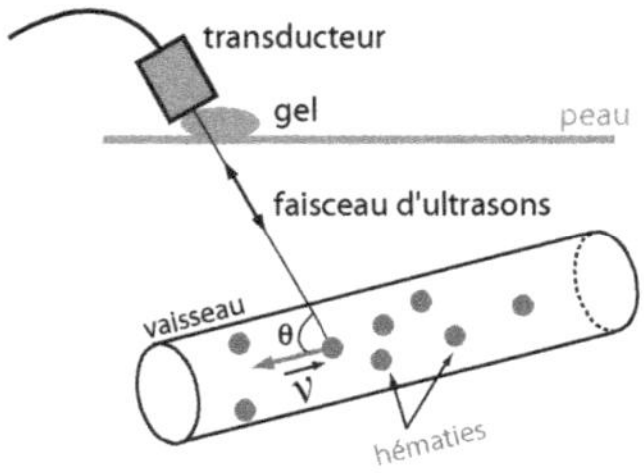

[IMPORTANT]

- On observe une augmentation de la fréquence si les interfaces (les hématies) se rapprochent de la source et une diminution de la fréquence si les interfaces s'éloignent de la source.
- La mesure du décalage de fréquence Δf nous renseigne donc sur la vitesse d'écoulement du sang.

Notions sur les ondes électromagnétiques

1. Sources d'ondes électromagnétiques

Une charge ponctuelle q, placée en un point O, crée en un point P de l'espace un champ électrique :

$$\overrightarrow{E} = \frac{1}{4\pi\epsilon_0}\frac{q}{r^2}\overrightarrow{u_{OP}}$$

Si la charge q se déplace d'un mouvement accéléré, d'accélération $\overrightarrow{a}$, elle crée au point P un champ électrique $\overrightarrow{E}$ et un champ d'induction magnétique $\overrightarrow{B}$ perpendiculaire à $\overrightarrow{E}$:

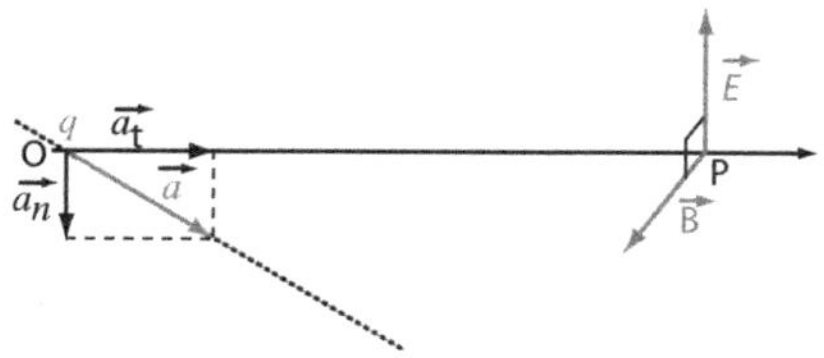

Les propagations du champ électrique et du champ d'induction magnétique à partir de la charge électrique q en mouvement accéléré constituent une onde éléctromagnétique.
Une onde électromagnétique est donc une onde de nature vectorielle.

2. Définition

Une onde électromagnétique est le phénomène résultant de la propagation simultanée dans l'espace d'un champ électrique $\overrightarrow{E}$ et d'un champ d'induction magnétique $\overrightarrow{B}$ avec la même célérité c et transportant de l'énergie rayonnante.

Dans le cas d'une onde plane sinusoïdale polarisée rectilignement, les vecteurs $\vec{E}$ et $\vec{B}$ gardent des directions fixes. Les amplitudes de vibration sont liées par la relation :

$$\frac{E}{B} = c\,;\, c : \text{ célérité de la lumière dans le vide}$$

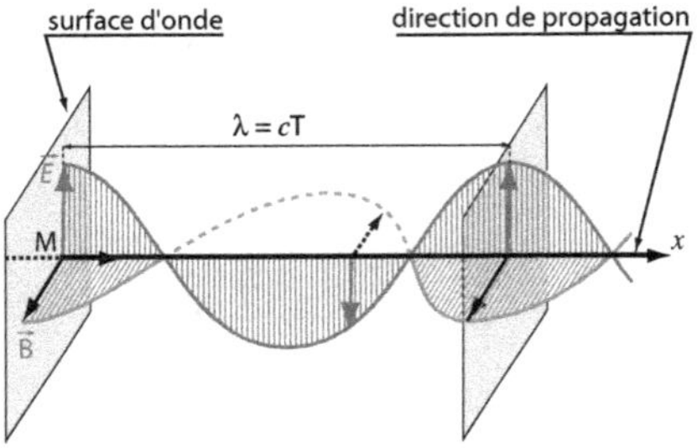

3. Célérité, indice de réfraction, énergie transportée par l'onde

- Dans le vide, toutes les ondes électromagnétiques se propagent avec la même célérité :

$$c = \frac{1}{\sqrt{\epsilon_0 \mu_0}} \approx 3{,}0 \cdot 10^8 \text{m} \cdot \text{s}^{-1}$$

(c : célérité de la lumière dans le vide)

où ϵ_0 et μ_0 représentent respectivement permittivité électrique et perméabilité magnétique du vide et dont les valeurs sont :

$$\begin{cases} \epsilon_0 = 8{,}84 \cdot 10^{-12} (SI) \\ \mu_0 = 1{,}26 \cdot 10^{-6} (SI) \end{cases}$$

Dans un milieu matériel de permittivité électrique relative ϵ_r et de perméabilité magnétique relative μ_r, la célérité des ondes électromagnétiques est :

$$v = \frac{1}{\sqrt{\epsilon \mu}}$$

(on a toujours $v<c$)

où ϵ et μ sont définies par :

$$\epsilon = \epsilon_r \epsilon_0 \text{ et } \mu = \mu_r \mu_0$$

- On définit l'indice de réfraction du milieu par rapport au vide (indice de réfraction absolu) par :

$$n = \frac{c}{v} = \sqrt{\epsilon_r \mu_r}$$

- L'énergie transportée par l'onde est égale au flux du vecteur $\overrightarrow{P}$:

$$\overrightarrow{P} = \frac{1}{\mu} \overrightarrow{E} \wedge \overrightarrow{B}$$

($\overrightarrow{P}$: vecteur de Poynting)

Le vecteur $\overrightarrow{P}$ a la même direction et le même sens que la direction de propagation de l'onde.
La théorie électromagnétique de Maxwell montre que les champs $\overrightarrow{E}$ et $\overrightarrow{B}$ sont liés par la relation :

$$\overrightarrow{B} = \frac{1}{c} \overrightarrow{u} \wedge \overrightarrow{E}$$

($\overrightarrow{u}$: vecteur unitaire de la direction de propagation de l'onde)

soit :

$$c = \frac{E}{B}$$

Le vecteur de Poynting est perpendiculaire au plan d'onde, sa direction est celle de la direction de propagation de l'onde, et sa norme est :

$$P = \frac{1}{\mu} EB = \frac{1}{\mu c} E^2 = \frac{c}{\mu} B^2 = \epsilon c E^2$$

Dans le cas d'une onde plane polarisée rectilignement, les vecteurs $\overrightarrow{E}$ et $\overrightarrow{B}$ sont des fonctions sinusoïdales du temps et en phase :
$\overrightarrow{E} = \overrightarrow{E_0} \cos(\omega t - \overrightarrow{k} \cdot \overrightarrow{r} + \phi)$,
$\overrightarrow{B} = \overrightarrow{B_0} \cos(\omega t - \overrightarrow{k} \cdot \overrightarrow{r} + \phi)$.

L'intensité du rayonnement est donnée par :

$$I = \frac{1}{2}\frac{E_0 B_0}{\mu} = \frac{1}{2}\epsilon c E_0^2 = \frac{1}{c\mu_0}E_0^2 = \frac{1}{2}\frac{cB_0^2}{\mu}$$

4. Propriétés

Les ondes électromagnétiques, comme les ondes lumineuses, possèdent de nombreuses propriétés communes :

- elles se propagent à la vitesse de la lumière dans le vide et dans les isolants ;
- elles donnent lieu aux phénomènes de reflexion, réfraction, interférences et diffraction ;
- elles peuvent donner naissance à des ondes stationnaires.

Dans ce cas, les nœuds du champs électriques sont les ventres du champ magnétique et inversement.

5. Spectre des ondes électromagnétiques

Le spectre des ondes électromagnétiques est très vaste et s'étale continûment de 1 fm (10^{-15} m) à environ 1 000 km.
Ils sont classés suivant leur fréquence et leur mode de production.
Le tableau ci-dessous donne le spectre des ondes électromagnétiques et le domaine de leurs utilisations.

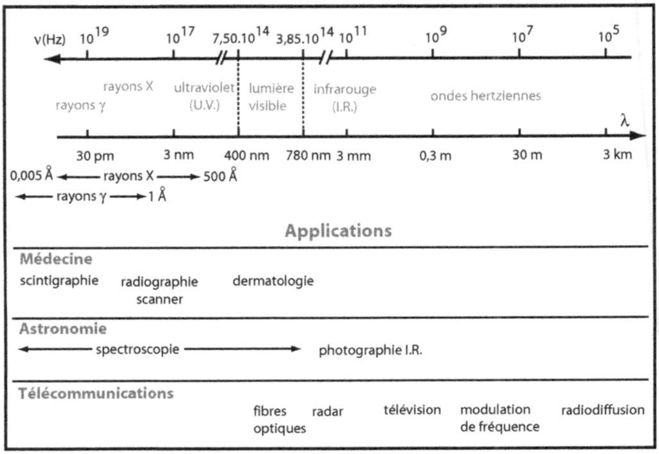

Interférences. Diffraction

1. Interférences de deux ondes

a. Définition

Soient deux sources vibratoires S_1 et S_2, de même nature et de même fréquence f fonctionnant dans un même milieu.

Deux ondes issues de S_1 et S_2 peuvent se rencontrer en un point M de ce milieu : au point M, il y a superposition des deux ondes et addition des deux vibrations reçues. On dit, qu'en M, les deux ondes interfèrent.

Il y a interférence en tout point d'un milieu où se superposent deux ondes de même nature et de même fréquence.

b. Quelques dispositifs interférentiels

Le but du dispositif des trous d'Young, des miroirs et biprisme de Fresnel est de dédoubler une source ponctuelle S de manière à obtenir deux sources S_1 et S_2 cohérentes.

Pour le dispositif des trous d'Young, la lumière issue de la source S est diffractée par S_1 et S_2 en deux faisceaux qui semblent provenir de S_1 et S_2. Dans la partie commune aux deux faisceaux, on peut observer des interférences.

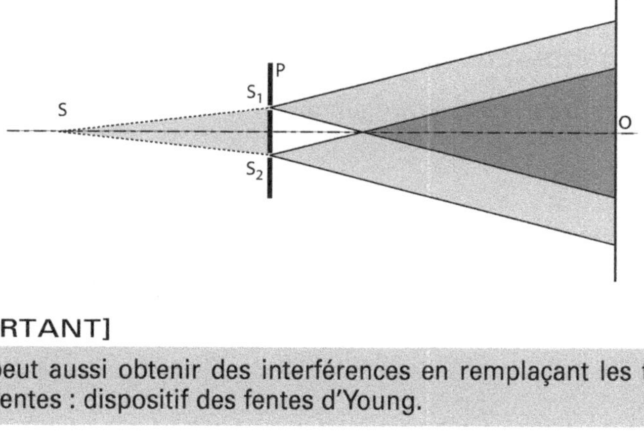

[IMPORTANT]

On peut aussi obtenir des interférences en remplaçant les trous par des fentes : dispositif des fentes d'Young.

c. Interférences constructive et destructive

Soient $s_1(r_1,t)$ et $s_2(r_2,t)$ les grandeurs associées à deux signaux qui interfèrent. D'après le principe de superposition, la grandeur associée au signal résultant est :

$$s(r,t) = s_1(r_1,t) + s_2(r_2,t)$$

- Si $s_1(r_1,t) = s_0 \cos(\omega t - kr_1)$ et $s_2(r_2,t) = s_0 \cos(\omega t - kr_2)$, alors l'onde résultante s'écrit :

$$s(r,t) = \mathcal{A} \cos(\omega t - \frac{\phi}{2}) \left| \begin{array}{l} \mathcal{A} = 2s_0 \cos \frac{\pi}{\lambda}\delta \\ \delta = r_2 - r_1 : \text{ différence de marche} \end{array} \right.$$

- Lorsque la vibration est sinusoïdale, l'intensité lumineuse est proportionnelle au carré de l'amplitude, soit :

$$I = 4I_0^2 \cos^2(\frac{\pi}{\lambda}\delta), \text{ où } I_0 = s_0^2$$

Pour des interférences constructives, l'intensité I est maximale donc :

$$\delta = m\lambda \ (m \in \mathbb{Z})$$

Pour des interférences destructives, l'intensité I est minimale donc :

$$\delta = (m + \frac{1}{2})\lambda \ (m \in \mathbb{Z})$$

d. Ordre d'interférence

On appelle ordre d'interférence le rapport $p = \frac{\delta}{\lambda}$
Ainsi :

$$\left\{ \begin{array}{l} \text{Pour les franges brillantes} \\ \text{Pour les franges sombres} \end{array} \right. \Rightarrow \left\{ \begin{array}{l} p = \frac{\delta}{\lambda} = m : p \text{ est donc entier} \\ p = \frac{\delta}{\lambda} = m + \frac{1}{2} : p \text{ est donc demi entier} \end{array} \right.$$

e. Différence de marche et intensité lumineuse

Soient deux ondes issues de deux sources ponctuelles S_1 et S_2, distantes de $2a$. Les franges d'interférences sont observées sur un écran (E) situé à une distance D du plan des deux sources.

- Différence de marche δ, en un point M d'abscisse x, en fonction de D, $2a$ et x :

$$\delta = \frac{2ax}{D}$$

- Répartition de l'éclairement, ou intensité lumineuse, en fonction de l'abscisse x du point M :

$$I = 4I_0 \cos^2(\frac{2\pi a}{\lambda D}x)$$

f. Positions des franges. Interfrange i

- Positions des franges de vibration maximale.

Pour des interférences constructives : $\delta = m\lambda$ $(m \in \mathbb{Z})$. Comme $\delta = \frac{2ax}{D}$, alors $\frac{2ax}{D} = m\lambda$, soit :

$$x(m) = m\frac{\lambda D}{2a}, m \in \mathbb{Z}$$

(Positions des franges de vibration maximale)

- Positions des franges de vibration minimale.

Pour des interférences destructives : $(m + \frac{1}{2})\lambda$ $(m \in \mathbb{Z})$. Comme $\delta = \frac{2ax}{D}$, alors $\frac{2ax}{D} = (m + \frac{1}{2})\lambda$, soit :

$$x(m) = (m + \frac{1}{2})\frac{\lambda D}{2a}, m \in \mathbb{Z}$$

(Positions des franges de vibration minimale)

- Interfrange i

On appelle interfrange la distance qui sépare les milieux de deux franges consécutives de même nature.
L'interfrange i est donnée par la relation :

$$i = \frac{\lambda D}{2a}$$

(i : interfrange en mètres)

2. Diffraction

a. Principe de Huygens

Soit un point source S émettant en lumière monochromatique et un point P où l'on veut calculer l'amplitude de l'onde lumineuse issue de S.
Soit (Σ) une surface d'onde (lieu des points d'égale phase) située entre S et P, et $\mathcal{A}(M)$ l'amplitude de l'onde issue de S en chaque point M de (Σ).
On peut obtenir l'état vibratoire au point P en remplaçant la source S par un ensemble de sources fictives secondaires placées au divers points M de (Σ) et émettant avec la même amplitude $\mathcal{A}(M)$: l'amplitude en P correspond à la superposition des diverses ondes secondaires fictives.

b. Diffraction par une fente rectangulaire de largeur a

Soient N sources distribuées sur la largeur a et distantes de $d = \dfrac{a}{N}$.
L'intensité diffractée est donnée par :

$$I = I_0 \frac{\sin^2\left(\frac{ka\sin\theta}{2}\right)}{\left(\frac{ka\sin\theta}{2}\right)^2} = I_0\left(\frac{\sin\frac{\pi a\sin\theta}{\lambda}}{\frac{\pi a\sin\theta}{\lambda}}\right)^2 \quad I_0 : \text{intensité de l'onde incidente}$$

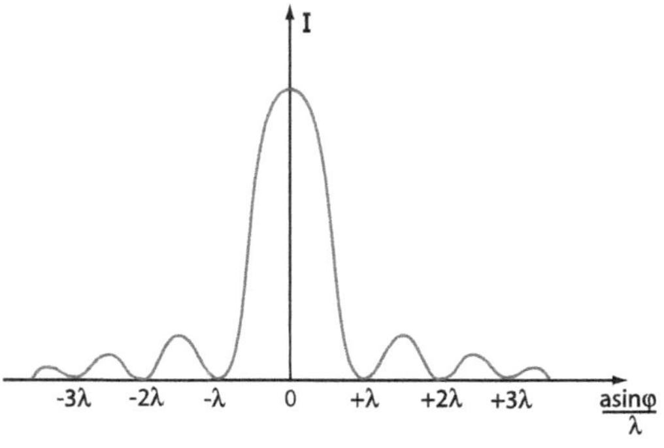

On observe sur un écran, perpendiculairement à la direction de la fente, un étalement de la lumière appelé figure de diffraction.

La dimension de la tache centrale est :

$$d = 2\frac{\lambda D}{a}$$

d : dimension de la tache centrale
D : distance entre la fente et l'écran
λ : longueur d'onde de l'onde

c. D'autres figures de diffraction

Diffraction par une ouverture rectangulaire de côtés a et b

L'intensité diffractée est donnée par :

$$I = I_0 \left(\frac{\sin u}{u}\right)^2 \left(\frac{\sin v}{v}\right)^2 \text{ avec } u = \frac{\pi \alpha a}{\lambda} \text{ et } v = \frac{\pi \beta b}{\lambda}$$

(intensité diffractée dans la direction $\overrightarrow{u}\begin{pmatrix}\alpha\\ \beta\\ \gamma\end{pmatrix}$)

Diffraction par une ouverture circulaire

Avec un trou de diamètre D relativement faible, on observe une tache centrale très lumineuse, appelée tache d'Airy, entourée d'anneaux concentriques alternativement sombres et brillants.
La demi-largeur angulaire du maximum central est donnée par :

$$\theta = 1{,}22\frac{\lambda}{D}$$

(λ et D en m, θ en rad)

QCM

Énoncés

1. On éclaire deux fentes fines F_1 et F_2, distantes de 1 mm, pratiquées dans un écran opaque A, avec une lumière monochromatique de longueur d'onde $0{,}6\ \mu$m. On observe une figure d'interférence sur un écran B placé à 2 m derrière l'écran A.
Quelle est la distance centre à centre entre les franges brillantes ?

❑ **a.** 0,83 mm ❑ **b.** 8,3 mm ❑ **c.** 1,2 mm
❑ **d.** 0,3 mm ❑ **e.** 1 mm

2. Une onde plane monochromatique visible de longueur d'onde λ éclaire une fente fine de largeur l pratiquée dans un écran opaque. La figure de diffraction observée sur un écran de projection situé à la distance D derrière la fente présente une frange centrale brillante limitée par deux franges sombres distantes de :

❑ **a.** $2\dfrac{\lambda D}{l}$ ❑ **b.** $2\dfrac{\lambda l}{D}$ ❑ **c.** $2\dfrac{lD}{\lambda}$
❑ **d.** $2\dfrac{l}{\lambda D}$ ❑ **e.** $2\dfrac{D}{\lambda l}$

3. On peut obtenir une figure de diffraction en envoyant, par exemple, une onde électromagnétique monochromatique sur un cristal de chlorure de sodium. La distance séparant deux ions consécutifs d'un tel cristal est de l'ordre de 0,1 nm.
Parmi les longueurs d'onde correspondant à différentes sources, préciser laquelle il faut choisir pour une telle expérience :

❑ **a.** 0,154 nm ❑ **b.** 632,8 nm ❑ **c.** 224,5 nm

Le rayonnement utilisé appartient au domaine :

❑ **d.** des UV ❑ **e.** des rayons X

4. Les expériences d'interférences lumineuses :

❑ **a.** Montrent la nature ondulatoire de la lumière.

❑ **b.** Montrent la nature corpusculaire de la lumière.

❑ **c.** Montrent l'existence du rayon lumineux.

❑ **d.** Montrent l'existence des ondes planes.

❑ **e.** Permettent de mesurer un indice de réfraction.

L'énoncé suivant est commun aux questions 5 et 6.
Une source sonore émettant un son de fréquence f et se déplaçant à la vitesse $\overrightarrow{v_s} = \overrightarrow{cste}$ se dirige vers un observateur immobile. La source passe près de l'observateur puis s'en éloigne. L'observateur semble d'abord entendre un son de fréquence $f' = 1\,063$ Hz puis après un son de fréquence $f'' = 944$Hz.

5. La fréquence f de la source sonore est :

❑ **a.** 993 Hz ❑ **b.** 994 Hz ❑ **c.** 1 000 Hz

❑ **d.** 1 020 Hz ❑ **e.** 1 024 Hz

6. La source sonore se déplace à la vitesse constante de :

❑ **a.** $15\ \mathrm{m \cdot s^{-1}}$ ❑ **b.** $17{,}2\ \mathrm{m \cdot s^{-1}}$ ❑ **c.** $19{,}5\ \mathrm{m \cdot s^{-1}}$

❑ **d.** $20{,}2\ \mathrm{m \cdot s^{-1}}$ ❑ **e.** $21{,}7\ \mathrm{m \cdot s^{-1}}$

Corrigés

1. Bonne réponse : **c**.

La distance entre deux franges brillanges consécutives (franges de même nature) représente l'interfrange i. L'interfrange est donnée par la relation :

$$i = \frac{\lambda D}{2a}\ ;\ 2a : \text{ distance entre les deux fentes } F_1 \text{ et } F_2$$

Numériquement : $i = \dfrac{0{,}6 \cdot 10^{-6} \times 2}{1{,}0 \cdot 10^{-3}} = 1{,}2 \cdot 10^{-3}$ m, soit 1,2 mm.

2. Bonne réponse : **a**.

Dans le cas de la diffraction d'une onde de longueur d'onde λ par une fente de largeur a, la dimension de la tache centrale est :

$$d = 2\frac{\lambda D}{a}$$

d : dimension de la tache centrale
D : distance entre la fente et l'écran
λ : longueur d'onde de l'onde

3. Bonnes réponses : **a** et **e**.

On observe le phénomène de diffraction si la longueur d'onde λ est de l'ordre de grandeur de l'ouverture, donc de l'ordre de grandeur de la distance entre deux ions consécutifs.

λ est donc de l'ordre de grandeur de $0,1$ nm.

$\lambda > 0,1$ nm : le rayonnement appartient au domaine des rayons X.

4. Bonnes réponses : **a** et **e**.

Pour la a. et b., voir cours. Les réponses c. et d. sont sans objet.

e. : L'interféromètre de Michelson (ou de Rayleigh) permet une mesure de l'indice de réfraction.

5. Bonne réponse **c**.

Dans le cas où la source est en mouvement et l'observateur est immobile, deux cas se présentent :

- Cas où la source se dirige vers l'observateur :

La fréquence perçue f' est supérieure à la fréquence f de la source :

$$f' = f\frac{1}{1-\frac{v_S}{c}}, \text{ soit } 1-\frac{v_S}{c} = \frac{f}{f'} \ (1)$$

- Cas où la source s'éloigne de l'observateur :

La fréquence perçue f'' est inférieure à la fréquence f de la source :

$$f'' = f\frac{1}{1+\frac{v_S}{c}}, \text{ soit } 1+\frac{v_S}{c} = \frac{f}{f''} (2)$$

En additionnant membre à membre les équations (1) et (2), il vient :

$$\frac{f}{f'} + \frac{f}{f''} = 2, \text{ soit } f(\frac{1}{f'} + \frac{1}{f''}) = 2$$

ou encore :
$$f = \frac{2}{\frac{1}{f'} + \frac{1}{f''}}$$

Numériquement :
$$f = \frac{2}{\frac{1}{1\,063} + \frac{1}{944}} \simeq 1\,000 \text{ Hz}$$

6. Bonne réponse : **d**.

En reprenant les équations (1) et (2), la soustraction membre à membre ((2) – (1)) donne :

$$2\frac{v_S}{c} = \frac{f}{f''} - \frac{f}{f'}$$

Soit :
$$v_S = \frac{c}{2}(\frac{f}{f''} - \frac{f}{f'})$$

Numériquement :

$$v_S = \frac{340}{2} \times (\frac{1\,000}{944} - \frac{1\,000}{1\,063}) \simeq 20{,}2 \text{ m} \cdot \text{s}^{-1}$$

FICHE COURS 34

[Optique géométrique] Fondements de l'optique géométrique

1. Nature et propriétés de la lumière

a. Propriétés fondamentales

- Les ondes lumineuses ne sont pas des ondes mécaniques et ne nécessitent donc pas de milieu matériel pour se propager.
- La fréquence d'une radiation monochromatique est indépendante du milieu de propagation.
- Dans un milieu homogène, transparent et isotrope (M.H.T.I.), la lumière se propage en ligne droite.
- Pour une onde progressive, un rayon d'onde est une ligne perpendiculaire en chacun de ses points aux lignes ou aux surfaces d'onde.
- Dans le vide, la lumière, comme toutes les ondes électromagnétiques, se propage à la célérité constante $c \simeq 3{,}00 \cdot 10^8\ \text{m} \cdot \text{s}^{-1}$.
- Dans les milieux homogènes et transparents, autres que le vide, la lumière se propage avec une célérité v toujours plus faible que la célérité c de la lumière dans le vide.
- Une onde lumineuse ou radiation lumineuse est caractérisée par sa longueur d'onde λ_0 dans le vide :

$$\lambda_0 = cT = \frac{c}{\nu}$$

λ_0 : longueur d'onde en m
c : célérité en $\text{m} \cdot \text{s}^{-1}$
T : période en s
ν : fréquence en Hz

- Les longueurs d'onde dans le vide des radiations visibles appartiennent au domaine très étroit des ondes électromagnétiques. De part et d'autre des radiations visibles, on trouve les ultraviolets et les infrarouges :

$$400\ \text{nm} < \lambda_{\text{visible}} < 800\ \text{nm}\ ;\ 1\ \text{nm} = 0{,}001\ \mu\text{m} = 10^{-9}\ \text{m}$$

b. Indices de réfraction

- Indice relatif d'un milieu (2) par rapport à un milieu (1)

$$n_{2/1} = \frac{c_1}{c_2}$$

| c_1 : célérité de la lumière dans le milieu (1)
| c_2 : célérité de la lumière dans le milieu (2)

- Indice absolu

$$n = \frac{c_0}{c}$$

| c_0 : célérité de la lumière dans le vide
| c : célérité de la lumière dans le milieu considéré

[IMPORTANT]

Comme $n_1 = \frac{c_0}{c_1}$ et $n_2 = \frac{c_0}{c_2}$ alors, $n_{2/1} = \frac{c_1}{c_2} = \frac{n_2}{n_1}$.

2. Les lois de Snell-Descartes

a. Réflexion

Le rayon réfléchi est dans le plan d'incidence.
L'angle d'incidence est égal à l'angle de réflexion, soit : $i_1 = r$.

b. Réfraction

Le rayon réfracté est dans le plan d'incidence.
Les angles d'incidence et de réfraction vérifient la relation :

$$n_1 \sin i_1 = n_2 \sin i_2.$$

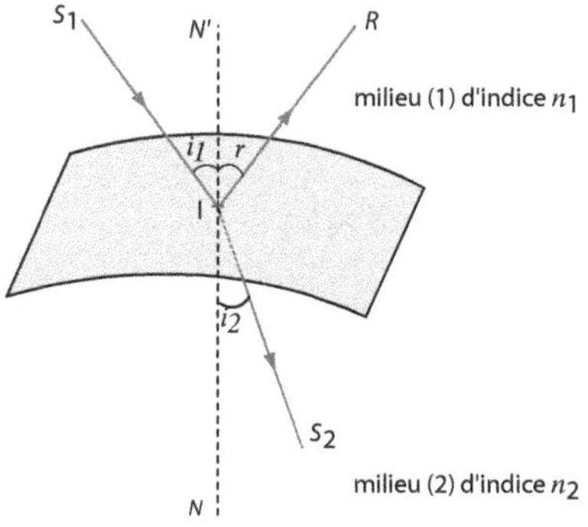

[ATTENTION]

Le rayon subit une déviation à la surface de séparation entre les deux milieux.

c. Déviation angulaire d'un rayon

La déviation angulaire, noté D, représente l'angle entre le rayon incident et le rayon émergent :

La déviation angulaire est telle que :

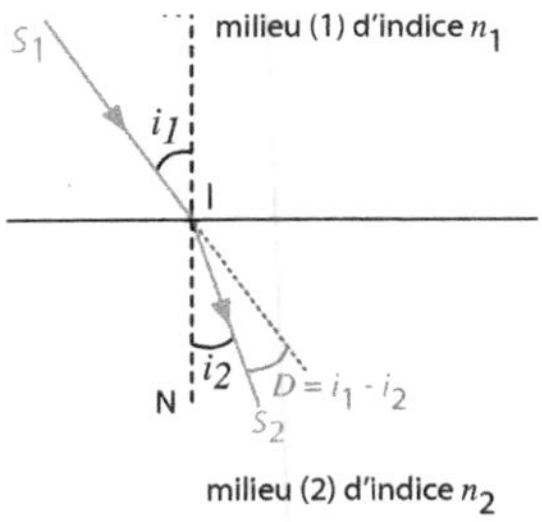

$$D = i_1 - i_2$$

[IMPORTANT]

Si le rayon subit plusieurs déviations, la déviation totale est la somme algébrique de toutes les déviations.

d. Réflexion totale

Un rayon lumineux ne peut passer d'un milieu (1) d'indice n_1 à un milieu (2) d'indice n_2 moins réfringent ($n_2 < n_1$) que si l'angle d'incidence i_1 est inférieur à une valeur limite i_{lim}, telle que :

$$\sin i_{\text{lim}} = n_{2,1} = \frac{n_2}{n_1}$$
soit
$$i_{\text{lim}} = \arcsin \frac{n_2}{n_1}$$

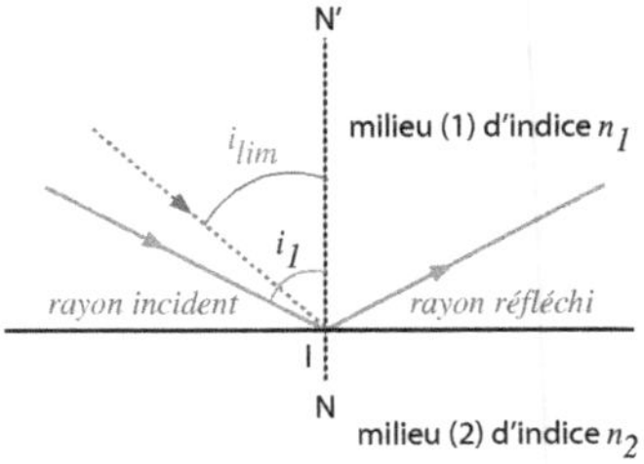

Cas où $n_2 < n_1$

[IMPORTANT]

- On a réflexion totale si $i_1 > i_{\text{lim}}$.
- La réfraction ne peut avoir lieu que si l'angle d'incidence i_1 est inférieur ou égal à i_{lim}.

3. Objet et image

a. Objet ponctuel

L'objet ponctuel se trouve au point de concours des rayons incidents :

- réel si la lumière passe réellement par ce point de concours ;

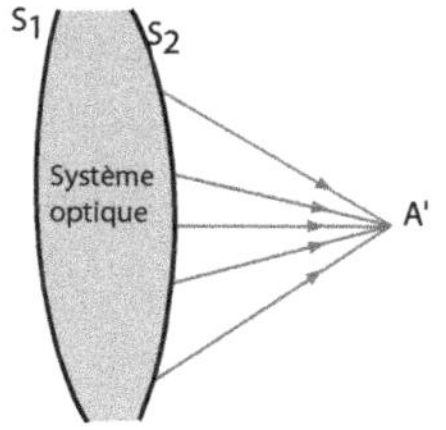

A' est un point image réelle

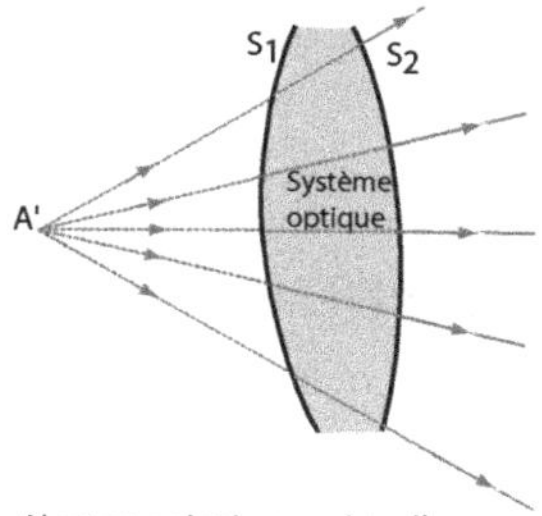

A' est un point image virtuelle

- virtuel dans le cas contraire (ce sont les prolongements des rayons lumineux qui y passent).

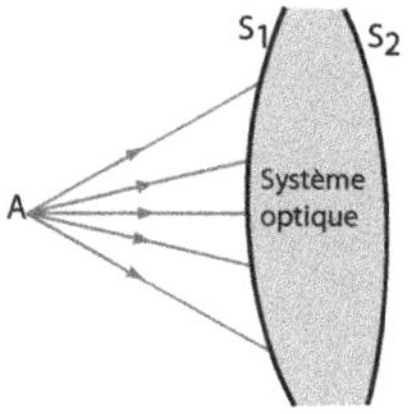

A est un point objet réel

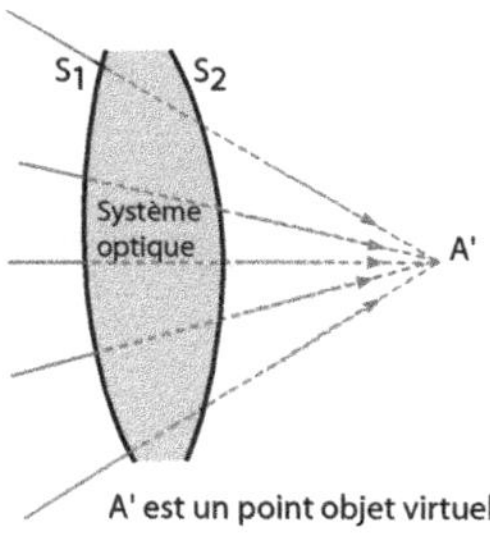

A' est un point objet virtuel

b. Image ponctuelle

L'image ponctuelle se trouve au point de concours des rayons émergents :

- réelle si les rayons émergents passent par ce point de concours ;
- virtuelle dans le cas contraire (ce sont les prolongements des rayons émergents qui y passent).

c. Notion de stigmatisme

Un système est dit stigmatique s'il donne d'un point objet (ou objet ponctuel) A une image ponctuelle A'.
On dit que le système optique S est stigmatique pour le couple de points A et A'.

[ATTENTION]

Le stigmatisme rigoureux n'existe que pour les miroirs plans. Pour les autres instruments d'optique, il faut respecter les conditions du stigmatisme approché.

FICHE COURS 35

[Optique géométrique] Dioptres

1. Dioptre plan

a. Définition

C'est une surface de séparation plane entre deux milieux homogènes transparents d'indices différents.

b. Stigmatisme

$$\overline{HA_1}\tan i_1 = \overline{HA_2}\tan i_2 \text{ ou } \overline{HA_2} = \overline{HA_1}\frac{\tan i_1}{\tan i_2}$$

soit encore

$$\overline{HA_2} = \overline{HA_1}\frac{\sin i_1}{\cos i_1}\frac{\cos i_2}{\sin {}_2} = n_{2,1}\overline{HA_1}\frac{\cos i_2}{\cos i_1}$$

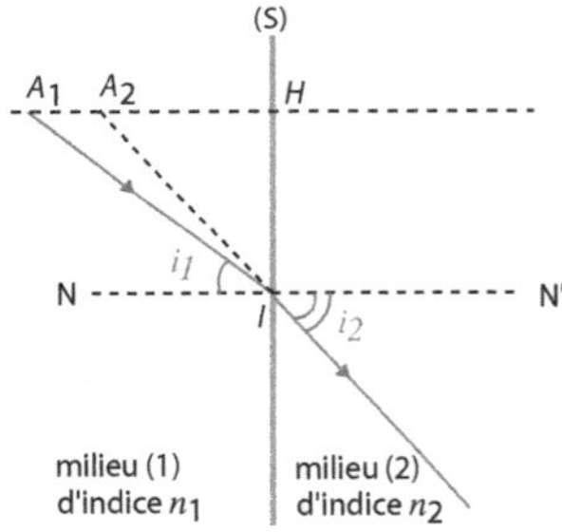

[IMPORTANT]

Il y a stigmatisme approché pour des rayons peu inclinés par rapport à la normale au dioptre.

2. Dioptre sphérique

a. Définition

C'est une surface de séparation sphérique entre deux milieux homogènes transparents d'indices différents.

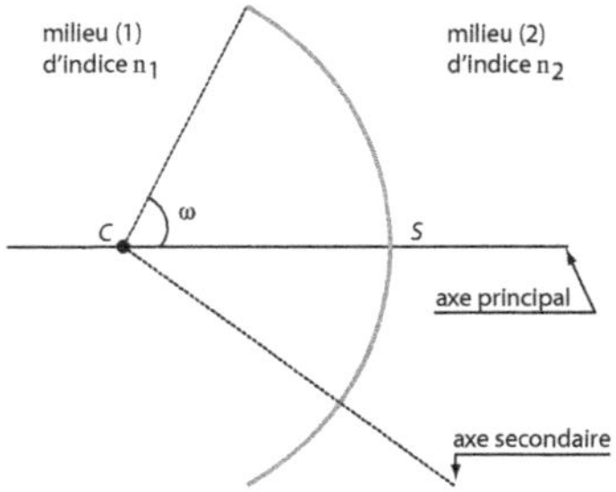

C : centre du dioptre
R : rayon du dioptre
S : sommet du dioptre
CS : axe principal
ω : angle d'ouverture du dioptre

[IMPORTANT]

Généralement la surface de séparation est une calotte sphérique.

b. Invariant du dioptre

$$n_1\frac{\overline{CA_1}}{\overline{IA_1}} = n_2\frac{\overline{CA_2}}{\overline{IA_2}}$$

soit

$$n\frac{\overline{CA}}{\overline{IA}} = cste,$$

invariant du dioptre sphérique

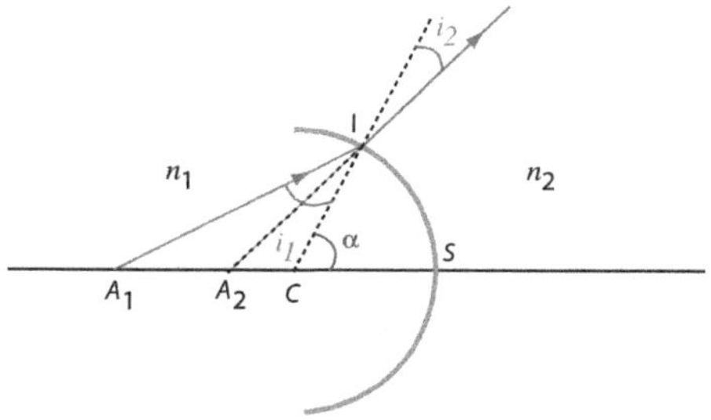

c. Stigmatisme

- Stigmatisme rigoureux

Le dioptre sphérique est rigoureusement stigmatique :
- pour tous les points de sa surface, alors objet et image sont confondus ;
- pour son centre C, tous les rayons passant par C traversent le dioptre sans déviation ;
- pour les points de Weierstrass (ou points d'Young). C'est le couple de points (A_1, A_2) tels que :

$$\overline{CA_1} = -\overline{CS}\frac{n_2}{n_1} \; et \; \overline{CA_2} = -\overline{CS}\frac{n_1}{n_2}$$

Ces deux points sont toujours du même côté par rapport au centre du dioptre. Ils sont donc de nature opposée : l'un est réel, l'autre est virtuel.

- Stigmatisme approché

Le stigmatisme approché est réalisable dans les conditions de l'approximation de Gauss, c'est-à-dire pour des rayons incidents peu inclinés sur l'axe principal (rayons paraxiaux).

d. Formules de conjuguaison

- Origine au centre

$$\frac{n_1}{\overline{CA_2}} - \frac{n_2}{\overline{CA_1}} = \frac{n_2 - n_1}{\overline{SC}} = \frac{n_2 - n_1}{R}$$

- Origine au sommet

$$\frac{n_2}{\overline{SA_2}} - \frac{n_1}{\overline{SA_1}} = \frac{n_2 - n_1}{\overline{SC}} = \frac{n_2 - n_1}{R}$$; formule de Descartes

e. Foyers - Plans focaux

- Foyer principal objet

$$f = \overline{SF} = \frac{n_1}{n_1 - n_2} R$$ | f : distance focale objet

- Foyer principal image

$$f' = \overline{SF'} = -\frac{n_2}{n_1 - n_2} R$$ | f' : distance focale image

- Relation entre les distances focales

Les deux foyers F et F' sont toujours de part et d'autre du sommet S du dioptre et extérieurs à CS.

f et f' vérifient les relations :

$$\frac{f}{f'} = -\frac{n_1}{n_2} \text{ et } f + f' = R$$

| R : rayon du dioptre
| f : distance focale objet
| f' : distance focale image
| n_1 et n_2 : indices de réfractions des milieux (1) et (2)

[ATTENTION]

Les deux foyers F et F' sont toujours de part et d'autre du sommet S du dioptre et extérieurs à CS.

f. Construction de l'image d'un objet A_1B_1

On utilise les rayons particuliers suivants :

- un rayon passant par le centre C du dioptre traverse le dioptre sans aucune déviation ;
- un rayon parallèle à l'axe émerge en passant par le foyer principal image, le point F' ;
- un rayon passant par le foyer principal objet, le point F, émerge parallèlement à l'axe.

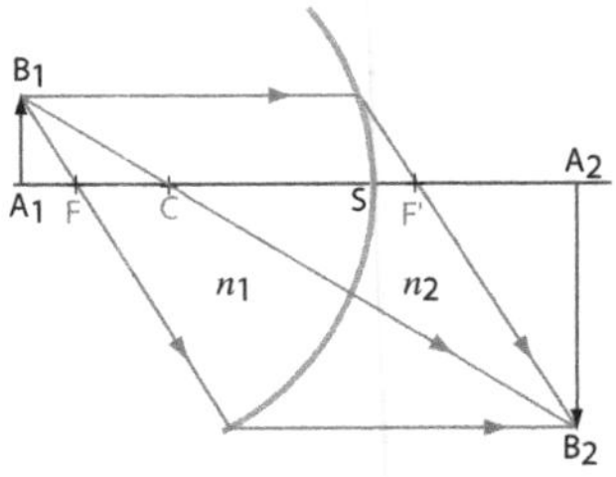

g. Grandissement linéaire

Le grandissement linéaire est le rapport d'une dimension de l'image dans le plan de front en A_2 à la dimension correspondante de l'objet en A_1, soit :

- Origine au sommet

$$\gamma = \frac{\overline{A_2B_2}}{\overline{A_1B_1}} = \frac{\overline{SA_2}}{\overline{SA_1}}\frac{n_1}{n_2}$$

γ: grandissement linéaire
A_1B_1 : taille de l'objet
A_2B_2 : taille de l'image

- Origine au foyer

$$\gamma = \frac{\overline{A_2B_2}}{\overline{A_1B_1}} = \frac{\overline{FS}}{\overline{FA_1}} = -\frac{f}{x}$$

ou

$$\gamma = \frac{\overline{A_2B_2}}{\overline{A_1B_1}} = \frac{\overline{F'A_2}}{\overline{F'S}} = -\frac{x'}{f'}$$

$x = \overline{FA_1}$
$x' = \overline{F'A_2}$

3. Systèmes centrés

a. Définition

On appelle système centré un ensemble de dioptres (et éventuellement de miroirs) possédant tous le même axe : l'axe principal.

b. Plans principaux et antiprincipaux

- Plans principaux

C'est le couple de plans conjugués de grandissement linéaire $\gamma = +1$.

[IMPORTANT]

Les points principaux H et H' sont les intersections des plans principaux avec l'axe.
On appelle distance focale objet $f = \overline{HF}$ et distance focale image $f' = \overline{HF'}$.

- Plans antiprincipaux

Ce sont les plans de grandissement linéaire $\gamma = -1$.

[IMPORTANT]

Les points antiprincipaux sont les intersections des plans antiprincipaux avec l'axe.
Il y a symétrie entre les plans principaux et les plans antiprincipaux par rapport aux foyers.

[Optique géométrique] Les lentilles minces

1. Définition

Une lentille est un système centré formé par l'association de deux dioptres, dont l'un au moins est sphérique.

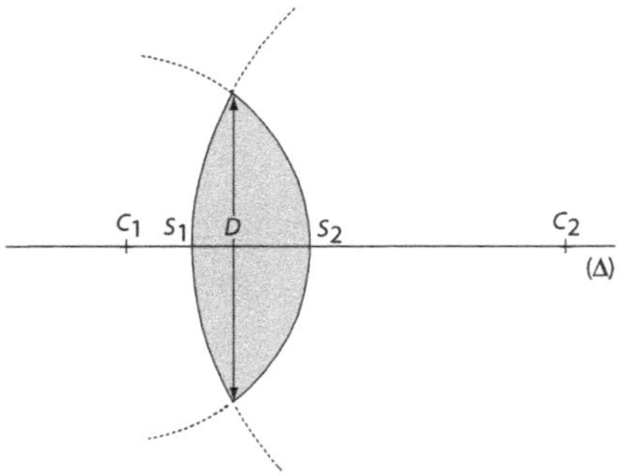

(Δ) : axe principal
C_1 et C_2 : centres optiques
D : diamètre d'ouverture
S_1S_2 : épaisseur de la lentille

[IMPORTANT]

Si $S_1S_2 \ll D$, la lentille est dite mince.

2. Les différentes sortes de lentilles

Selon la disposition et la nature des dioptres, on peut diviser les lentilles en six catégories :

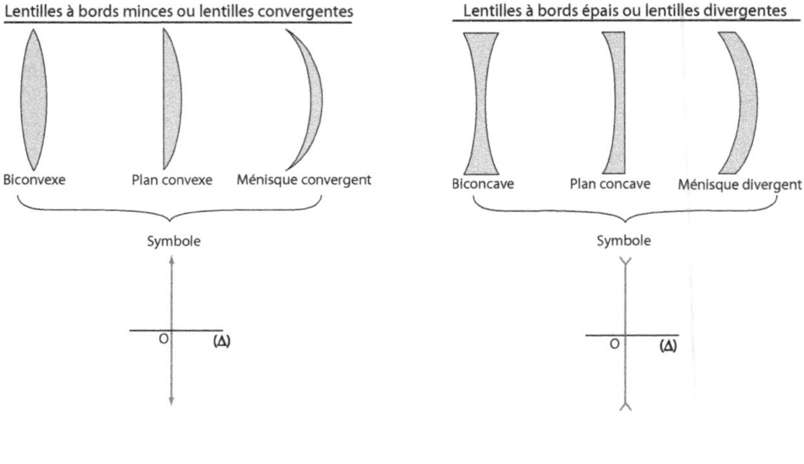

a. Marche des rayons lumineux

Lentille convergente

- Tout rayon passant par le centre optique n'est pas dévié.
- Tout rayon passant par F émerge parallèlement à l'axe optique.
- Tout rayon incident parallèle à l'axe optique émerge en passant par F'.

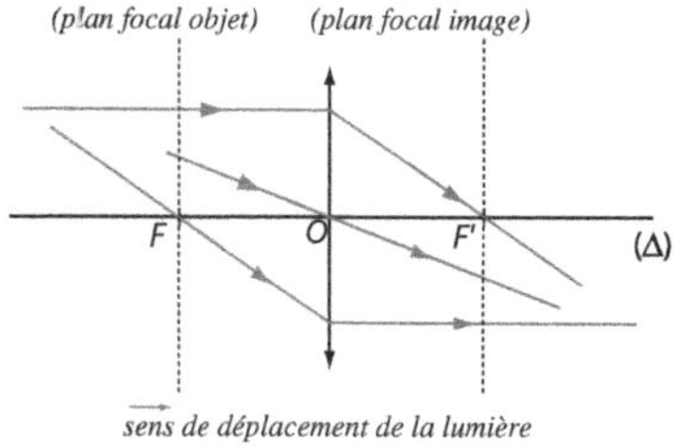

O : centre optique
F : foyer principal objet
F' : foyer principal image
F et F' sont réels
$f' = \overline{OF'} > 0$: distance focale image

Lentille divergente

- Tout rayon passant par le centre optique n'est pas dévié.
- Tout rayon incident parallèle à l'axe optique émerge en semblant provenir de F'.
- Tout rayon incident semblant pointer sur F émerge parallèlement à l'axe optique.

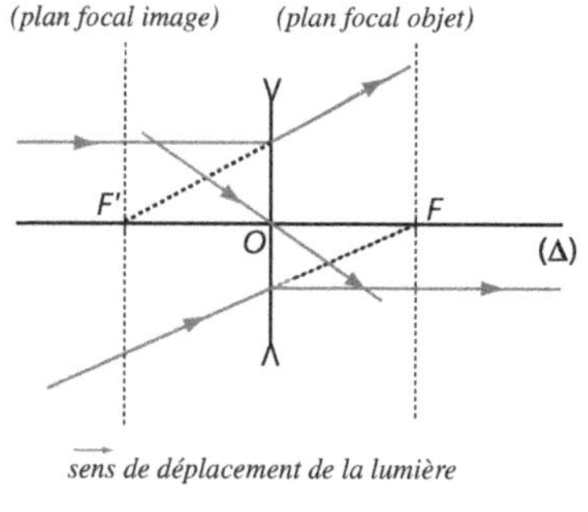

O : centre optique
F : foyer principal objet
F' : foyer principal image
F et F' sont virtuels
$f' = \overline{OF'} < 0$: distance focale image

Vergence

Dans le cas où les deux côtés de la lentille mince baignent dans l'air, sa vergence C est :

$$C = \frac{1}{f'} = (n-1)(\frac{1}{R_1} - \frac{1}{R_2})$$

n : indice de réfraction du verre de la lentille
R_1 et R_2 : rayons de courbure des deux faces de la lentille

b. Position et la grandeur des images

Soit une lentille ($\mathcal{L}$) de centre optique O donnant d'un point objet A une image A'. L'objet A et l'image A' sont dits conjugués.

Relation de conjugaison

Elle donne la position de l'image par rapport à celle de l'objet et inversement :

$$\frac{1}{\overline{OA'}} - \frac{1}{\overline{OA}} = \frac{1}{f'}$$

$\overline{OA'}$: abscisse du point image
$\overline{OA}$: abscisse du point objet
f' : distance focale image

Relation de grandissement

Elle donne la dimension et le sens de l'image par rapport à celle de l'objet :

$$\gamma = \frac{\overline{A'B'}}{\overline{AB}} = \frac{\overline{OA'}}{\overline{OA}}$$

$\gamma > 0$: image droite
$\gamma < 0$: image renversée
$|\gamma| > 1$: image agrandie

L'œil

1. Constitution

Les éléments principaux sont :

- la pupille : joue le rôle de diaphragme ;
- le cristallin : joue le rôle de la lentille convergente ;
- la rétine : membrane du fond de l'œil où se forment les images.

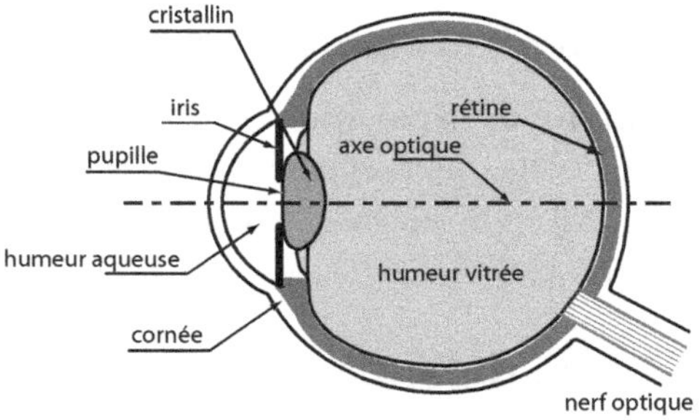

2. Champ de l'œil – Accomodation

a. Phénomène d'accomodation – P.P. et P.R. d'un œil normal

L'œil est doué d'accomodation : c'est la faculté qu'a le cristallin de modifier sa vergence.

P.P. ou *punctum proximum*. Il représente la limite de la distance minimale de vision distincte : d_m.

P.R. ou *punctum remotum*. Il représente la limite de distance maximale de vision distincte : D.

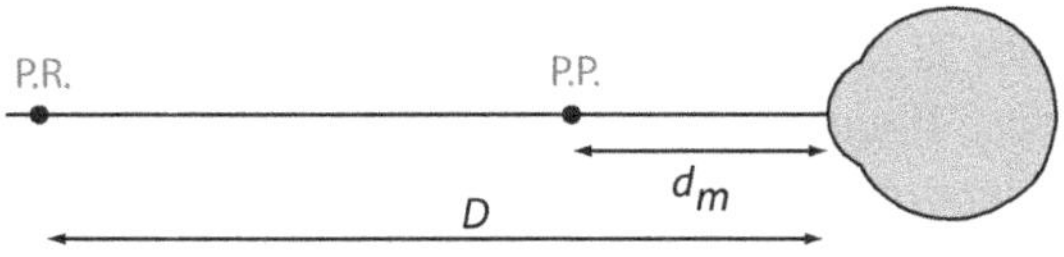

[IMPORTANT]

- Au-delà de ces deux limites, l'œil n'accomode plus et les objets seront flous.
- La distance minimale de vision distincte varie avec l'âge :

âge (en années)	10	20	40	60
d_m (en cm)	10	12,5	25	60

b. Champ de vision d'un œil normal

C'est l'ensemble des points de l'espace dont l'image se forme sur la zone sensible de la rétine.

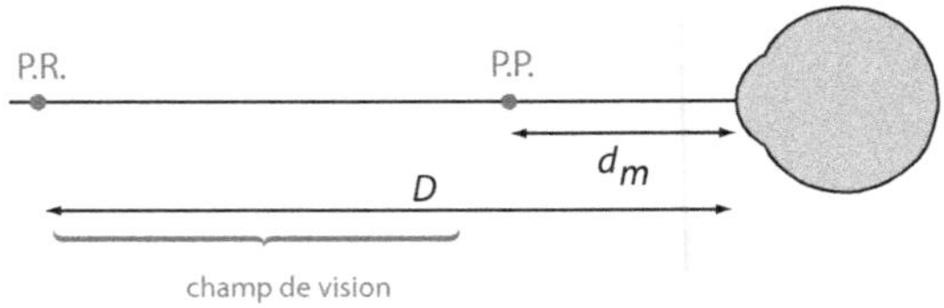

c. Pouvoir séparateur de l'œil

La limite de séparation de l'œil est la plus petite distance angulaire de deux points objets séparés par l'œil.
Pour un œil normal, en moyenne, cette limite est de l'ordre de $3 \cdot 10^{-4}$ rad.

3. Les défauts de l'œil

- Les défauts sont classés par rapport à la **vision normale** appellée **emmétropie**

	Position de l'image d'un objet situé à l'∞	Qualité de l'œil	Correction Nature de la lentille
Emmétropie	sur la rétine	œil normal	
Myopie	en avant de la rétine	profondeur de l'œil trop importante	lentille divergente
Hypermétropie	en arrière de la rétine	profondeur de l'œil trop faible	lentille convergente

- Autre défaut : la presbytie

Elle apparaît avec l'âge, souvent entre 40 et 50 ans. C'est une diminution de la faculté d'accomodation : Le P.P s'éloigne progressivement de l'œil, le P.R restant à peu près fixe ; le champ de vision diminue.

[IMPORTANT]

Ce défaut est dû à une perte de souplesse et d'élasticité des tissus vivants, il est corrigé par une lentille convergente.

Les instruments d'optique

1. La loupe

a. Description

C'est une lentille épaisse de faible distance focale (de 2 à 20 cm). Pour que l'image soit virtuelle, il faut que l'objet AB soit placé entre la loupe et son foyer objet F.

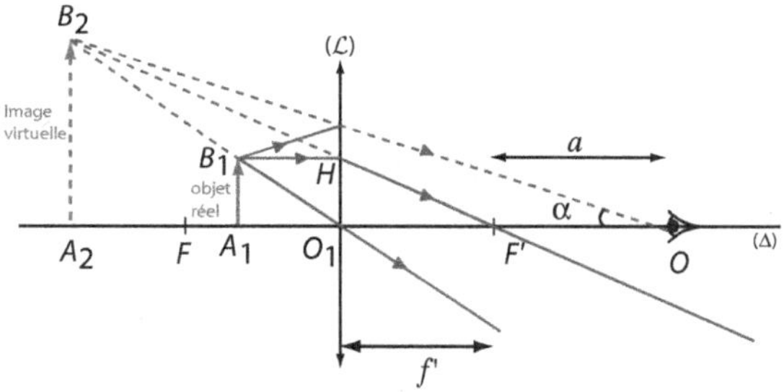

b. Latitude de mise au point

Pour que l'œil voie nettement l'image A_2B_2, il faut que cette image soit dans le champ de vision, donc située entre les limites du P.P et du P.R de l'œil.

La latitude de mise au point Δ représente la distance des deux positions extrêmes (conjugués du P.P et du P.R) entre lesquelles on peut déplacer l'objet pour obtenir une image nette.

$$\Delta = \frac{f'^2}{d_m - a}$$

c. Puissance

Définition

On appelle puissance d'un instrument d'optique, exprimée en dioptrie (δ), donnant une image virtuelle observée visuellement, le rapport de l'angle α' sous lequel l'œil voit l'objet à travers l'instrument à la taille l

de cet objet, soit :

$$P = \frac{\alpha'}{l}$$
(α' en rad et l en m)

Puissance intrinsèque P_i

La puissance prend une valeur indépendante de la position de l'œil par rapport à la loupe. C'est une caractéristique de la loupe.
La puissance porte le nom de puissance intrinsèque et est donnée par :

$$P_i = \frac{1}{f'} = C$$

Grossissement

Par définition, le grossissement G est égal au rapport de l'angle α' sous lequel l'observateur voit l'objet à travers la loupe, à l'angle α sous lequel l'observateur voit l'objet à l'œil nu à la distance minimale de vision distincte, soit :

$$G = \frac{\alpha'}{\alpha}$$

Le grossissement G est un nombre sans unité.

Comme $\alpha' = P \cdot AB$ et $\alpha = \dfrac{AB}{d_m}$ alors :

$$G = Pd_m$$

Pour un œil emmétrope, $d_m = 25$ cm, alors :

$$G = \frac{P}{4}, \text{ grossissement commercial}$$

2. Le microscope

a. Description

Il est constitué de deux lentilles convergentes de faibles distances focales appelées **l'objectif** et **l'oculaire**. Cet ensemble produit une image virtuelle agrandie d'un objet de petites dimensions.

- L'objectif est une lentille de très faible distance focale.
- L'oculaire, de distance focale f_2', derrière lequel se place l'œil, joue le rôle d'une loupe. Il donne de l'image intermédiaire $A'B'$ fournie par l'objectif, une image définitive A_2B_2 virtuelle, agrandie et droite.

b. Construction de l'image

Si l'œil n'accomode pas, l'image définitive A_2B_2 se situe alors à l'infini. L'image intermédiaire $A'B'$ doit donc se trouver dans le plan focal objet de l'oculaire.

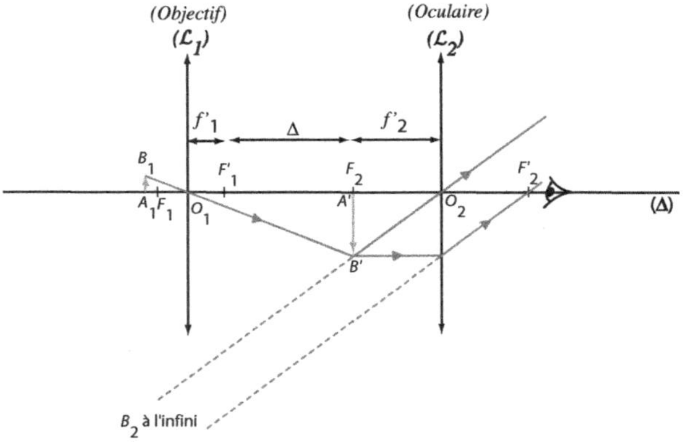

Puissance

Par définition : $$P = \frac{\alpha'}{A_1B_1}$$

Comme $\dfrac{\alpha'}{A_1B_1} = \dfrac{\alpha'}{A'B'} \cdot \dfrac{A'B'}{A_1B_1}$, $\dfrac{A'B'}{A_1B_1} = \gamma_{ob}$ (grossissement de l'objectif) et $\dfrac{\alpha'}{A'B'} = P_{oc}$ (puissance de l'oculaire), alors :

$$P = \gamma_{ob} \times P_{oc}$$

Si l'œil n'accomode pas, l'image définitive est renvoyée à l'infini.
On montre, dans ce cas, que :

$$P = P_i = \frac{\Delta}{f_1' f_2'}$$

(Δ, f_1' et f_2' en m, P_i en δ)

P_i représente la puissance intrinsèque ou nominale du microscope, elle est indépendante de l'œil qui l'utilise.

$\Delta = F_1'F_2$ (distance fixe) est appelé **longueur (ou intervalle) optique du microscope**.

Grossissement

Comme pour la loupe : $G = \dfrac{\alpha'}{a}$

D'une façon générale : $G = \gamma_{ob} \times G_{oc}$

3. La lunette astronomique

a. Description

Elle est formée de deux systèmes convergents alignés sur le même axe optique :

- l'objectif : de grande distance focale (plusieurs dizaines de centimètres à plusieurs mètres) et de grand diamètre d'ouverture D, il donne d'un objet à l'infini une image intermédiaire A_1B_1 située dans le plan focal objet de l'oculaire (cas où l'image finale est destinée à être observée par un œil emmétrope sans que celui-ci n'accommode) ;
- l'oculaire : de courte distance focale (de l'ordre du centimètre), il joue le rôle de loupe et permet à l'œil d'observer cette image intermédiaire.

L'ensemble peut pivoter autour de deux axes.

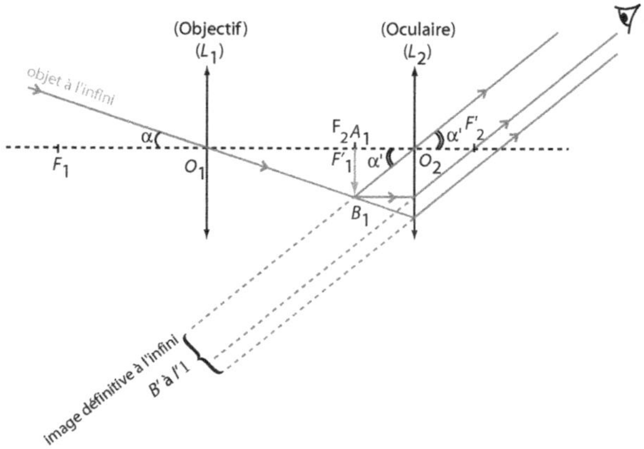

[ATTENTION]

C'est un instrument de type réfracteur : la lumière traverse l'objectif.

b. Grossissement d'une lunette afocale

Dans le cas de la lunette comme dans celui du microscope, le grossissement se définit par :

$$G = \frac{\alpha'}{\alpha} \quad (\alpha \text{ et } \alpha' \text{ en rad})$$

α : angle sous lequel l'objet AB est vu à l'œil nu
α' : angle sous lequel l'œil voit l'image A_2B_2

Dans le cas d'une lunette afocale, l'image est à l'infini, donc G est indépendant de l'œil et de sa position : il s'agit du grossissement standard.

Ainsi : $$\tan\alpha \simeq \alpha = \frac{A_1B_1}{f_1'},\ \tan\alpha' \simeq \alpha' = \frac{A_2B_2}{f_2'}$$

Par suite : $$G = \frac{f_1'}{f_2'}$$

[IMPORTANT]

Le grossissement des lunettes astronomiques est compris entre quelques dizaines pour les petites lunettes et 3 000 pour les plus perfectionnées.

QCM

Énoncés

1. Un objet AB de hauteur $h = 1$ mm, situé dans l'air d'indice $n = 1$, est placé à une distance $d = 4$ cm d'une baquette cylindrique de verre. La baquette se termine par une demi-sphère de rayon $R = 1$ cm. L'objet A_1B_1 est placé du côté de la demi-sphère et le point A_1 est sur l'axe du cylindre.
L'image A_2B_2 est située :
❑ **a.** 2 cm avant le sommet S de la demi-sphère
❑ **b.** 4 cm après le sommet S de la demi-sphère
❑ **c.** 6 cm après le sommet S de la demi-sphère
L'image A_2B_2 est :
❑ **d.** virtuelle et de même taille que l'objet
❑ **e.** réelle et de même taille que l'objet

2. Une lentille mince, plan convexe, taillée dans un verre d'indice $n = 1{,}5$. La face convexe a pour rayon de courbure $R_2 = 20$ cm.
La distance focale de cette lentille est :
❑ **a.** $f' = 20$ cm ❑ **b.** $f' = 40$ cm
Un objet A_1B_1, de taille $h = 1$ mm, placé à 10 cm avant la face d'entrée de la lentille donne une image A_2B_2 :
❑ **c.** réelle et située à 13,3 cm après la face de sortie
❑ **d.** virtuelle et située à 13,3 cm avant la face d'entrée
❑ **e.** réelle et de taille 13,3 mm

3. Une lunette astronomique possède un objectif assimilable à une lentille convergente de distance focale $f_1' = 80$ cm et un oculaire assimilable à une lentille convergente de distance focale $f_1' = 1{,}25$ cm.
On veut observer Jupiter à l'aide de la lunette supposée afocale.

Le rayon de Jupiter est $R_J = 7{,}14 \cdot 10^4$ km et la distance Terre – Jupiter est $D_{T-J} = 6{,}30 \cdot 10^8$ km.
On utilise les notations suivantes :

$$AB \xrightarrow{(\mathcal{L}_1)} A_1B_1 \xrightarrow{(\mathcal{L}_2)} A_2B_2$$

L'angle α sous lequel est vu Jupiter à l'œil nu est :

❑ **a.** $2{,}27 \cdot 10^{-4}$ rad ❑ **b.** $4{,}54 \cdot 10^{-4}$ rad ❑ **c.** $0{,}013\,°$

L'angle α' sous lequel est vu Jupiter à travers la lunette est :

❑ **d.** $1{,}45.10^{-2}$ rad ❑ **e.** $2{,}90.10^{-4}$ rad

L'énoncé suivant est commun aux questions 4 et 5.
Un microscope est modélisé à l'aide de deux lentilles convergentes :

- Pour l'objectif : une lentille $(\mathcal{L}_1)$ de centre optique O_1, de vergence $C_1 = 10\ \delta$ et de diamètre 4 cm.
- Pour l'oculaire : une lentille $(\mathcal{L}_2)$ de centre optique O_2, de vergence $C_2 = 5\ \delta$ et de diamètre 4 cm.

Les centres optiques des deux lentilles sont distants de 50 cm et l'objet AB a pour hauteur 5 mm.
Pour ne pas fatiguer l'œil, l'image définitive A_2B_2 doit se former à l'infini.

4. L'image intermédiaire A_1B_1 se forme :

❑ **a.** à 10 cm de la lentille $(\mathcal{L}_2)$

❑ **b.** à 30 cm de la lentille $(\mathcal{L}_1)$

Dans ce cas, l'objet AB est situé :

❑ **c.** à 10 cm de la lentille $(\mathcal{L}_1)$

❑ **d.** à 15 cm de la lentille $(\mathcal{L}_1)$

❑ **e.** à 20 cm de la lentille $(\mathcal{L}_1)$

5. Le grandissement de la lentille $(\mathcal{L}_1)$ est :

❑ **a.** 2,5 ❑ **b.** −2 ❑ **c.** −3

La taille de l'image intermédiaire A_1B_1 est de :

❑ **d.** 10 mm ❑ **e.** 15 mm

Corrigés

1. Bonnes réponses : **c** et **e**.

Soit A_2 l'image du point A_1 à travers le dioptre sphérique :

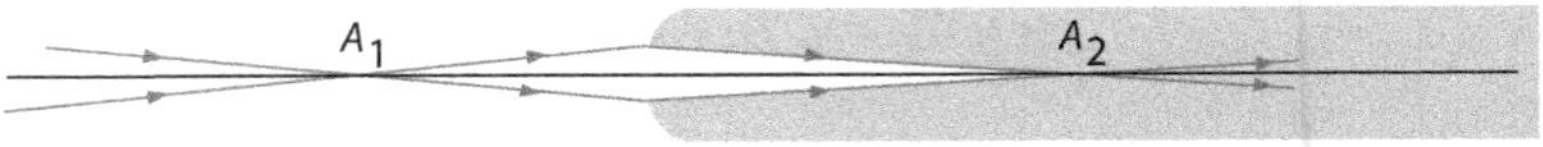

D'après la relation de conjugaison :

$$\frac{n_2}{\overline{SA_2}} - \frac{n_1}{\overline{SA_1}} = \frac{n_2 - n_1}{\overline{SC}} = \frac{n_2 - n_1}{R} \quad \left| \begin{array}{l} n_1 = 1, \\ n_2 = 1{,}5 \\ \overline{SA_1} = -4\text{cm} \end{array} \right.$$

Numériquement : $\frac{1{,}5}{\overline{SA_2}} - \frac{1}{-4} = \frac{1{,}5 - 1}{1} = \frac{1}{2}$, d'où

$\frac{1{,}5}{\overline{SA_2}} + \frac{1}{4} = \frac{1}{2}$.

Ainsi : $\frac{1{,}5}{\overline{SA_2}} = \frac{1}{4}$ et $\overline{SA_2} = 6$ cm

Le grandissement γ est tel que : $\gamma = \frac{n_1}{n_2}\frac{\overline{SA_2}}{\overline{SA_1}}$

Numériquement : $\gamma = \frac{1}{1{,}5} \times \frac{6}{-4} = -1$.

L'image est réelle, de même taille que l'objet et elle est renversée.

2. Bonnes réponses : **b** et **d**.

Dans le cas où les deux côtés de la lentille mince baignent dans l'air, sa vergence C est :

$$C = \frac{1}{f'} = (n-1)\left(\frac{1}{R_1} - \frac{1}{R_2}\right)$$

n : indice de réfraction du verre de la lentille
R_1 et R_2 : rayons de courbure des deux faces de la lentille

Pour la face plane, $R_2 \longrightarrow \infty$ et donc $\frac{1}{R_2} = 0$.

D'où : $$C = \frac{1}{f'} = (1{,}5 - 1) \times \frac{1}{0{,}2} = 2{,}5\ \delta$$

La distance focale est donc $f' = \frac{1}{2{,}5} = 0{,}4$ m, soit 40 cm.

La lentille $(\mathcal{L}_1)$ de centre optique O donne de l'objet A_1B_1 une image A_2B_2.

D'après la relation de conjugaison :

$$\frac{1}{\overline{OA_2}} - \frac{1}{\overline{OA_1}} = \frac{1}{f'_1}, \text{ soit } \frac{1}{\overline{OA_2}} = \frac{1}{\overline{OA_1}} + \frac{1}{f'_1}$$

$$\text{ou encore } \overline{OA_2} = \frac{\overline{OA_1} \times f'_1}{\overline{OA_1} + f'_1}$$

Comme $\overline{OA_1} = -0{,}1$ m et $f'_1 = 40$ cm $= 0{,}4$ m, alors :

$$\overline{OA_2} = \frac{(-0{,}1) \times 0{,}4}{-0{,}1 + 0{,}4} = -0{,}133 \text{ m}$$

L'image A_2B_2 se forme donc à 13,3 m devant la face d'entrée de la lentille, et elle est virtuelle.

Le grandissement est $\gamma = \frac{\overline{A_2B_2}}{\overline{A_1B_1}} = \frac{\overline{OA_2}}{\overline{OA_1}}$

Application numérique :

$$\gamma = \frac{\overline{A_2B_2}}{\overline{A_1B_1}} = \frac{-13{,}3}{-10} = 1{,}33.$$

| $\gamma > 0$: l'image est droite
| $|\gamma| = 1{,}33 > 1$: l'image est agrandie

Taille de l'image A_2B_2 :

On a $A_2B_2 = |\gamma| \cdot A_1B_1$,

soit numériquement $A_2B_2 = 1{,}33 \times 1{,}0 = 1{,}33$ mm.

3. Bonnes réponses : **a, c** et **d**.

L'angle α représente le diamètre apparent de Jupiter, angle sous lequel est vu Jupiter à la disante D_{T-J}.

Ainsi : $$\alpha = \frac{2R_J}{D_{T-J}}$$

Numériquement : $\alpha = \dfrac{2 \times 7{,}14 \cdot 10^4}{6{,}3 \cdot 10^8} = 2{,}27 \cdot 10^{-4}$ rad, soit $0{,}013\,°$.

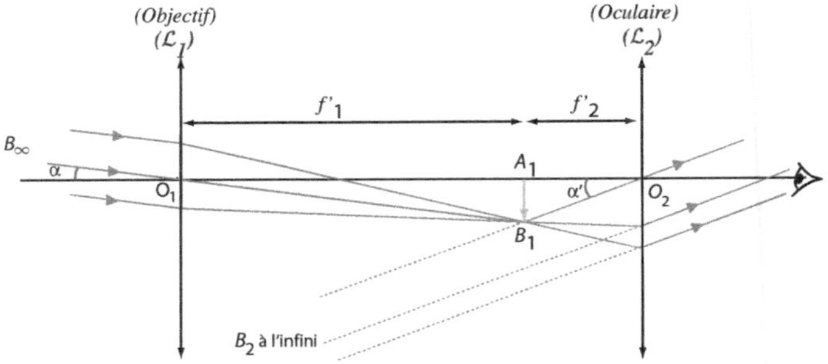

$$\tan\alpha = \frac{A_1B_1}{O_1F_1'} = \frac{A_1B_1}{f_1'} \simeq \alpha \text{ (pour } \alpha \text{ petit)}$$

et $$\tan\alpha' = \frac{A_1B_1}{O_2F_2'} = \frac{A_1B_1}{f_2'} \simeq \alpha' \text{ (pour } \alpha' \text{ petit)}$$

Par définition, le grossisement G de la lunette s'écrit :

$$G = \frac{\alpha'}{\alpha}, \text{ soit } G = \frac{\dfrac{A_1B_1}{f_2}}{\dfrac{A_1B_1}{f_1}} = \frac{f_1'}{f_2'}$$

Numériquement : $G = \dfrac{80{,}0}{1{,}25} = 64{,}0$.

Comme $G = \dfrac{\alpha'}{\alpha}$, alors $\alpha' = G \cdot \alpha$.

Application numérique : $\alpha' = 64 \times 2{,}27 \cdot 10^{-4} = 1{,}45 \cdot 10^{-2}$rad

4. Bonnes réponses : **b** et **d**.

- Comme $C = \frac{1}{f'}$, alors :

$$\begin{cases} f'_1 = \frac{1}{10} = 0{,}1 \text{ m, soit } 10 \text{ cm} \\ f'_2 = \frac{1}{5} = 0{,}2 \text{ m, soit } 20 \text{ cm} \end{cases}$$

- L'image intermédiaire doit se former dans le plan focal objet de la lentille $(\mathcal{L}_2)$.

D'après la relation de conjugaison : $\frac{1}{\overline{O_2A_2}} - \frac{1}{\overline{O_2A_1}} = \frac{1}{f'_2}$

Comme l'image définitive se forme à l'infini, alors $\overline{O_2A_2} \longrightarrow -\infty$, de sorte que $\frac{1}{\overline{O_2A_2}} \longrightarrow 0$ et par suite

$$\frac{1}{\overline{O_2A_1}} = -\frac{1}{f'_2} : A_1 \text{ est donc confondu avec } F'_2.$$

L'image A_1B_1 est donc à 30 cm de la lentille $(\mathcal{L}_1)$.

- Position de l'objet :

D'après la relation de conjugaison :

$$\frac{1}{\overline{O_1A_1}} - \frac{1}{\overline{O_1A}} = \frac{1}{f'_1}, \text{ soit } \frac{1}{\overline{O_1A}} = \frac{1}{\overline{O_1A_1}} - \frac{1}{f'_1}$$

$$\text{ou encore } \overline{O_1A} = \frac{f'_1 \times \overline{O_1A_1}}{f'_1 - \overline{O_1A_1}}$$

Application numérique :

$$\overline{O_1A} = \frac{0{,}1 \times 0{,}3}{0{,}1 - 0{,}3} = -0{,}15 \text{ m}$$

5. Bonnes réponses : **b** et **d**.

- Le grandissement de la lentille ($\mathcal{L}_1$) est :

$$\gamma_1 = \frac{\overline{O_1A_1}}{\overline{O_1A}}, \text{ soit numériquement } \gamma_1 = \frac{0,3}{-0,15} = -2$$

Comme $\gamma_1 = \dfrac{\overline{A_1B_1}}{\overline{AB}}$ alors $\overline{A_1B_1} = \gamma_1 \cdot \overline{AB}$,

numériquement $\overline{A_1B_1} = -2 \times 5 = -10$ mm.

La taille de l'image intermédiaire A_1B_1 est donc de 1 cm.

L'image intermédiaire A_1B_1 est donc renversée par rapport à l'objet AB. Sa taille est de 10 mm.

- Construction de la marche de rayons lumineux à travers le microscope :

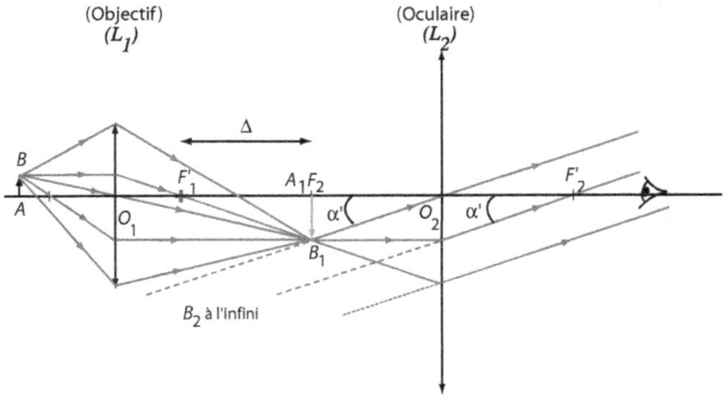

- A_1B_1 est situé dans le plan focal de la lentille (L_1).
- Son image A_2B_2 est renvoyée à l'infini.
- Le faisceau issu de B émerge en un faisceau parallèle.

Les origines de la physique quantique

1. L'effet photoélectrique. Le photon

a. Expérience de Hertz

L'effet photoélectrique consiste en l'émission d'électrons par un métal lorsqu'il reçoit un rayonnement lumineux bien choisi.

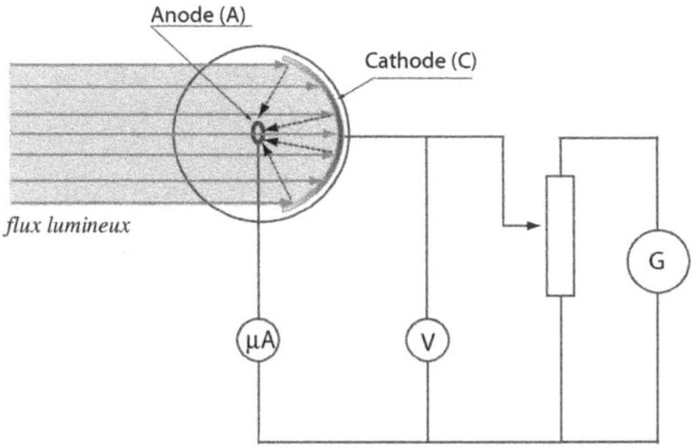

Lorsqu'on éclaire la cathode avec un rayonnement monochromatique de fréquence ν convenable, on observe le passage d'un courant électrique dû à la circulation des électrons émis par l'électrode éclairée.
Des électrons sont arrachés au métal lorsqu'il est frappé par un rayonnement électromagnétique convenable.
L'émission photoélectrique ne se produit que si la fréquence ν de la lumière qui frappe le métal est supérieure à une limite ν_0, caractéristique du métal.

$$\nu \geqslant \nu_0 \iff \lambda \leqslant \lambda_0$$

(ν_0 : fréquence seuil) (λ_0 : longueur d'onde seuil)

condition d'existence de l'effet photoélectrique

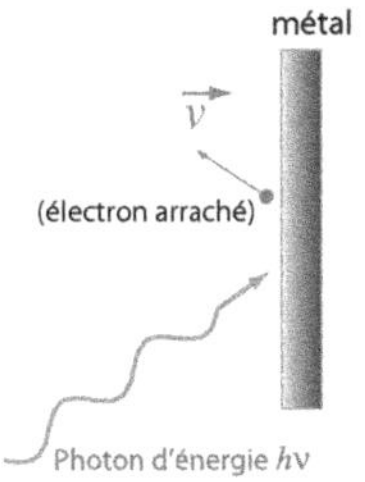

L'énergie cinétique maximale des électrons émis ne dépend que de la fréquence ν de la radiation utilisée ainsi que de la nature du métal :

$$\mathcal{E}_{c\,\max} = h(\nu - \nu_0)$$

(h constante de Planck)

b. Hypothèse d'Einstein

Un photon est un corpuscule de masse nulle, se déplaçant à la célérité c dans le vide, transportant l'énergie :

$$\mathcal{E} = h\nu = h\frac{c}{\lambda(\text{m})}$$

Soit

$$\mathcal{E}(\text{eV}) = \frac{1\,240}{\lambda(\text{nm})}$$

$\mathcal{E}$: énergie du photon en joule
h : constante de Planck
$c = 3 \cdot 10^8 \text{m} \cdot \text{s}^{-1}$: célérité de la lumière dans le vide
$1 \text{ eV} = 1{,}6 \cdot 10^{-19}\text{J}$

Cette particule est dotée d'une quantité de mouvement :

$$p = \frac{\mathcal{E}}{c} = \frac{h}{\lambda} = \hbar k \text{ où } k = \frac{2\pi}{\lambda} \text{ avec } \hbar = \frac{h}{2\pi}$$

2. Effet Compton. Choc élastique d'un photon sur un électron

Un choc entre deux particules est dit élastique lorsqu'il y a conservation des particules. Au cours du choc, il y a conservation de la charge et de l'énergie cinétique du système.
Considérons un photon incident de fréquence ν_1, particule de grande énergie, qui entre en collision avec un électron au repos.

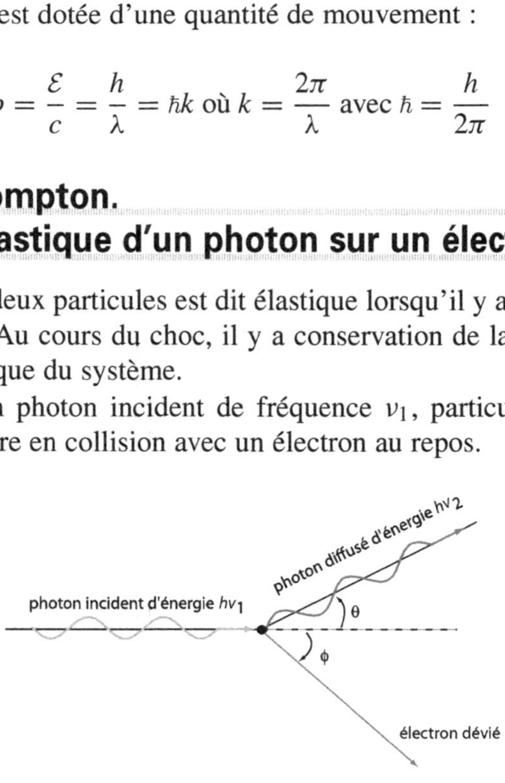

Conservation de la quantité de mouvement :

$$\underbrace{\overrightarrow{p}_{photon} + \overrightarrow{p}_{électron}}_{\text{avant le choc}} = \underbrace{\overrightarrow{p'}_{photon} + \overrightarrow{p'}_{électron}}_{\text{après le choc}}$$

Conservation de l'énergie :

$$\underbrace{\mathcal{E}_{photon} + \mathcal{E}_{électron}}_{\text{avant le choc}} = \underbrace{\mathcal{E}'_{photon} + \mathcal{E}'_{électron}}_{\text{après le choc}}$$

En introduisant les longueurs d'onde du photon, avant et après le choc, il vient :

$$\lambda_2 - \lambda_1 = \frac{h}{mc}(1 - \cos\theta) = \lambda_C(1 - \cos\theta) \text{ avec } \lambda_C = \frac{h}{mc}$$

(longueur d'onde Compton)

L'énergie cinétique de l'électron diffusé est :

$$\mathcal{E}_c = \frac{h^2\nu_1^2(1 - \cos\theta)}{mc^2 + h\nu_1(1 - \cos\theta)}$$

[IMPORTANT]

Pour $\theta = \pi$, il vient : $\varepsilon_C = \dfrac{2h^2\nu_1^2}{mc^2 + 2h\nu_1}$

[Lumière et ondes] Niveaux d'énergie dans un atome

1. Spectres d'émission et d'absorption

Chaque élément chimique, chaque espèce moléculaire, est caractérisé par une signature électronique.

L'étude des spectres d'émission et d'absorption a mis en évidence l'existence de raies spectrales en nombre fini, caractéristique de chaque élément et de chaque espèce moléculaire.

Par exemple, pour l'atome d'hydrogène, le spectre d'émission ou d'absorption est constitué, pour sa partie visible, de quatre raies :

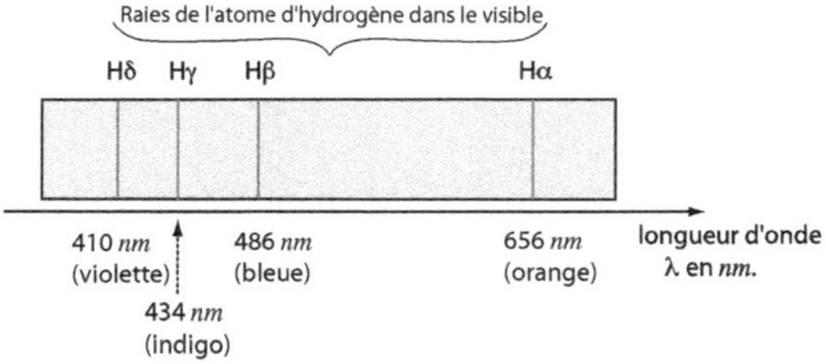

Un élément chimique est capable d'émettre les radiations qu'il peut absorber : à chaque raie très fine correspond l'émission ou l'absorption d'un rayonnement électromagnétique.

Cette interaction entre la matière et le rayonnement est le signe principal de la quantification de l'énergie des atomes.

L'émission ou l'absorption d'un rayonnement monochromatique de longueur d'onde λ correspond à celle d'un photon d'énergie égale à $h\frac{c}{\lambda}$: l'émission ou l'absorption d'énergie sous forme de rayonnement par un atome est donc quantifiée.

2. L'atome de Bohr. Niveaux d'énergie des électrons

a. Le modèle planétaire

Le modèle de Rutherford décrit l'atome d'hydrogène comme un noyau central chargé positivement autour duquel se déplace un électron chargé négativement. Suivant cette conception, l'électron gravite autour du proton comme les planètes gravitent autour du soleil, l'attraction électrique électron – proton jouant, du point de vue mécanique, le rôle de la force de gravitation.

Les résultats :

Énergie potentielle $\mathcal{E}_p(r)$ de l'électron : $\mathcal{E}_p(r) = -\dfrac{1}{4\pi\varepsilon_0}\dfrac{e^2}{r}$

Énergie cinétique $\mathcal{E}_c$ de l'électron : $\mathcal{E}_c = \dfrac{1}{2}mv^2 = \dfrac{1}{8\pi\varepsilon_0}\dfrac{e^2}{r}$

Énergie totale $\mathcal{E}$ de l'électron : $\mathcal{E} = \mathcal{E}_c + \mathcal{E}_p(r) = -\dfrac{1}{8\pi\varepsilon_0}\dfrac{e^2}{r} = \dfrac{1}{2}\mathcal{E}_p(r)$

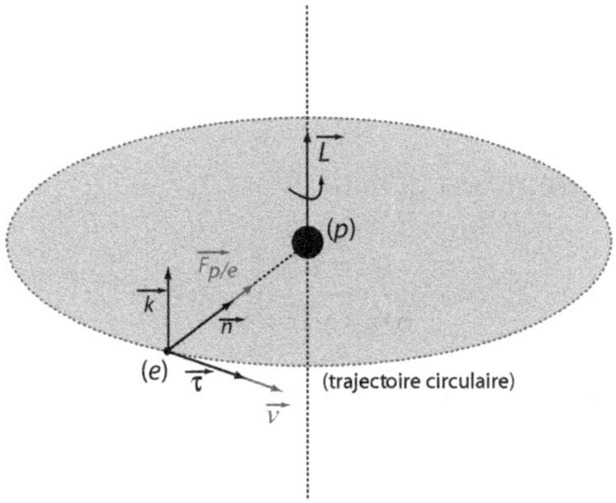

[IMPORTANT]

- Dans le cas d'un électron attiré par un noyau de numéro atomique Z, les relations précédentes deviennent :

$$\varepsilon_p(r) = -\frac{1}{4\pi\varepsilon_0}\frac{Ze^2}{r}\ ;\ \varepsilon_c = \frac{1}{8\pi\varepsilon_0}\frac{Ze^2}{r}\ ;\ \varepsilon = \varepsilon_c + \varepsilon_p(r) = -\frac{1}{8\pi\varepsilon_0}\frac{Ze^2}{r}$$

- Le problème posé par ce modèle est que l'électron, charge électrique accélérée, devrait, selon les lois de l'électromagnétisme classique, rayonner de l'énergie. L'énergie de l'électron planétaire doit donc diminuer progressivement de même que sa vitesse et le rayon de son orbite : l'électron finira donc par s'écraser sur le noyau.

b. Les hypothèses (postulats) de Bohr

- L'atome ne rayonne pas lorsque l'électron décrit des orbites stationnaires.
- Un photon de fréquence ν_{np} est émis lorsque l'atome effectue une transition entre deux niveaux d'énergie $\mathcal{E}_n$ et $\mathcal{E}_p$.

L'énergie du photon émis ou absorbé est :

$$\mathcal{E}_{\text{photon}} = h\nu_{np} = \mathcal{E}_n - \mathcal{E}_p \; (\mathcal{E}_n > \mathcal{E}_p)$$

(h : constante de Planck)

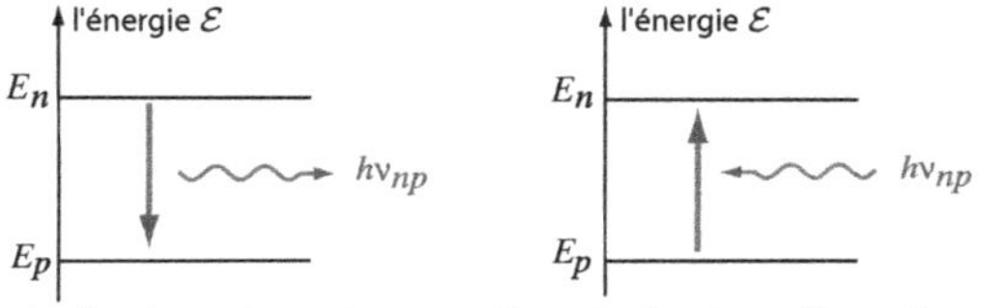

Émission d'un photon d'énergie $h\nu_{np}$ — Absorption d'un photon d'énergie $h\nu_{np}$

- L'**énergie de l'atome** est quantifiée :

$$\mathcal{E}_n = -\frac{1}{8\epsilon_0}\frac{me^4}{\epsilon_0 h^2}\frac{1}{n^2}, \; n \in \mathbb{N}^*$$

- Le **rayon de la trajectoire** est quantifié :

$$r_n = n^2 \frac{4\pi\epsilon_0 \hbar^2}{me^2}, \; n \in \mathbb{N}^*$$

c. Spectres des atomes. Cas de l'atome d'hydrogène

Formule de Bohr

L'énergie de l'atome d'hydrogène, en eV, est :

$$\mathcal{E}_n = -\frac{13{,}6}{n^2} (n \in \mathbb{N}^*)$$

($\mathcal{E}_n$ en eV)

Atome hydrogénoïde

C'est le cas des entités chimiques ne possédant qu'un seul électron autour du noyau :

$$\mathcal{E}_n = -13{,}6\frac{Z^2}{n^2},\ n \in \mathbb{N}^*$$
$$(\mathcal{E}_n \text{ en eV})$$

Formule de Ritz et Rydberg

$$\sigma = \frac{1}{\lambda_{p\longrightarrow n}} = R_H(\frac{1}{n^2} - \frac{1}{p^2})$$
(pour la transition $p \longrightarrow n$)

[ATTENTION]

n détermine la série de raies (*n* donc fixé), *p* détermine les différentes raies de la série.

Les séries

$n = 1$: série ultraviolette de **Lyman**
$n = 2$: $p \leqslant 6$, série visible de **Balmer**
$n = 3$: série infrarouge de **Paschen**
$n = 4$: série infrarouge de **Brackett**
$n = 5$: série infrarouge de : **Pfund**...

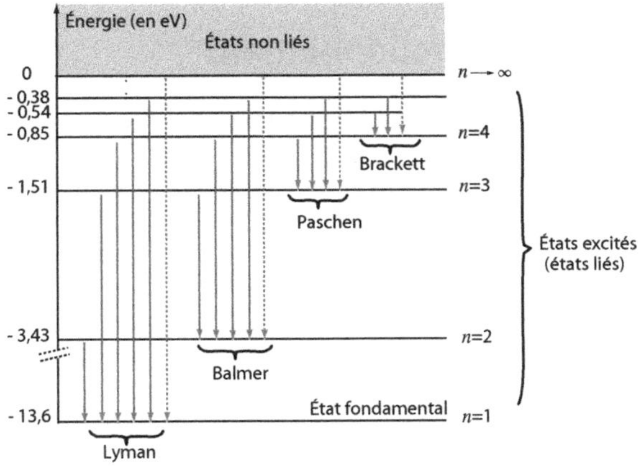

[Lumière et ondes] Le laser – Oscillateur à fréquence optique

1. Caractéristiques d'un faisceau laser

a. Directivité

Un faisceau laser est très peu divergent, la divergence α est de l'ordre du mrad.

Le diamètre D de la tache à la distance L est donné par :

$$D = d + 2L \tan \alpha$$

b. Monochromaticité. Cohérence

- Les lasers sont des sources monochromatiques.
- L'émission laser s'effectue par trains d'onde très longs : c'est la cohérence temporelle.
- Deux points de la source situés sur un même plan perpendiculaire à la direction du faisceau présentent un déphasage nul : c'est la cohérence spatiale.

2. Principe de fonctionnement

a. Loi de distribution de Boltzmann

La population N_i d'atomes, dans l'état d'énergie $\mathcal{E}_i$, en équilibre thermique à la température T, est donnée par la distribution de Boltzmann :

$$N_i = A e^{-\frac{\mathcal{E}_i}{k_B T}}$$

- A : une constante
- k_B : constante de Boltzmann
- T : température absolue en kelvin
- $e^{-\frac{\mathcal{E}_i}{k_B T}}$: facteur de Boltzmann

[IMPORTANT]

- Les niveaux de plus grande énergie sont moins peuplés que les niveaux d'énergie plus faible.
- Dans un système à deux niveaux, la plupart des atomes occupent normalement l'état inférieur.
- La probabilité pour qu'un atome soit dans l'état d'énergie ε_i est :
  $\mathcal{P}_i = \frac{N_i}{N}$ la probabilité $\mathcal{P}_i$ est proportionnelle au facteur de Boltzmann

b. L'émission stimulée et l'effet laser

Un photon d'énergie $h\nu = \mathcal{E}_2 - \mathcal{E}_1$ venant frapper un atome excité peut le forcer à passer de l'état (2) vers l'état (1) avec émission d'un photon de même énergie que le photon stimulateur :

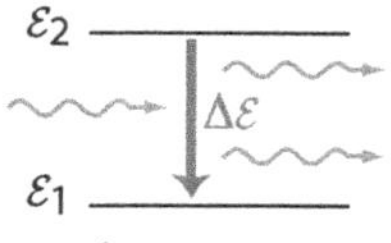

Émission stimulée

Le photon stimulateur n'est pas absorbé. L'énergie émise s'ajoute à celle du milieu inducteur, c'est le phénomène d'amplification.

c. Le pompage optique ou inversion de la population

- Dans les conditions usuelles, les atomes se trouvent majoritairement dans leur état fondamental (état le plus stable) et très peu se trouvent dans un état excité :

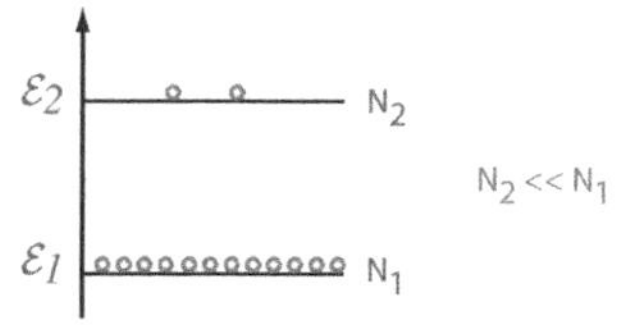

Dans ces conditions, un photon incident d'énergie $h\nu = \mathcal{E}_2 - \mathcal{E}_1$ aura beaucoup plus de chances d'être absorbé pour exciter un atome que de provoquer l'émission stimulée. Il y a absorption du rayonnement incident par la matière.

- Pour inverser le phénomène, il faut modifier les distributions N_1 et N_2, donc rendre $N_2 \gg N_1$ (inversion de population).

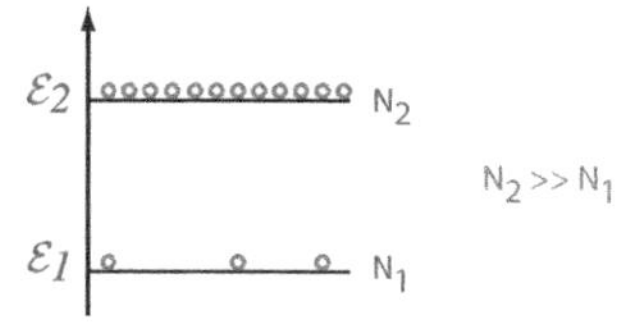

Dans ces conditions, un photon incident d'énergie $h\nu = \mathcal{E}_2 - \mathcal{E}_1$ aura plus de chances de stimuler la désexcitation d'un atome d'énergie $\mathcal{E}_2$ que d'être absorbé par un atome d'énergie $\mathcal{E}_1$.

d. La cavité résonante

L'élément principal d'un laser est une cavité de longueur L limitée par deux miroirs M_1 et M_2. Elle permet de réaliser la mise en oscillation du laser et la sélection des fréquences de fonctionnement.

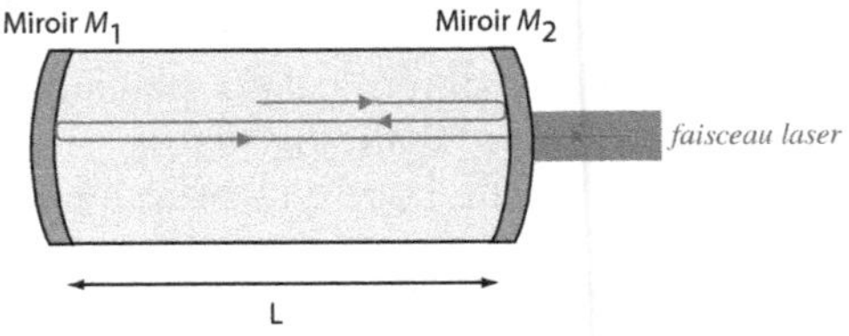

e. Les modes propres de la cavité résonante

Pour que le nombre de photons émis par émission stimulée augmente, on doit allonger le parcours des photons stimulateurs. On effectue à la lumière de multiples allers et retours par réflexion sur les deux miroirs. L'intervalle entre deux fréquences de résonance consécutives s'écrit :

$$\Delta\nu_n = \nu_{n+1} - \nu_n = \frac{c}{2L}, \text{ quel que soit } n$$

Par exemple, pour une cavité de longueur $L = 15$ cm,

$$\nu_{n+1} - \nu_n = \frac{3{,}0 \cdot 10^8}{2 \times 15 \cdot 10^{-2}} = 10^9 \text{ Hz}$$

f. Fonctionnement multimode du laser

- La transition laser se fait entre deux niveaux énergétiques, $\mathcal{E}_1$ et $\mathcal{E}_2$, inversés. La fréquence de la raie émise par le faisceau est :

$$\nu = \frac{\mathcal{E}_2 - \mathcal{E}_1}{h}$$

- Dans la cavité résonante, les interférences constructives se produisent pour les fréquences ν_n :

$$\nu_n = n\frac{c}{2L} \text{ ; } n \text{ entier}$$

Les différentes raies étant espacées de $\Delta\nu_n$, avec :

$$\Delta\nu_n = \nu_{n+1} - \nu_n = \frac{c}{2L}$$

$\Delta \nu_n$ prend en compte la largeur naturelle, l'effet Doppler, les collisions...

g. Les types de fonctionnement

Le laser possède deux types de fonctionnements : un fonctionnement continu et un fonctionnement pulsé.

- En fonctionnement continu, l'apport d'énergie est continu.
- En fonctionnement pulsé, les atomes sont excités par apports périodiques d'énergie.

3. Quelques applications du laser

a. En médecine

- Les utilisations chirurgicales :
  – bistouri : laser à CO_2 ;
  – coagulation par laser à Nd-Yag.
- Les traitements ophtalmologiques : microchirurgie de la myopie et de la cataracte. La technique utilisée soigne également certains glaucomes et le décollement de la rétine.
- Les soins en dentisterie : pour le soin des gencives et le traitement des caries.
- Les soins en dermatologie.
- Les soins en ORL : certains lasers sont utiles pour détruire des tumeurs des bronches ou de la trachée.

b. En physique et dans la recherche

- Les méthodes holographiques :
  – Confinement de la matière pour les réactions de fusion nucléaire.
  – Alignement, visée.
  – Télécommunications (recherche) : laser + fibres optiques.
  – Freinage d'atomes par des faisceaux lasers convergents.
  – Lecture de CD, codes-barres.
  – Spectacles laser...

[Lumière et ondes] Mécanique ondulatoire

1. Aspects de la lumière

Selon Newton, la lumière peut être interprétée comme un faisceau de particules, les photons : c'est la théorie corpusculaire.
Selon Huygens, la lumière est une onde : c'est la théorie ondulatoire.
La conception corpusculaire de la lumière ne peut expliquer les phénomènes d'interférences et de diffractions lumineuses qui sont une preuve de la nature ondulatoire de la lumière. Inversement, l'émission, comme l'absorption de la lumière, fait intervenir des photons et met en évidence l'aspect corpusculaire de la lumière.
Ces deux aspects complémentaires sont les deux facettes d'une même nature : celle des ondes électromagnétiques.

2. Onde associée à une particule

À toute particule en mouvement est associée une onde de longueur d'onde λ telle que :

$$\lambda = \frac{h}{mv} = \frac{h}{p}$$

(relation de Louis de Broglie)

λ : longueur d'onde en m
h : constante de Planck en $J \cdot s$
m : masse de la particule en kg
v : vitesse de la particule en $m \cdot s^{-1}$
p : quantité de mouvement en $kg \cdot m \cdot s^{-1}$

Il existe donc une relation entre la quantité de mouvement p de la particule et la longueur d'onde de l'onde associée.
À chaque instant, l'onde associée est une fonction $\psi(x, y, z, t)$ des coordonnées de position.

[ATTENTION]

Pour les particules se déplaçant à grande vitesse (v proche de c), il faudrait utiliser les relations suivantes :

$$m = \frac{m_0}{\sqrt{1 - \frac{v^2}{c^2}}} \text{ et } \lambda = \frac{h}{m_0 c}\sqrt{\frac{c^2}{v^2} - 1}$$

(m_0 : masse de la particule au repos)

3. Principe d'incertitude de Heisenberg

Le modèle actuel de l'atome est basé sur quelques principes de bases de la mécanique quantique dont ce principe d'incertitude de Heisenberg.
Il est impossible de connaître avec grande précision à la fois la coordonnée x et la quantité de mouvement p_x d'une particule, ce qui se traduit par :

$$\Delta x \cdot \Delta p_x \geqslant \frac{h}{2\pi}$$

soit

$$\Delta x \cdot \Delta v_x \geqslant \frac{h}{2\pi m}$$

p_x : quantité de mouvement en $kg \cdot m \cdot s^{-1}$
x : position de la particule en m
m : masse de la particule en kg
v : vitesse de la particule en $m \cdot s^{-1}$
h : constante de Planck en $J \cdot s$

Exemples

- Pour un électron se déplaçant à la vitesse v de l'ordre de $10^6 m \cdot s^{-1}$ qui a été mesurée à 1 %, soit $\Delta v_x = 10^4 m \cdot s^{-1}$, on a :

$$\Delta x \simeq \frac{h}{2\pi m \Delta v_x} = 10^{-8} m, \text{ soit } 100\,\text{Å}$$

On voit bien que v étant mal déterminé, la position x ne l'est pas du tout puisque les dimensions atomiques sont de l'ordre de l'angström.

- Pour un satellite d'une masse d'une tonne dont la position est connue à 10 m près, l'incertitude sur la vitesse est de l'ordre de 10^{-38} $m \cdot s^{-1}$!

[IMPORTANT]

À partir des deux exemples précédents, on voit bien que le principe d'incertitude n'est applicable qu'à l'échelle microscopique.

4. Probabilité de présence

On ne peut plus décrire la position de l'électron dans l'atome, mais seulement sa probabilité de présence (modèle probabiliste de l'atome).
La probabilité de présence dans le volume élémentaire dV autour du point $M(x, y, z)$ est :

$$dP = P(x,y,z)dV$$

avec

$$P(x,y,z) = |\psi|^2 = \psi^* \cdot \psi$$

$|\psi|^2 = \psi^* \cdot \psi$: densité de présence de l'électron (densité électronique)

[ATTENTION]

- La mécanique quantique ne permet plus de déterminer le mouvement sur une trajectoire, elle ne donne qu'une probabilité de présence.
- La fonction ψ est normée, soit :

$$\int_{\text{espace}} dP = \int_{\text{espace}} |\psi|^2 \cdot dV = 1$$

Il est évident que la probabilité de présence de l'électron dans tout l'espace est de 1.

5. Équation de Schrödinger

L'électron n'est donc plus décrit comme un corpuscule mais comme une onde.
L'équation de Schrödinger indépendante du temps s'écrit :

$$H\psi = E\psi \,;\, H \;:\; \text{l'hamiltonien et } E \;:\; \text{l'énergie}$$

En mécanique quantique, on associe à une grandeur un opérateur dont l'action sur la fonction ψ donne la valeur de grandeur dans l'état ψ.
L'hamiltonien H s'écrit :

$$H = -\frac{\hbar^2}{2m}\left(\frac{\partial^2}{\partial x^2} + \frac{\partial^2}{\partial y^2} + \frac{\partial^2}{\partial z^2}\right) + E_p \,;\, E_p : \quad \text{énergie potentielle de la particule}$$

Par exemple, dans le cas de l'atome d'hydrogène, l'équation de Schrödinger, indépendante du temps, s'écrit :

$$\underbrace{\frac{\partial^2\psi}{\partial x^2} + \frac{\partial^2\psi}{\partial y^2} + \frac{\partial^2\psi}{\partial z^2}}_{\text{(Terme géométrique)}} + \underbrace{\frac{2m}{\hbar^2}(E - E_p)\psi}_{\text{(Terme énergétique)}} = 0 \text{ avec } E_p = \frac{1}{4\pi\epsilon_0} \cdot \frac{e^2}{r}$$

QCM

Énoncés

Données :

$h = 6{,}626 \cdot 10^{-34}\text{J} \cdot \text{s}$; $c = 3{,}0 \cdot 10^{8}\text{m} \cdot \text{s}^{-1}$; $e = 1{,}6 \cdot 10^{-19}\text{C}$; $1\ \text{eV} = 1{,}6 \cdot 10^{-19}\text{J}$

1. ❑ **a.** Les radiations électromagnétiques ne se propagent que dans le vide.

❑ **b.** L'énergie des rayonnements ultraviolets est toujours inférieure à celle des infrarouges.

❑ **c.** La vitesse des radiations particulaires est constante.

❑ **d.** Un rayonnement lumineux de 300 nm est constitué de photons de $6{,}62 \cdot 10^{-19}$ J.

❑ **e.** Un rayonnement lumineux de 300 nm est constitué de photons de $6{,}62 \cdot 10^{-18}$ eV.

L'énoncé suivant est commun aux questions 2 et 3.
Un laser de puissance $\mathcal{P} = 1{,}00$ mW, émet une lumière de longueur d'onde $\lambda = 500$ nm.

2. L'énergie émise par ce laser est de :

❑ **a.** $5{,}00 \cdot 10^{-10}$ J ❑ **b.** $1{,}00 \cdot 10^{-3}$ J

Le nombre de photons émis par seconde est :

❑ **c.** $6{,}62 \cdot 10^{13}$ ❑ **d.** $2{,}15 \cdot 10^{13}$ ❑ **e.** $2{,}51 \cdot 10^{15}$

3. La quantité de mouvement de chaque photon émis vaut :

❑ **a.** $1{,}60 \cdot 10^{-19}\ \text{kg} \cdot \text{m} \cdot \text{s}^{-1}$

❑ **b.** $1{,}00 \cdot 10^{-11}\ \text{kg} \cdot \text{m} \cdot \text{s}^{-1}$

❑ **c.** $0\ \text{kg} \cdot \text{m} \cdot \text{s}^{-1}$ car la masse du photon est nulle

❑ **d.** $1{,}33 \cdot 10^{-27}\ \text{kg} \cdot \text{m} \cdot \text{s}^{-1}$

❑ **e.** Il manque une donnée.

L'énoncé suivant est commun aux deux questions 4 et 5.
Un fragment de zinc métallique constitue un domaine dans lequel ses électrons de conduction se trouvent « piégés » dans un puits de potentiel de profondeur 3,35 eV.

4. Quelle est la longueur d'onde maximale du rayonnement pouvant provoquer l'émission photoélectrique du zinc ?

❑ **a.** $5{,}9 \cdot 10^{-26}$ m ❑ **b.** 0,37 µm ❑ **c.** 6,67 Å
❑ **d.** $1{,}235 \cdot 10^{-25}$ m ❑ **e.** 9 mm

5. Le rayonnement à ce seuil photoélectrique appartient au domaine :
❑ **a.** Infrarouge ❑ **b.** Visible ❑ **c.** Ultraviolet
❑ **d.** X ❑ **e.** Gamma

L'énoncé suivant est commun aux questions 6, 7 et 8.
Le laser He-Ne comporte un tube contenant un mélange d'hélium (85 %) et de néon (15 %) sous basse pression (de l'ordre de 130 Pa). Le néon est le milieu actif. L'hélium sert à réaliser l'inversion de population.
On donne :
Puissance du faisceau laser : $\mathcal{P} = 2$ mW
Rayon du faisceau à la sortie du laser : $R = 0{,}4$ mm
On donne le diagramme simplifié :

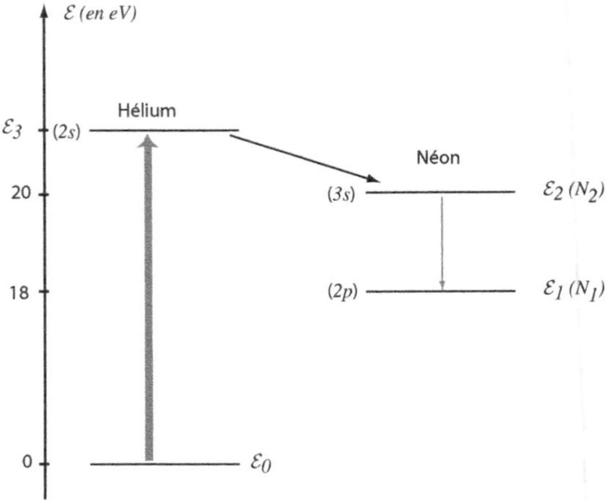

6. L'écart d'énergie entre les niveaux du néon est :

❑ **a.** $\Delta\mathcal{E} = 20$ eV ❑ **b.** $\Delta\mathcal{E} = 18$ eV ❑ **c.** $\Delta\mathcal{E} = 2$ eV

La couleur du faisceau émis est :

❑ **d.** Jaune ❑ **e.** Rouge

7. Le nombre de photons émis chaque seconde est de :

❑ **a.** $6{,}94 \cdot 10^{14}$ ❑ **b.** $6{,}25 \cdot 10^{14}$ ❑ **c.** $6{,}94 \cdot 10^{15}$

❑ **d.** $6{,}25 \cdot 10^{15}$ ❑ **e.** $6{,}25 \cdot 10^{16}$

8. La puissance surfacique du faisceau laser est :

❑ **a.** $4{,}0\ \text{mW} \cdot \text{m}^{-2}$ ❑ **b.** $40\ \text{W} \cdot \text{m}^{-2}$ ❑ **c.** $400\ \text{W} \cdot \text{cm}^{-2}$

❑ **d.** $400\ \text{W} \cdot \text{m}^{-2}$ ❑ **e.** $4\,000\ \text{W} \cdot \text{m}^{-2}$

9. La fréquence de fonctionnement d'un laser He-Ne est déterminée par :

❑ **a.** La longueur de la cavité

❑ **b.** La nature du gaz dans la cavité

❑ **c.** Le mode sélectionné

❑ **d.** La pression du gaz dans la cavité

❑ **e.** La tension d'alimentation

Corrigés

1. Bonne réponse : **d.**

a. Faux : les ondes électromagnétiques se propagent aussi bien dans le vide que dans d'autres milieux matériels, par exemple dans l'eau, l'air et le verre.

b. L'énergie d'une radiation de longueur d'onde λ est inversement proportionnelle à λ.

Comme $\lambda_{\text{UV}} < \lambda_{\text{IR}}$, alors $\mathcal{E}_{\text{rayonnement UV}} > \mathcal{E}_{\text{rayonnement IR}}$.

c. Faux : la vitesse est constante dans un milieu homogène est isotrope.

d. L'énergie du photon associée à la radiation de longueur d'onde $\lambda = 300$ nm est :

$$\mathcal{E}_{\text{photon}} = h\nu = \frac{hc}{\lambda}$$

Numériquement :

$$\mathcal{E}_{\text{photon}} = \frac{6{,}62 \cdot 10^{-34} \times 3{,}0 \cdot 10^{8}}{300 \cdot 10^{-9}} = 6{,}62 \cdot 10^{-19}\ \text{J}.$$

La réponse **e.** est donc fausse.

2. Bonnes réponses : **b**. et **e**.

La puissance $\mathcal{P}$ est donnée par :

$$\mathcal{P} = \frac{d\mathcal{E}}{dt}$$

L'énergie émise par ce laser durant $\Delta t = 1{,}00$ s est :

$$\mathcal{E} = \int_0^1 \mathcal{P} dt = \mathcal{P}\Delta \text{t}$$

Numériquement : $\mathcal{E} = 1{,}00 \cdot 10^{-3} \times 1{,}00 = 1{,}00 \cdot 10^{-3}$ J.

Cette énergie représente l'énergie de N photons émis, soit : $\mathcal{E} = N \cdot \mathcal{E}_{\text{photon}}$.

L'énergie d'un photon est donnée par :

$$\mathcal{E}_{\text{photon}} = h\nu = h\frac{c}{\lambda}$$

- $\mathcal{E}_{\text{photon}}$: énergie du photon en J
- h : constante de Planck en J · s
- ν : fréquence de la radiation en Hz
- c : célérité de la lumière en m · s^{-1}
- λ : longueur d'onde de la radiation en m

Ainsi :

$$\mathcal{E} = N \cdot \mathcal{E}_{\text{photon}} = N \cdot h\frac{c}{\lambda}, \text{ soit } N = \frac{\lambda \cdot \mathcal{E}}{hc}$$

Application numérique :

$$N = \frac{500 \cdot 10^{-9} \times 1{,}00 \cdot 10^{-3}}{6{,}63 \cdot 10^{-34} \times 3{,}0 \cdot 10^{8}} = 2{,}51 \cdot 10^{15}$$

3. Bonne réponse : **d**.

La quantité de mouvement d'un photon est :

$$p = \frac{\mathcal{E}_{\text{photon}}}{c} = \frac{h}{\lambda}$$

Application numérique :

$$p = \frac{6{,}63 \cdot 10^{-34}}{500 \cdot 10^{-9}} = 1{,}33 \cdot 10^{-27}\ \text{kg} \cdot \text{m} \cdot \text{s}^{-1}$$

4. Bonne réponse : **b**.

La fréquence seuil est telle que $\nu_0 = \dfrac{W_S}{h}$.

Comme $W_S = 3{,}35\ \text{eV} = 3{,}35 \times 1{,}6 \cdot 10^{-19} = 5{,}36 \cdot 10^{-19}\ \text{J}$, alors :

$$\nu_0 = \frac{5{,}36 \cdot 10^{-19}}{6{,}626 \cdot 10^{-34}} = 8{,}1 \cdot 10^{14}\ \text{Hz}$$

On rappelle que la condition d'existence de l'effet électrique est $\nu \geqslant \nu_0$.

La longueur d'onde maximale λ_{max} d'un tel rayonnement est telle que :

$$\lambda_{\text{max}} = \frac{c}{\nu_0}$$

Soit numériquement : $\lambda_{\text{max}} = \dfrac{3{,}0 \cdot 10^{8}}{8{,}1 \cdot 10^{14}} = 3{,}70 \cdot 10^{-7}\ \text{m}$, soit $0{,}370\ \mu\text{m}$.

5. Bonne réponse **c**.

Les longueurs d'onde dans le vide des radiations visibles appartiennent au domaine très étroit des ondes électromagnétiques. De part et d'autre des radiations visibles, on trouve les ultraviolets et les infrarouges :

$$400\ \text{nm} < \lambda_{\text{visible}} < 800\ \text{nm}\ ;\ \text{UV} - \text{Visible} - \text{I.R.}$$

La longueur d'onde du rayonnement est de $3{,}70 \cdot 10^{-7}$ m, soit 370 nm, valeur inférieure à 400 nm : le rayonnement appartient au domaine des UV

6. Bonnes réponses : **c** et **e**.

L'écart d'énergie entre les niveaux du néon est $\Delta\mathcal{E} = 20 - 18 = 2\,\text{eV}$, soit $3{,}2 \cdot 10^{-19}$ J

Pour le néon, lors de la transition (2) $\longrightarrow$ (1), un photon est émis. L'énergie d'un photon de fréquence ν est donnée par la relation :

$$\mathcal{E}_{\text{photon}} = h\nu$$

Comme $\nu = \dfrac{c}{\lambda}$ alors :

$$\mathcal{E}_{\text{photon}} = h\frac{c}{\lambda}, \text{ soit } \lambda = h\frac{c}{\mathcal{E}} \text{ avec } \mathcal{E}_{\text{photon}} = \Delta\mathcal{E} = \mathcal{E}_2 - \mathcal{E}_1$$

Application numérique :

$$\lambda = 6{,}626 \cdot 10^{-34} \times \frac{3{,}0 \cdot 10^8}{3{,}2 \cdot 10^{-19}} \simeq 6{,}20 \cdot 10^{-7}\ \text{m, soit } 620\,\text{nm}$$

La couleur de la lumière émise par le laser He-Ne est donc rouge.

[IMPORTANT]

On peut déterminer la longueur d'onde du photon émis à partir de la relation : $\lambda(\text{ en nm}) = \dfrac{1\,240}{\varepsilon\ (\text{en eV})}$

Numériquement : $\lambda = \dfrac{1\,240}{2} = 620$ nm

7. Bonne réponse : **d**.

La puissance $\mathcal{P}$ correspond à l'énergie émise chaque seconde.

Chaque photon transporte l'énergie :

$$\mathcal{E}_{\text{photon}} = \Delta\mathcal{E} = h\nu = h\frac{c}{\lambda}$$

- $\mathcal{E}_{\text{photon}}$: énergie du photon en J
- h : constante de Planck en J · s
- ν : fréquence de la radiation en Hz
- c : célérité de la lumière en m · s^{-1}
- λ : longueur d'onde de la radiation en m

L'énergie émise représente l'énergie des N photons émis, soit $\mathcal{E} = \mathrm{N} \cdot \mathcal{E}_{\text{photon}}$ avec $\mathcal{E} = \mathcal{P} \times \Delta t$ ($\Delta t = 1\,\text{s}$)

Ainsi : $\mathcal{E} = \mathrm{N} \cdot \mathcal{E}_{\text{photon}}$, soit $\mathrm{N} = \dfrac{\mathcal{E}}{\mathcal{E}_{\text{photon}}}$

Application numérique : $\mathrm{N} = \dfrac{2{,}0.10^{-3}}{3{,}2 \cdot 10^{-19}} = 6{,}25 \cdot 10^{15}$ photons par seconde

8. Bonne réponse : **e**.

L'énergie rayonnée par un faisceau laser est concentrée dans un pinceau très étroit. Il est donc intéressant de rapporter la puissance délivrée à la section S du faisceau.

On définit alors l'intensité rayonnée I, ou puissance surfacique, par :

$$I = \frac{\mathcal{P}}{S}$$

(I en $\text{W}\cdot\text{m}^{-2}$, $\mathcal{P}$ en W et S en m^2)

Comme $S = \pi R^2$, alors : $I = \dfrac{\mathcal{P}}{S}$

Numériquement :

$$I = \frac{2 \cdot 10^{-3}}{\pi \times (0{,}4 \cdot 10^{-3})^2} = 3{,}98 \cdot 10^3 \text{W} \cdot \text{m}^{-2} \simeq 4\,000 \text{W} \cdot \text{m}^{-2}$$

9. Bonnes réponses : **a**, **c**, **d** et **e**.

Pour **a.** et **c.**, voir cours.

Pour la **d.** : si la pression du gaz dans la cavité n'est pas ajustée, il n'y aura pas d'émission laser.

Pour la **e.** : si la tension d'alimentation n'est pas ajustée, il n'y aura pas non plus d'émission laser.

[Biophysique]

[Biophysique des solutions] Généralités sur les solutions aqueuses

1. Études des solutions

a. Concentration des solutions. Ses différentes expressions

- Concentration massique d'une espèce chimique

Elle représente la masse de soluté par litre de solution, soit :

$$c_m = \frac{m}{V}$$

| m : masse du soluté en g
| V : volume de la solution en L
| c_m : concentration massique en $g \cdot L^{-1}$

- Concentration molaire d'une espèce chimique – Molarité

Elle est numériquement égale à la quantité de matière de l'espèce chimique dissoute par litre de solution, soit :

$$C = \frac{n}{V}$$

| n : quantité de matière en mol
| V : volume de la solution en L
| C : concentration molaire en $mol \cdot L^{-1}$

[IMPORTANT]

Si M représente la masse molaire du soluté, alors :

$$c_m = C \times M$$

| c_m : concentration massique en $g \cdot L^{-1}$
| C : concentration molaire en $mol \cdot L^{-1}$
| M : masse molaire du soluté en $g \cdot mol^{-1}$

- Concentration molale – Molalité

Elle représente la quantité de matière de l'espèce chimique dissoute par unité de masse de solvant. Elle s'exprime en $mol \cdot kg^{-1}$.

- Concentration pondérale

Elle représente la masse de l'espèce chimique dissoute par unité de masse de solvant. Elle s'exprime en $g \cdot kg^{-1}$

b. Fraction molaire

Pour l'espèce chimique A_i dissoute dans un solvant, on définit sa fraction molaire f_i par :

$$f_i = \frac{n_i}{\sum_i n_i}$$

(toutes les espèces chimiques présentes y compris le solvant)

2. Électrolytes

a. Conductivité d'un électrolyte

Pour une solution contenant l'anion A^{x-} à la concentration C^- et le cation C^{y+} à la concentration C^+ et si S représente la surface des électrodes, on montre que l'intensité du courant qui traverse un tel électrolyte est donnée par :

$$I = \frac{dQ}{dt} = (C^-\mu^-z^- + C^+\mu^+z^+)eS\mathcal{F}$$

- μ^- et μ^+ représentent les mobilités des ions, $\mu^- < 0$ et $\mu^+ > 0$,
- z^- et z^+ représentent les valences des ions A^{x-} et C^{y+},
- $\mathcal{F} = \mathcal{N}_A e$, appelé le faraday, représente la quantité d'électricité d'une mole d'électrons et vaut :

$$\mathcal{F} = \mathcal{N}_A e = 96\,500 \text{ C} \cdot \text{mol}^{-1}$$

Si on désigne par $\vec{j}$ le vecteur densité de courant et par γ la conductivité électrique de la solution, on a :

$$\vec{j} = \rho^-\vec{v^-} + \rho^+\vec{v^+} = \sum_i \rho_i \vec{v_i}$$

(cas de plusieurs ions)

Dans le cas de plusieurs ions, si on note par z_i la valence de l'espèce A_i, par C_i sa concentration et par μ_i sa mobilité, alors :

$$\vec{j} = \sum_i \rho_i \vec{v_i} = \gamma \vec{E} \text{ avec } \gamma = (\sum_i z_i C_i \mu_i)\mathcal{F} = \sum_i |z_i|\, C_i \Lambda_i \text{ ; } \mu_i \text{ et } z_i \text{ de même signe}$$

($\Lambda_i = |\mu_i|\mathcal{F}$ représente la conductivité molaire de l'ion "i")

On peut aussi écrire :

$$\gamma = \sum_i \gamma_i = \sum_i |z_i|\, C_i \Lambda_i$$

(la conductivité totale est égale à la somme des contributions de tous les ions)

γ en $S \cdot m^{-1}$
C_i en $mol \cdot m^{-3}$
μ_i en $m^2 \cdot V^{-1} \cdot s^{-1}$
Λ_i en $S \cdot m^2 \cdot mol^{-1}$

b. Électrolytes forts

Un électrolyte fort est un électrolyte qui se dissocie totalement dans l'eau.

[ATTENTION]

Dans le cas d'un électrolyte fort, on ne trouve que des ions majoritaires (apportés par la dissolution du cristal ou de la molécule) et les molécules du solvant.

c. Électrolytes faibles

D'une façon générale, pour un soluté AB dissous dans l'eau, on peut écrire :

	$AB_{(aq)}$	=	$A^-_{(aq)}$ +	$B^+_{(aq)}$
État initial	C			
État final	$C(1-\alpha)$		$C\alpha$	$C\alpha$

où α représente le coefficient de dissociation défini par :

$$\alpha = \frac{\text{nombre de moles dissociées}}{\text{nombre de moles dissoutes}} \ ; \ 0 \leqslant \alpha \leqslant 1$$

La constante d'équilibre K s'écrit :

$$K = \frac{\left[A^-_{(aq)}\right]\left[B^+_{(aq)}\right]}{\left[AB_{(aq)}\right]} = C\frac{\alpha^2}{1-\alpha}$$

[IMPORTANT]

- $\alpha = 0$: la dissociation est nulle,
- $0 < \alpha < 1$: la dissociation est partielle et on note $AB_{(aq)} = A^-_{(aq)} + B^+_{(aq)}$
- $\alpha = 1$: la dissociation est totale et on note $AB_{(aq)} \longrightarrow A^-_{(aq)} + B^+_{(aq)}$
- Si $\alpha \ll 1$, nous pouvons écrire $K \simeq C\alpha^2$, soit $\alpha \simeq \sqrt{\frac{K}{C}}$.
- Si α n'est pas petit devant 1, on ne peut donc pas négliger α devant 1. Il faut résoudre l'équation du second degré en α :

$$C\alpha^2 + K\alpha - K = 0$$

Concentration molaire particulaire ou osmolarité

On définit la concentration molaire particulaire ou osmolarité ω comme étant le nombre de moles particulaires (molécules et ions) dissoutes par litre de solution.

Pour l'équilibre suivant :

	$AB_{(aq)}$	$=$	$A^-_{(aq)} +$	$B^+_{(aq)}$
$\mathcal{E}_i$	C			
$\mathcal{E}_f$	$C(1-\alpha)$		$C\alpha$	$C\alpha$

L'osmolarité ω est :

$$\omega = C(1-\alpha) + C\alpha + C\alpha = C(1+\alpha)$$
$$(\omega \text{ en osmol}\cdot\text{L}^{-1})$$

Concentration équivalente

Pour une espèce ionique donnée, la concentration équivalente représente le nombre de moles particulaires par litre de solution, soit :

$$C_{eq(i)} = C_i \cdot |z_i| \quad \left| \begin{array}{l} C_i \ : \text{ concentration molaire de l'ion } i \text{ en mol} \cdot \text{L}^{-1} \\ z_i \ : \text{ valence de l'ion } i \end{array} \right.$$
$$(C_{eq(i)} \text{ en eq}\cdot\text{L}^{-1})$$

Pour une solution contenant N ions, sa concentration équivalente est :

$$C_{eq} = \sum_i z_i^+ C_i^+ + \sum_j \left| z_j^- \right| C_j^-$$

[IMPORTANT]

Une solution étant électriquement neutre, on a donc $\sum_i z_i^+ C_i^+ = \sum_j \left| z_j^- \right| C_j^-$.

Par suite :

$$C_{eq} = 2\sum_i z_i^+ C_i^+ = 2\sum_j \left| z_j^- \right| C_j^-$$

[IMPORTANT]

La concentration équivalente représente le nombre d'équivalent-grammes par litre de solution, soit la quantité de matière transportant un faraday.

Exemple

Dans une solution :

- 23 g d'ions Na^+ (soit une mole d'ions Na^+) transportent une charge de 1 $\mathcal{F}$, soit 1 eq ;
- 40 g d'ions Ca^{2+} (soit une mole d'ions) transportent une charge de 2 $\mathcal{F}$, soit 2 eq.

Coefficient d'ionisation de Van't Hoff

Il est défini comme étant le rapport entre le nombre de particules (molécules et ions) et le nombre total initial de molécules introduites dans le solvant, soit :

$$i = \frac{\text{nombre de particules (molécules et ions)}}{\text{nombre total initial de molécules introduites dans le solvant}} = \frac{\omega}{C}$$

(ω en osmol·L^{-1}, C en mol·L^{-1} et i sans unité)

Autre expression du coefficient d'ionisation :
Si ν représente le nombre d'ions par soluté dissocié, alors :

$$\omega = C(1-\alpha) + \nu \cdot C\alpha = C\left[1 + \alpha(\nu - 1)\right] \text{ et } i = \frac{\omega}{C} = 1 + \alpha(\nu - 1)$$

Acides et bases en solution aqueuse

1. Acides et bases selon Brönsted

- Un acide est une espèce chimique, ionique ou moléculaire, susceptible de céder (libérer) un ou plusieurs protons H^+.
- Une base est une espèce chimique, ionique ou moléculaire, susceptible de capter (fixer) un ou plusieurs protons H^+.

On peut représenter, d'une façon générale, un acide par AH (acide moléculaire) ou BH^+ (acide cationique) selon :

$$AH = A^- + H^+$$

ou

$$BH^+ = B + H^+$$

On forme une espèce (A^- ou B) qui, dans la réaction inverse, est susceptible de capter un proton H^+ : acide et base vont donc par paire ou couple acide/base.

Acide et base d'un même couple sont dits conjugués : à tout acide AH (ou BH^+) correspond sa base conjuguée A^- (ou B). On obtient ainsi les couples acide/base AH/A^- et BH^+/B.

2. Réactions acides-bases

Pour un couple acide/base, on peut écrire :

$$\text{acide} = \text{base} + H^+$$

La superposition de deux transferts de protons H^+ conduit à l'équilibre :

$$\text{acide}_1 + \text{base}_2 = \text{base}_1 + \text{acide}_2$$

Une réaction acido-basique est donc un transfert de proton H^+ de l'acide (1), acide du couple acide$_1$/base$_1$, vers la base (2), base du couple acide$_2$/base$_2$.

3. Les couples de l'eau

- L'ion hydronium H_3O^+ est un acide de Brönsted puisqu'il est susceptible de céder un proton H^+ selon la demi-équation d'échange protonique :

$$H_3O^+ = H_2O + H^+$$

H_2O est la base conjuguée de l'acide H_3O^+ : on définit le couple H_3O^+/H_2O où l'eau est la base.

- L'ion hydroxyde HO^- est une base de Brönsted puisqu'il est susceptible de capter un proton H^+ selon la demi-équation d'échange protonique :

$$HO^- + H^+ = H_2O$$

H_2O est l'acide conjugué de la base HO^-.

[IMPORTANT]

L'eau apparaît comme un ampholyte : c'est une base pour le couple H_3O^+/H_2O et un acide pour le couple H_2O/HO^-.

4. L'autoprotolyse de l'eau. Produit ionique de l'eau

La présence dans l'eau d'ions H_3O^+ et HO^- résulte de son ionisation partielle qui peut s'interpréter comme une réaction acido-basique :

$$H_2O + H_2O = H_3O^+ + HO^-$$

L'eau intervient par l'intermédiaire des deux couples H_3O^+/H_2O et H_2O/HO^-.
La constante thermodynamique de l'équilibre précédent, notée K_e, est appelée produit ionique de l'eau :

$$K_e = \left[H_3O^+\right]\left[HO^-\right]$$

K_e est une constante sans dimension qui ne dépend que de la température. On définit pK_e :

$$pK_e = -\log K_e \text{, soit } K_e = 10^{-pK_e}$$

pH d'une solution aqueuse

1. Définition

Pour les solutions aqueuses diluées (molarité très inférieure à $1 \text{ mol} \cdot \text{L}^{-1}$), on définit le pH par :

$$\text{pH} = -\log\left[\text{H}_3\text{O}^+\right], \text{ soit } \left[\text{H}_3\text{O}^+\right] = 10^{-\text{pH}}$$

[IMPORTANT]

- Dans l'expression $\text{pH} = -\log\left[\text{H}_3\text{O}^+\right]$, $\left[\text{H}_3\text{O}^+\right]$ est un nombre qui mesure la concentration molaire en ions H_3O^+ :
- En toute rigueur, $\text{pH} = -\log\frac{\left[\text{H}_3\text{O}^+\right]}{C_0}$, où $C_0 = 1 \text{ mol} \cdot \text{L}^{-1}$ et le rapport $\frac{\left[\text{H}_3\text{O}^+\right]}{C_0}$ est donc sans unité.
- L'équilibre d'autoprotolyse de l'eau s'écrit :

$$2\text{H}_2\text{O} = \text{H}_3\text{O}^+ + \text{HO}^-$$

En généralisant l'emploi de l'opérateur p, on écrit à propos de cet équilibre :

$$\text{pH} + \text{pOH} = \text{pK}_e$$

2. Solutions acides et basiques

- En milieu neutre, $\left[\text{H}_3\text{O}^+\right] = \left[\text{HO}^-\right]$.

Comme $\text{K}_e = \left[\text{H}_3\text{O}^+\right]\left[\text{HO}^-\right]$, alors : $\left[\text{H}_3\text{O}^+\right] = \left[\text{HO}^-\right] = \sqrt{\text{K}_e}$

Soit : $$\text{pH} = -\log\sqrt{\text{K}_e} = -\frac{1}{2}\log \text{K}_e = \frac{1}{2}\text{pK}_e$$

(Pour l'eau pure)

- En milieu acide, $\left[\text{H}_3\text{O}^+\right] > \left[\text{HO}^-\right]$.

Comme $\text{K}_e = \left[\text{H}_3\text{O}^+\right]\left[\text{HO}^-\right]$, alors : $\left[\text{HO}^-\right] = \frac{\text{K}_e}{\left[\text{H}_3\text{O}^+\right]}$

Il en résulte donc : $[H_3O^+] > \frac{K_e}{[H_3O^+]}$, soit $[H_3O^+]^2 > K_e$.

Ainsi : $2\log[H_3O^+] > \log K_e$ ou encore $pH < \frac{1}{2}pK_e$

(en milieu acide)

- En milieu basique, $[H_3O^+] < [HO^-]$.

Comme $K_e = [H_3O^+][HO^-]$, alors : $[HO^-] = \frac{K_e}{[H_3O^+]}$

Il en résulte donc $[H_3O^+] < \frac{K_e}{[H_3O^+]}$, soit $[H_3O^+]^2 < K_e$.

Ainsi : $2\log[H_3O^+] < \log K_e$ ou encore $pH > \frac{1}{2}pK_e$

(en milieu basique)

3. pK_a d'un couple acide/base

a. Définition

Considérons un acide AH. Sa réaction avec l'eau s'écrit :

$$AH + H_2O = A^- + H_3O^+$$

- Acide fort

L'acide AH est qualifié d'acide fort si sa dissociation dans l'eau est totale.

- Acide faible

L'acide AH est qualifié d'acide faible s'il n'est pas entièrement dissocié : sa dissociation dans l'eau est donc partielle.
Ainsi, il faut pouvoir évaluer sa « force », grandeur intrinsèque, constante pour toute solution.
Pour l'équilibre chimique $AH + H_2O = A^- + H_3O^+$, on définit la constante d'acidité K_a, ou constante de dissociation de l'acide AH dans l'eau, par :

$$K_a = \frac{[A^-][H_3O^+]}{[AH]}$$, K_a ne dépend que de la température

([X] représente un nombre qui mesure la concentration de l'espèce X, exprimée en $mol \cdot L^{-1}$)

On définit le pK_a par : $pK_a = -\log K_a$, soit $K_a = 10^{-pK_a}$

[ATTENTION]

Plus un acide est faible, plus son pK_a est grand.

b. Relation entre pH et pK_a

Pour tout couple acide-base A/B, la réaction de dissociation de l'acide A s'écrit :

$$A + H_2O = B + H_3O^+$$

À cet équilibre, on associe la constante d'acidité K_a telle que :

$$K_a = \frac{[B]\left[H_3O^+\right]}{[A]}$$

De la relation précédente, on tire $\left[H_3O^+\right] = K_a \cdot \frac{[A]}{[B]}$.

En prenant les logarithmes, on obtient :

$$\log\left[H_3O^+\right] = \log K_a \cdot \frac{[A]}{[B]}, \text{ soit } \log\left[H_3O^+\right] = \log K_a + \log\frac{[A]}{[B]}$$

Soit :
$$pH = pK_a + \log\frac{[B]}{[A]}$$

c. Diagramme de prédominances

On convient de considérer que l'espèce acide A est prédominante devant l'espèce basique B lorsque $[A] > 10[B]$.

Comme $pH = pK_a + \log\frac{[B]}{[A]}$, alors :

$$pH = pK_a \text{ si } [A] = [B]$$
$$pH < pK_a - 1 \text{ si } [A] > 10[B]$$
$$pH > pK_a + 1 \text{ si } [B] > 10[A]$$

La figure ci-après donne les domaines de prédominance :

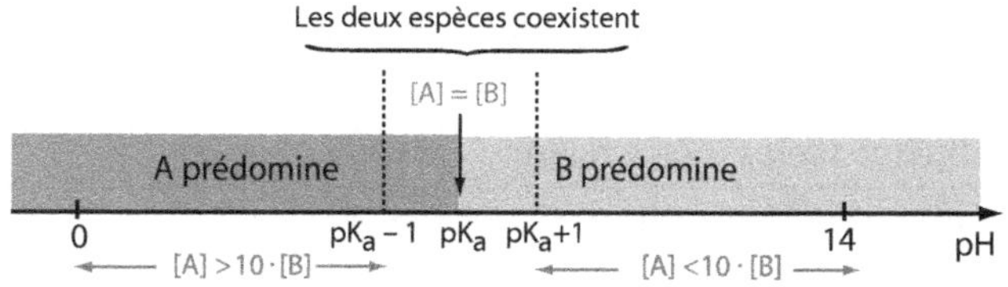

[Biophysique des solutions] Valeur de pH d'une solution aqueuse

1. Solutions acides

a. Acides forts

Ce sont des acides qui se dissocient totalement dans l'eau :

$$AH + H_2O \longrightarrow A^- + H_3O^+ \; ; \; \alpha = 1$$

Si C_a représente la concentration molaire de la solution, alors $C_a = \left[H_3O^+\right]$ et par suite :

$$pH = -\log C_a$$

(Pour des solutions diluées)

[IMPORTANT]

Pour un diacide AH_2, de concentration molaire C_a, sa dissociation dans l'eau donne :

$$AH_2 + 2H_2O \longrightarrow 2H_3O^+ + A^-$$

Comme $\left[H_3O^+\right] = 2C_a$, alors :

$pH = -\log 2C_a$ (pour un diacide de concentration molaire C_a)

b. Acides faibles

Ce sont des acides qui se dissocient partiellement dans l'eau, soit $\alpha < 1$. Pour un acide AH de concentration molaire C_a, sa dissociation dans l'eau s'écrit :

	AH	+	H_2O	=	H_3O^+	+	A^-
État initial	C_a		excès		0		0
État final	$C_a - \left[H_3O^+\right]$		excès		$\left[H_3O^+\right]$		$\left[A^-\right] = \left[H_3O^+\right]$

Le coefficient de dissociation α de cet acide faible, s'écrit :

$$a = \frac{\text{nombre de moles ayant réagi}}{\text{nombre de moles initiales}} = \frac{\left[H_3O^+\right]}{C_a} = \frac{10^{-pH}}{C_a} = \sqrt{\frac{K_a}{C_a}},$$

soit $\left[H_3O^+\right] = \alpha C_a$

La constante d'acidité s'écrit :

$$K_a = \frac{[A^-][H_3O^+]}{[AH]} = \frac{[H_3O^+]^2}{C_a - [H_3O^+]} = \frac{\alpha^2 C_a}{1-\alpha}$$

Si la dissociation est faible, on peut négliger $[H_3O^+]$ devant C_a et par suite $K_a \simeq \frac{[H_3O^+]^2}{C_a}$

Ainsi : $$[H_3O^+] = \sqrt{K_a C_a}$$

Comme $pH = -\log [H_3O^+]$, alors :

$$pH = -\log \alpha C_a = -\log \sqrt{K_a C_a} = \frac{1}{2}(pK_a - \log C_a)$$

(Pour un acide faiblement dilué)

2. Solutions basiques

a. Bases fortes

Si C_b est la concentration molaire de la solution, alors :

$$pH = 14 + \log C_b \quad \text{et} \; \alpha = 1$$

(Pour des solutions diluées)

Et pour une dibase, telle $B(OH)_2$, de concentration molaire C_b, son pH est :

$$pH = 14 + \log 2C_b \text{ (pour une dibase de concentration molaire } C_b)$$

b. Bases faibles

Pour une base faible B de concentration C_b et de coefficient de dissociation α', sa dissociation dans l'eau s'écrit :

	B	+	H_2O	=	HO^-	+	BH^+
État initial	C_b		excès		0		0
État final	$C_b - [HO^-]$		excès		$[HO^-]$		$[BH^+] = [HO^-]$

Le coefficient de dissociation α' s'écrit :

$$\alpha' = \frac{[HO^-]}{C_b} = \frac{10^{pH-pK_e}}{C_b}$$

La constante de basicité s'écrit :

$$K_b = \frac{[BH^+] \cdot [HO^-]}{[B]} = \frac{[HO^-]^2}{C_b - [HO^-]} = \frac{\alpha'^2 C_b}{1 - \alpha'}$$

Par suite :

$$pH = pK_e + \log(\alpha' C_b) = 14 - \frac{1}{2}(pK_b - \log C_b) \text{ avec } pK_b = 14 - pK_a$$

(Pour une base faiblement diluée)

Et : $$\alpha' = \frac{[HO^-]}{C_b} = \sqrt{\frac{K_b}{C_b}} = \sqrt{\frac{K_e}{K_a C_b}}$$

Réactions acide-base. Courbes de titrage

1. Le principe

Doser un acide ou une base, c'est déterminer sa concentration.
On fait réagir l'acide AH de concentration C_a inconnue avec une base forte (par exemple HO^-) de concentration C_b connue.
La réaction support du dosage s'écrit :

$$AH + HO^- \longrightarrow A^- + H_20$$

à l'équivalence : $n_a = n_{b,\ eq}$, soit $C_a v_a = C_b v_{b,\ eq}$.
D'où :
$$C_a = C_b \frac{v_{b,\ eq}}{v_a}$$

2. Exemple. Réaction entre un acide faible et une base forte

Soit un acide faible, noté AH, de concentration molaire C et de constante d'acidité K_a.
Pour caractériser l'avancement du titrage, on utilise la variable x (taux d'avancement du dosage) :

$$x = \frac{\text{quantité de réactif titrant ajouté}}{\text{quantité de réactif à titrer}}, \text{ soit } x = \frac{v_b}{v_{b,eq}}$$

La réaction de cet acide AH sur la soude HO^- s'écrit :

$$AH + HO^- \longrightarrow A^- + H_20$$

La constante de cette réaction est :

$$K = \frac{[A^-]}{[AH][HO^-]} = \frac{[A^-][H_3O^+]}{[AH][HO^-][H_3O^+]} = \frac{K_a}{K_e}$$

Comme $K_a = 10^{-pK_a}$ et $K_e = 10^{-14}$ (à 25 °C), alors

$$K = 10^{14-pK_a}$$

Si pK_a reste inférieur ou égal à 11, alors $K \gg 10^3$: la réaction de dosage est donc quantitative.
Le graphe donnant l'évolution du pH en fonction de x est donné sur la figure ci-après.

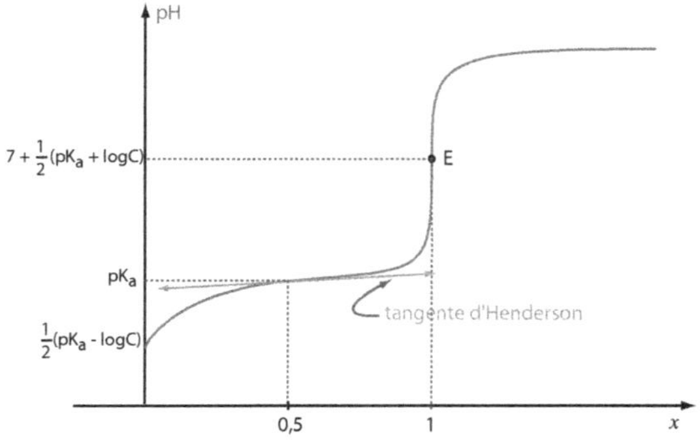

Pour $0 < x < 1$, on a : $$pH = pK_a + \log \frac{x}{1-x}$$

[IMPORTANT]

- La relation précédente est indépendante de C,
- Pour $x = 0,5$, on retrouve $pH = pK_a$: mélange équimolaire entre l'acide AH et sa base conjuguée A^-.
- $\frac{dpH}{dx} = \frac{1}{2,30} \times \frac{1}{x(1-x)}$ passe par un minimum pour $x = 0,5$: la courbe admet donc un point d'inflexion en $x = 0,5$.
- La tangente en $x = 0,5$, appelée tangente d'Henderson-Hasselbach, a pour pente $p = \left(\frac{dpH}{dx}\right)_{x=0,5} = 1,74$ et donc pour équation :

$$pH = pK_a + 1,74(x - 0,5)$$
(tangente d'Henderson–Hasselbach)

3. Les systèmes tampons

a. Solutions tampons

L'étude de la courbe de dosage d'un acide faible AH par une base forte HO^- montre que pour $x = 0,5$, point de demi-équivalence ($pH = pK_a$), le pH varie peu par addition modérée d'acide ou de base et ne dépend pas de la dilution : une telle solution qui amortit les variations de pH est appelée solution tampon.

- Une solution tampon régularise donc les actions qui tendent à faire varier le pH.
- Une solution tampon, solution dont le pH est en quelque sorte « stabilisé », est une solution dont la composition est égale ou voisine de celle obtenue à la demi-équivalence dans le cas :
  – d'un acide faible AH réagissant avec une base forte telle que HO^-,
  – ou d'une base faible B réagissant avec un acide fort tel que H_3O^+.

b. Pouvoir tampon

On définit le pouvoir tampon d'une solution par :

$$\beta = \left|\frac{\mathrm{d}n}{\mathrm{dpH}}\right|$$

où $dn = Cdx$ représente le nombre de moles ajoutées par litre de solution d'un acide fort ou d'une base forte et C la concentration de l'acide fort (ou de la base forte).

Le pouvoir tampon d'une solution représente donc le nombre de moles d'acide fort (ou de base forte) qu'il faut ajouter à un litre de cette solution pour faire varier son pH d'une unité.

Pour un dosage acide faible/base forte, on a vu que, dans le domaine d'Henderson-Hasselbach, on a $\mathrm{pH} = \mathrm{pK}_a + \log \dfrac{x}{1-x}$.

La tangente d'Henderson-Hasselbach a pour pente :

$$p = \frac{\mathrm{dpH}}{\mathrm{d}x} = \frac{1}{2{,}30} \cdot \frac{1}{x(1-x)}$$

Il en résulte donc que :

$$\beta = \left|\frac{\mathrm{d}n}{\mathrm{dpH}}\right| = 2{,}30Cx(1-x)$$

Une solution constitue une bonne solution tampon si son pouvoir tampon β est grand. Elle sera donc d'autant plus efficace si :

- le pH de la solution est voisin du pK_a ;
- les concentrations respectives de l'acide et de la base conjuguée sont importantes.

c. Intérêt des solutions tampons

La plupart des réactions biologiques ainsi que de nombreuses réactions d'analyse et de synthèse nécessitent des milieux tamponnés.
Deux couples acide/base jouent un rôle important dans les milieux biologiques :

- **Le tampon bicarbonate** :
  il fait intervenir le couple CO_2, $H_2O/HCO^-_{3(aq)}$ (parfois noté $H_2CO_3/HCO^-_{3(aq)}$).

Son pK_a vaut 6,4 à 25 °C et 6,1 à 37 °C.
Le pH du sang est compris entre 7,38 et 7,45.

La relation $pH = pK_a + \log \frac{\left[HCO^-_{3(aq)}\right]}{[CO_2, H_2O]}$ montre que, dans le sang, les ions $HCO^-_{3(aq)}$ sont en excès par rapport au dioxyde de carbone dissous.

- **Le tampon phosphate** :
  il fait intervenir le couple $H_2PO^-_{4(aq)}/HPO^{2-}_{4(aq)}$.

C'est le principal tampon intracellulaire.

[Biophysique des solutions]

Diagramme de Davenport et troubles acido-basiques

FICHE COURS 50

1. Diagramme de Davenport

Le principal système tampon de l'organisme est le tampon bicarbonate, tampon qui fait intervenir le couple $CO_2,\ H_2O/HCO^-_{3(aq)}$.
Pour ce couple, à 37 °C, la relation d'Henderson-Hasselbach s'écrit :

$$pH = 6{,}1 + \log \frac{\left[HCO^-_{3(aq)}\right]}{[CO_2]_d},$$

où $[CO_2]_d$ représente la concentration en CO_2 dissous.

La concentration en CO_2 dans le sang est liée à la pression partielle en CO_2 dans les poumons.
La relation précédente peut s'écrire :

$$pH = 6{,}1 + \log \frac{\left[HCO^-_{3(aq)}\right]}{a \cdot P_{CO_2}},$$ où P_{CO_2} représente la pression partielle en CO_2,

soit :

$$\left[HCO^-_{3(aq)}\right] = a \cdot P_{CO_2} \times 10^{pH-6{,}1}$$

a : coefficient de Henry
Si P_{CO_2} est en mmHg, alors :
$a = 0{,}03\ mmol \cdot L^{-1} \cdot mmHg^{-1}$

On appelle diagramme de Davenport les graphes donnant l'évolution de la concentration en ions hydogénocarbonate, $HCO^-_{3(aq)}$, en fonction du pH (figures ci-après).

- Si P_{CO_2} est maintenue constante, alors :

$$\left[HCO^-_{3(aq)}\right] = 0{,}03 \times P_{CO_2} \times 10^{pH-6{,}1}$$

(Famille de courbes isobares)

- Si P_{CO_2} varie, alors :

$$\left[HCO^-_{3(aq)}\right] = -\beta \cdot pH + b$$

(Famille de droites d'équilibration du CO_2)

$\beta = \dfrac{\Delta\left[HCO^-_{3(aq)}\right]}{\Delta pH}$: pouvoir tampon des systèmes fermés (pente de la droite d'équilibration)
b : constante

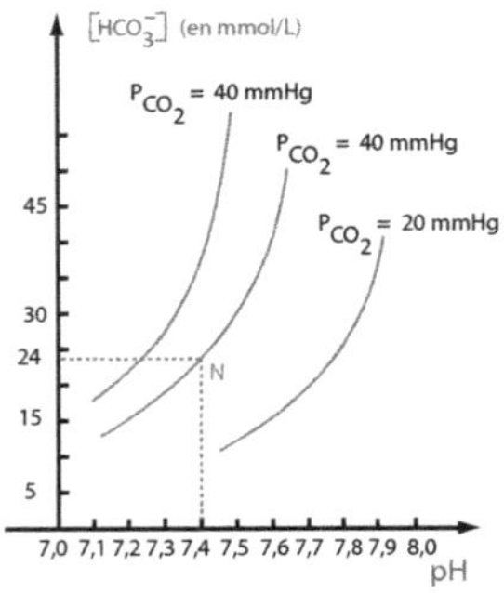

Famille de courbes isobares

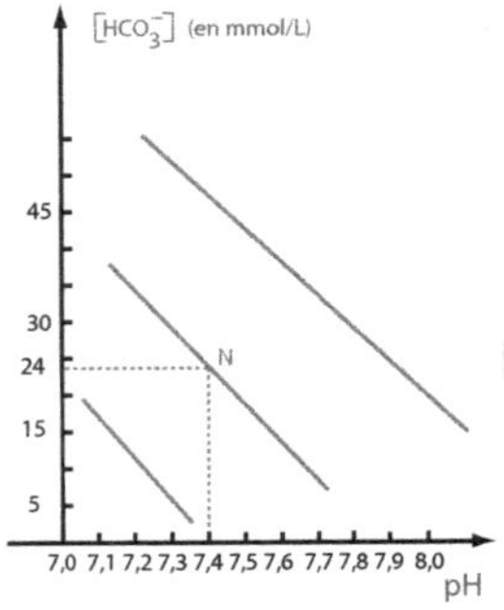

Famille de droites d'équilibration du CO_2

Définitions

- On appelle point normal, le point N représentant un état acido-basique normal : soit $\left[HCO^-_{3(aq)}\right] = 24\ mmol \cdot L^{-1}$ et $pH = 7{,}40$
- L'isobare passant par le point normal est appelé isobare normale.
- La droite normale d'équilibration (DNE) correspond à la droite d'équilibration passant par N.

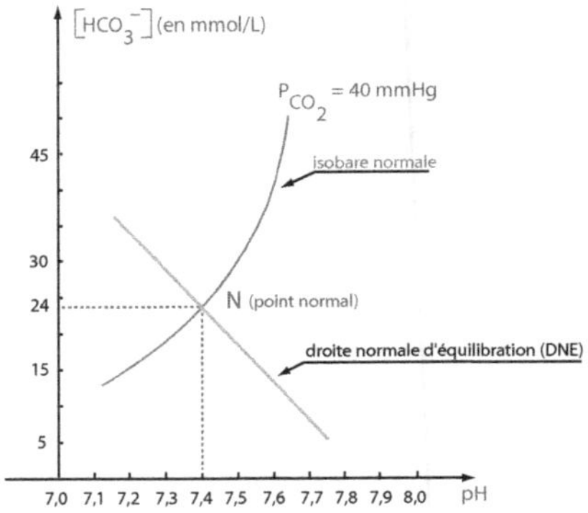

2. Les troubles acido-basiques

Ils correspondent à une anomolie de la concentration en acides. Il existe deux sortes de troubles :

– Les troubles d'origine respiratoire : anomalie de la concentration en acides volatils, donc de la pression partielle en CO_2,

– Les troubles d'origine métabolique : anomalie de la concentration en acides fixes variation de la concentration en HCO_3^-.

- Les troubles d'origine respiratoire : variation de la pression partielle en CO_2, P_{CO_2}.

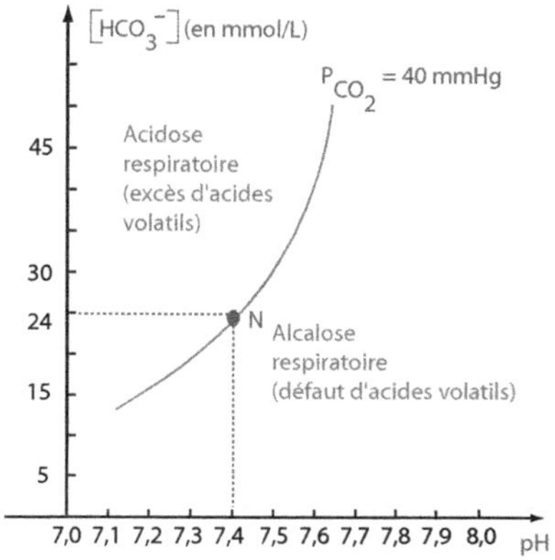

Si pH augmente : on observe une alcalose respiratoire, $P_{CO_2} < 36$ mmHg.
Si pH diminue : on observe une acidose respiratoire, $P_{CO_2} > 42$ mmHg.

- Troubles d'origine métabolique. Pour $P_{CO_2} = \text{Cste}$.

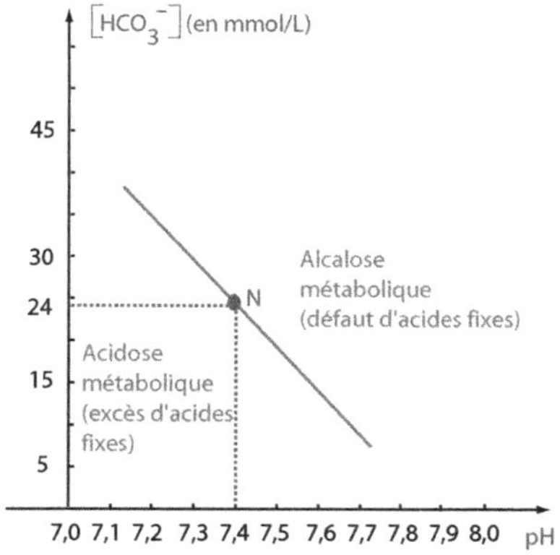

Si $\left[HCO^-_{3(aq)}\right]$ augmente : on observe une alcalose métabolique.
Si $\left[HCO^-_{3(aq)}\right]$ diminue : on observe une acidose métabolique.

- L'ensemble de ces troubles est représenté sur la figure ci-après.

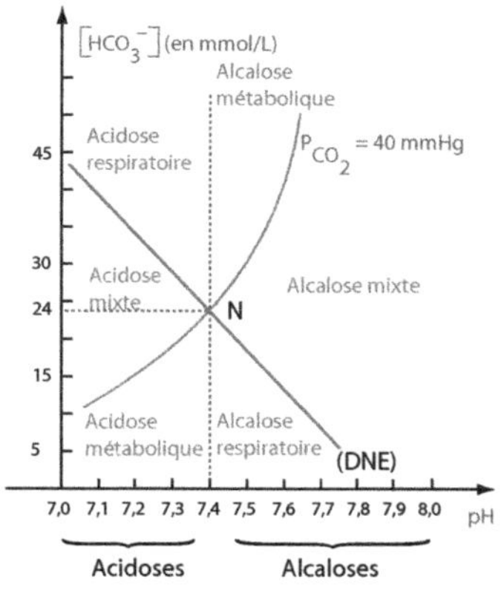

[Biophysique des solutions] Osmose

1. Le phénomène d'osmose

Deux solutions liquides de concentrations différentes C_1 et C_2, séparées par une membrane perméable constitue un système hors équilibre.
Le phénomène d'osmose peut se traduire par un flux du solvant dirigé de la solution diluée vers la solution la plus concentrée à travers la membrane : la membrane laisse passer les molécules du solvant tout en retenant les substances dissoutes. Le solvant diffuse de la solution hypotonique, c'est-à-dire la moins concentrée, vers la solution hypertonique, c'est-à-dire la plus concentrée, et le phénomène s'arrête spontanément lorsque la pression de la solution hypotonique atteint sa valeur limite, dite pression osmotique.

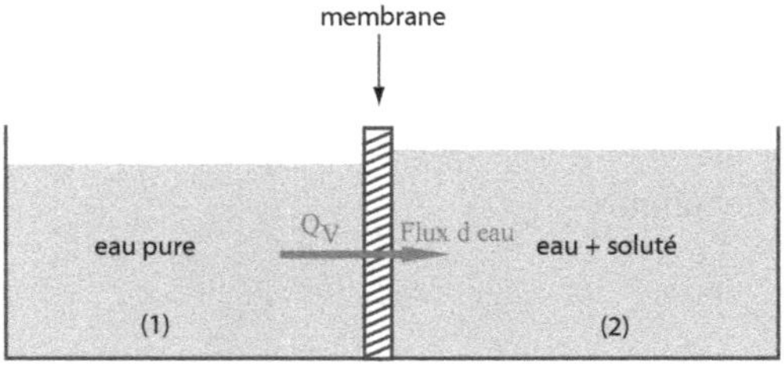

Le phénomène d'osmose est constitué par le flux du solvant qui peut dyaliser à travers la membrane, alors que le soluté dissous ne le peut pas.

2. Les différentes membranes

On peut citer les différents types de membranes :

- Membrane semi-perméable ou membrane hémiperméable : c'est une membrane qui laisse passer librement l'eau mais arrête complètement tous les corps dissous (soluté).
- Membrane dialysante : une telle membrane laisse passer librement l'eau et les petites molécules qui y sont dissoutes mais arrête les macromolécules (molécules de masses molaires supérieures ou égales à 10 000 g · mol^{-1}).
- Membrane sélective : c'est le cas le plus général.

3. Pression osmotique

On peut la mettre en évidence à l'aide du dispositif ci-après.
Les compartiments (1) et (2) sont séparés par une membrane semi-perméable.
Le compartiment (1) contient une solution (solvant + soluté) et le compartiment (2) le solvant pur ; les niveaux des liquides arrivant à la même hauteur.

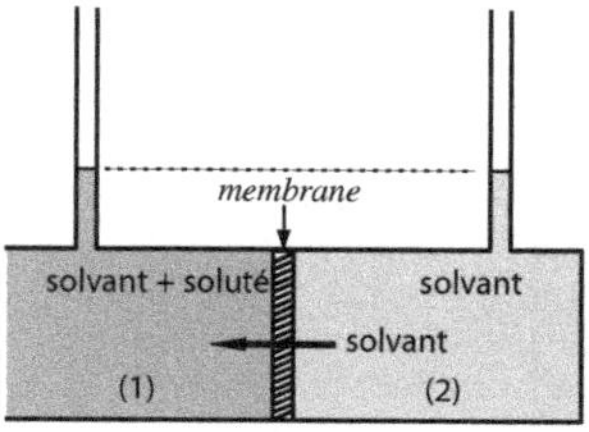

État initial
(a)

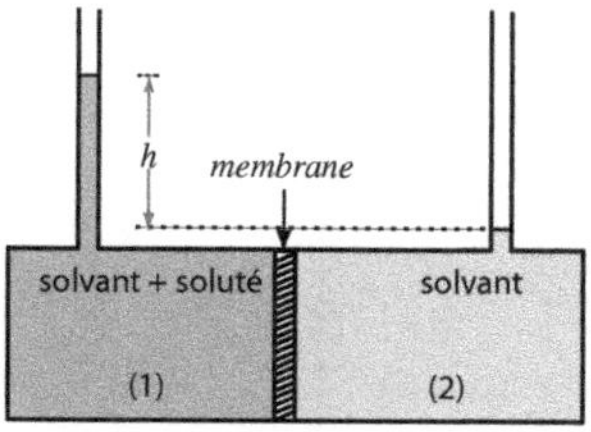

État final (état d'équilibre)
(b)

Cet état du système est un état hors équilibre.
Spontanément, le solvant (l'eau) passe du compartiment (2) vers le compartiment (1) et lorsque l'équilibre est atteint, on observe une dénivellation h correspondant à une différence de pression π telle que :

$$\pi = \rho g h$$

- π : excès de pression appelé pression osmotique
- ρ : masse volumique de la solution
- g : intensité de la pesanteur
- h : dénivellation

En appliquant la condition d'équilibre au solvant entre les deux compartiments, on obtient la relation de Van't Hoff :

$$\pi = RTC_S$$
soit
$$\pi V = n_S RT$$

- R : constante des gaz parfaits
- T : température absolue
- $C_S = \dfrac{n_S}{V}$: concentation du soluté

FICHE COURS 52

[Biophysique des solutions] Mesure de la pression osmotique

1. Mesures directes

Les mesures directes se font avec des osmomètres de type Dutrochet.

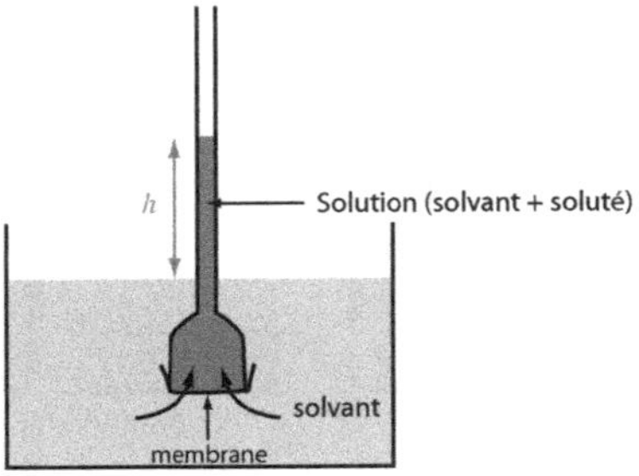

On observe un flux du solvant : l'ascension du solvant traduit l'existence de la pression osmotique.
Une fois l'équilibre atteint, la dénivellation h mesure indirectement la pression osmotique π. En fait, cette pression est celle d'une solution plus diluée puisqu'il y a eu apport de solvant (phénomène de dilution).

Exemple

À une solution de chlorure de sodium de concentration $C_S = 0{,}1 \text{ mol} \cdot \text{L}^{-1}$ correspond, à 27 °C, une pression osmotique de :

$$\pi = 0{,}1 \cdot 10^3 \times 8{,}314 \times 300 = 2{,}49 \cdot 10^5 \text{ Pa, soit } 2{,}46 \text{ atm}$$

2. Mesures indirectes

D'après les lois de Raoult et Van'tHoff, on a :

$$\Delta\theta = -\text{K}_C C_S \text{ et } \pi = C_S \text{RT}$$

En combinant les deux équations (on isole C_S), on déduit :

$$\frac{\pi}{\text{RT}} = -\frac{\Delta\theta}{\text{K}_C}; \Delta\theta < 0$$

Ainsi :

$$\pi = -\mathrm{RT}\frac{\Delta\theta}{K_C};\Delta\theta < 0$$

| $\mathrm{R} = 8,314\ \mathrm{J} \cdot \mathrm{K}^{-1} \cdot \mathrm{mol}^{-1} = 0,082\ \mathrm{atm} \cdot \mathrm{K}^{-1} \cdot \mathrm{mol}^{-1}$
| T : température en K
| K_C : constante cryoscopique du solvant en $\mathrm{K} \cdot \mathrm{mol}^{-1} \cdot \mathrm{L}$

Le problème se ramène donc à une mesure cryoscopique.
Par exemple, pour l'eau : $\mathrm{K}_C \simeq 1,86\ \mathrm{K} \cdot \mathrm{mol}^{-1} \cdot \mathrm{L}$
D'où :

$$\pi \simeq -13,2 \cdot \Delta\theta \text{ à } 27\ ^\circ\mathrm{C}\ ;\ \Delta\theta < 0$$

[Biophysique des solutions] Travail osmotique

1. Expression du travail osmotique

Imaginons un système ne fonctionnant que sur le mode osmotique. On a donc deux compartiments (1) et (2) séparés par une membrane hémiperméable, l'une contenant une solution (N moles de particules pour un volume V) et l'autre de l'eau pure.

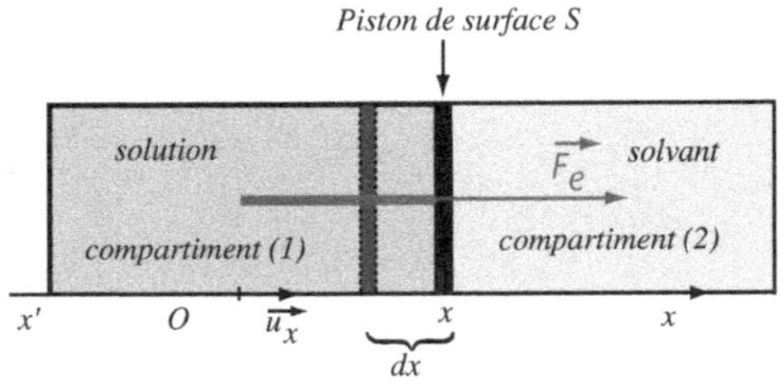

Le passage du solvant du compartiment (2) vers le compartiment (1) entraîne une dilution de la solution contenue dans (1) et par suite une variation du volume passant de V_i à V_f.
Il en résulte donc une pression osmotique qui sera équilibrée par une pression physique P due à la force $\overrightarrow{F_e}$ exercée sur le piston.
Par analogie avec les gaz parfaits, le travail élémentaire des forces de pression est donné par :

$$\delta W = -PdV \text{ avec } F_e = \text{P} \cdot S \text{ et } dV = Sdx$$

[IMPORTANT]

Si la force F_e exercée sur le piston équilibre la pression osmotique, le flux du solvant à travers la membrane est nul.
Si la force F_e est insuffisante, on observe un flux osmotique.
Si la force F_e est trop importante, on observe une ultrafiltration.

En assimilant la pression P à la pression osmotique π, et compte tenu de la loi de Van't Hoff $\pi V = n_S \text{RT}$, la relation précédente devient :

$$\delta W = -\pi dV = -n_S \frac{\text{RT}}{V} dV$$

En considérant la transformation réversible, le travail résultant des forces de pression π s'écrit :

$$W_{i\longrightarrow f} = -\int_i^f \pi dV = -\int_{V_i}^{V_f} n_S \frac{\text{RT}}{V} dV = n_S \,\text{RT}\ln\frac{V_f}{V_i}$$

Comme l'osmolorité ω est inversement proportionnelle au volume V, alors :

$$W_{i\longrightarrow f} = n_S\,\text{RT}\ln\frac{V_i}{V_f} = n_S\,\text{RT}\ln\frac{\omega_f}{\omega_i}$$

où ω_i et ω_f représentent les osmolarités initiale et finale.
$W_{i\longrightarrow f}$ représente le travail osmotique nécessaire pour concentrer ou diluer une solution d'une osmolarité ω_i à ω_f.

2. Application. Le travail rénal

Dans la préparation de l'urine, on peut modéliser la part osmotique du travail rénal selon le schéma suivant :

- on isole de façon fictive le volume V de plasma contenant n_S osmoles qui seront excrétées dans l'urine ;
- les reins concentrent ce volume V jusqu'à atteindre l'osmolarité finale ω_U de l'urine par un processus réversible. Dans ce cas, le travail est indépendant du chemin suivi.

Le travail développé par le rein pour faire passer n_S osmoles extraites d'un plasma, d'osmolarité ω_S, dans l'urine d'osmolarité ω_U, a pour expression :

$$W_{\text{rénal}} = n_S\,\text{RT}\ln\frac{\omega_\text{U}}{\omega_\text{S}}$$

Par exemple : pour $n_S = 1$ osmol passant de l'osmolarité $\omega_\text{S} = 301$ mosmol/L dans le plasma à $\omega_\text{U} = 1{,}914$ osmol/L dans l'urine, on peut estimer le travail osmotique à 37 °C :

$$W = 8{,}31 \times 310 \times \ln\frac{1{,}914}{0{,}301} = 4\,800\ \text{J}$$

[Biophysique des solutions] Phénomènes électriques. Effet Donnan

Le phénomène Donnan consiste dans l'inégalité de répartition des ions diffusibles (Na^+ et Cl^-) de part et d'autre d'une membrane dyalisante lorsque, dans un des deux compartiments, se trouve un gros ion non diffusible (R^-) de type protéine.
Dans le cas le plus simple, R^- représente l'anion non diffusible (protéine) et Na^+ le cation commun.
La solution (1) contient des macromolécules ionisées (R^-, Na^+) avec des ions Cl^- et la solution (2) est une solution aqueuse de chlorure de sodium (Na^+, Cl^-).

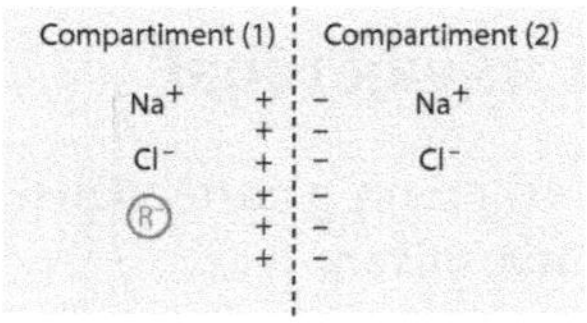

Les équations d'électroneutralité des solutions dans les compartiments (1) et (2) donnent :

$$\left| \begin{array}{l} [R^-]_1 + [Cl^-]_1 = [Na^+]_1 \\ \quad\quad \text{et} \\ [Cl^-]_2 = [Na^+]_2 \end{array} \right.$$

Les égalités précédentes montrent que les concentrations en ions diffusibles ne peuvent être égales de part et d'autre de la membrane : l'excès d'ions diffusibles du côté des macromolécules entraîne donc une augmentation de pression. La pression dans le compartiment contenant la macromolécule sera supérieure à la pression osmotique normale : cette pression s'appelle la pression oncotique.
La différence de potentiel de part et d'autre de la membrane dyalisante est telle que :

- pour l'ion diffusible Na^+ :

$$V_2 - V_1 = -\frac{RT}{\mathcal{F}} \ln \frac{[Na^+]_2}{[Na^+]_1}$$

- Pour l'ion diffusible Cl^- :

$$V_2 - V_1 = \frac{RT}{\mathcal{F}} \ln \frac{[Cl^-]_2}{[Cl^-]_1}$$

Des équations précédentes, il résulte :

$$-\frac{RT}{\mathcal{F}} \ln \frac{[Na^+]_2}{[Na^+]_1} = \frac{RT}{\mathcal{F}} \ln \frac{[Cl^-]_2}{[Cl^-]_1}$$

Soit :

$$\ln \frac{[Na^+]_2}{[Na^+]_1} + \ln \frac{[Cl^-]_2}{[Cl^-]_1} = 0$$

En utilisant les propriétés de la fonction logarithme, on aboutit a :

$$\ln\left(\frac{[Na^+]_2}{[Na^+]_1} \times \frac{[Cl^-]_2}{[Cl^-]_1}\right) = \ln 1$$

D'où :

$$\frac{[Na^+]_2}{[Na^+]_1} \times \frac{[Cl^-]_2}{[Cl^-]_1} = 1$$

Soit :

$$[Na^+]_1 \times [Cl^-]_1 = [Na^+]_2 \times [Cl^-]_2$$

Relation de Donnan : les produits des concentrations en ions diffusibles sont égaux de part et d'autre de la membrane dyalisante.

Ultrafiltration

1. Flux du solvant. Filtration

Une différence de pression hydrostatique ΔP s'exerçant de part et d'autre d'une membrane est susceptible d'entraîner un flux de liquide même dans le cas où il n'y a aucune différence de concentration de part et d'autre de la membrane.

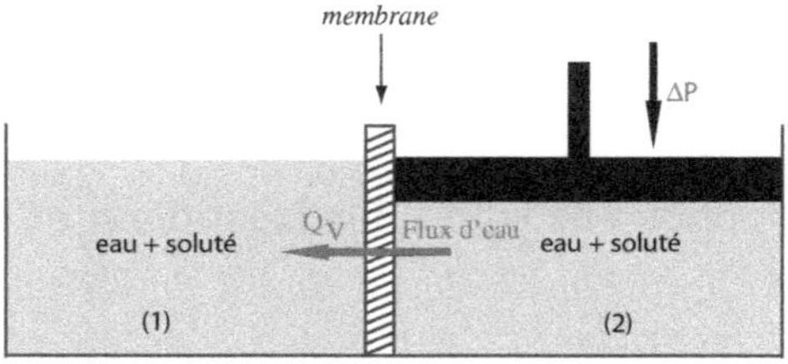

Initialement, les compartiments (1) et (2) contiennent les mêmes concentrations en soluté.

Si une surpression ΔP est exercée sur le compartiement (2), un flux d'eau se produit de (2) vers (1) tel que :

$$Q_V = L_P \cdot S \cdot \Delta P$$
soit
$$J_V = L_P \cdot \Delta P$$

Q_V : débit volumique en $m^3 \cdot s^{-1}$
J_V : densité du flux volumique en $m \cdot s^{-1}$
L_P : coefficient de filtration ou perméabilité hydraulique de la membrane en $m^2 \cdot kg^{-1} \cdot s$
S : surface en m^2
ΔP : surpression en Pa

Ce phénomène correspond à la filtration et le coefficient L_P caractérise le comportement de la membrane vis-à-vis du solvant (l'eau).

L'osmose inverse est un système de purification de l'eau contenant des matières en solution par un système de filtrage très fin qui ne laisse passer que les molécules d'eau.

Considérons de l'eau comportant des solutés, particulièrement du sel. Si l'on met deux solutions de concentrations différentes de chaque côté d'une membrane filtre, l'eau franchit celle-ci jusqu'à ce que les concentrations s'équilibrent : c'est le phénomène de l'osmose. En exerçant une pression hydrostatique (entre 50 et 80 bars), on dépasse la pression osmotique et on force l'eau à franchir la membrane dans un sens, ce qui permet d'obtenir d'un côté un plus grand volume (environ 70 % à partir de l'eau de mer océanique) d'une eau dont les solutés sont plus dilués (donc d'une eau plus pure), et de l'autre côté un plus petit volume d'une eau plus concentrée, qui sert de piston.

2. Ultrafiltration

Si l'on place dans le compartiment (1) de l'eau pure et dans le compartiment (2) de l'eau pure contenant un soluté (une solution), il apparaît un flux osmotique du solvant de (1) vers (2) qui fait augmenter la pression dans (2).

Si l'on exerce à l'aide d'un piston une pression P qui compense la pression osmotique π, le flux de convection compense exactement le flux osmotique et par conséquent le flux net est nul.

Dans le cas où la pression P est supérieure à la pression osmotique π, le flux net correspond à un flux convectif du solvant de (2) vers (1) : on dit qu'il y a ultrafiltration ou osmose inverse.

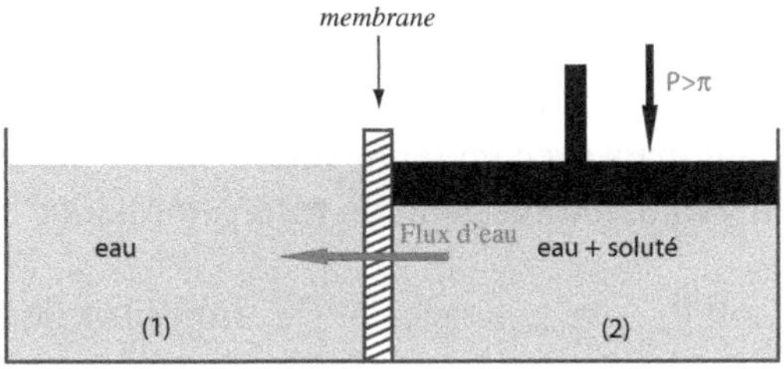

3. Ultrafiltration capillaire. Équilibre de Starling

Le plasma est séparé du liquide interstitiel par la paroi des capillaires sanguins (capillaires perméables aux micromolécules et à l'eau qui joue le rôle de solvant). Le secteur interstitiel contient peu de protéines et ne développe donc pas de pression oncotique. Les protéines plasmatiques jouant le rôle de soluté donnent naissance à une pression oncotique π_{onc}. L'existence de la pression oncotique se traduit par un appel d'eau attirée par le plasma en provenance des espaces intercellulaires.

Le tableau ci-dessous donne les valeurs des différentes pressions :

Capillaire artériel	P_a (en mmHg)	32
Capillaire veineux	P_V (en mmHg)	12
Pression oncotique	π_{onc} (en mmHg)	28

- Au niveau de l'artère et à l'entrée du capillaire, $P_a > \pi_{onc}$: l'eau sort du capillaire vers les espaces intercellulaires. Le solvant filtre donc de l'intérieur vers l'extérieur : il y a ultrafiltration (ou osmose inverse) sous l'effet d'une pression de filtration $P_f = P_a - \pi_{onc}$.
- Au niveau de la veine et à la sortie du capillaire, $P_V < \pi_{onc}$: l'eau va de ces espaces vers le capillaire. Le solvant filtre donc de l'extérieur vers l'intérieur : il y a osmose directe sous l'effet d'une pression de résorption $P_r = \pi_{onc} - P_V$.

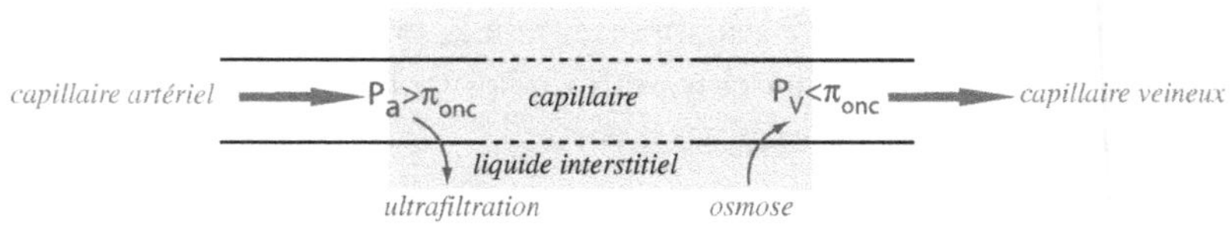

Globalement, les deux flux s'équilibrent dans le temps : le volume interstitiel reste constant mais avec un renouvellement permanent. la pression de filtration étant égale à la pression de résorption, donc :

$$P_f = P_r, \text{ soit } P_a - \pi_{onc} = \pi_{onc} - P_V \quad \text{|Équilibre de Starling}$$

Ce phénomène physico-chimique, portant sur l'eau, contribue aux échanges de petites molécules entre les secteurs corporels par convection à travers les membranes.

Données

Constante d'Avogadro : $\mathcal{N}_A = 6{,}02 \cdot 10^{23}$ mol^{-1}
Charge élémentaire : $e = 1{,}60 \cdot 10^{-19}$ C
Charge d'un équivalent : $\mathcal{F} = 96\,500$ C $\cdot$ mol^{-1}
Constante cryoscopique de l'eau : $K_c = 1{,}86$ °C $\cdot$ L $\cdot$ osmol^{-1}

Masses molaires en g · mol^{-1} :
urée : 60 g · mol^{-1} ; glucose : 180 g · mol^{-1} ;
H : 1 g · mol^{-1} ; C : 12 g · mol^{-1} ; O : 16 g · mol^{-1} ; Na : 23 g · mol^{-1} ;
P : 31 g · mol^{-1} ; Cl : 35,5 g · mol^{-1} ; K : 39 g · mol^{-1}
Paramètres biologiques moyens normaux :
$[Na^+] = 150$ mosmol·L^{-1} ; $[K^+] = 5$ mosmol · L^{-1} ; $[Ca^{2+}] = 2{,}5$ mosmol · L^{-1} ; $[Mg^{2+}] = 1{,}5$ mosmol · L^{-1}
glucose = 1 g · L^{-1} ; urée = 0,3 g · L^{-1} ; $[Cl^-] = 105$ mosmol · L^{-1} ;
Protéinémie = 75 g · L^{-1} ; Hématocrite = 45 % .

Énoncés

1. Un récipient est séparé en deux compartiments de volumes égaux par une membrane dialysante, imperméable aux seules macromolécules. On verse dans les deux compartiments une même solution de chlorure de sodium de molarité 430 mmol·L^{-1}. On dissout ensuite dans le compartiment (1) du protéinate de sodium. Lorsque la dissolution du protéinate de sodium et l'équilibre des ions entre les deux compartiments sont réalisés, on mesure en (1) les osmolarités :

$[Na^+]_1$	$[Cl^-]_1$
$445\ mosmol \cdot L^{-1}$	$425\ mosmol \cdot L^{-1}$

Quelles sont les osmolarités des deux ions diffusibles dans le compartiment (2) à l'équilibre ?

❑ **a.** $[Na^+]_2 = 425\ mosmol \cdot L^{-1}$; $[Cl^-]_2 = 445\ mosmol \cdot L^{-1}$

❑ **b.** $[Na^+]_2 = 425\ mosmol \cdot L^{-1}$; $[Cl^-]_2 = 425\ mosmol \cdot L^{-1}$

❑ **c.** $[Na^+]_2 = 430\ mosmol \cdot L^{-1}$; $[Cl^-]_2 = 430\ mosmol \cdot L^{-1}$

❑ **d.** $[Na^+]_2 = 435\ mosmol \cdot L^{-1}$; $[Cl^-]_2 = 435\ mosmol \cdot L^{-1}$

❑ **e.** $[Na^+]_2 = 445\ mosmol \cdot L^{-1}$; $[Cl^-]_2 = 435\ mosmol \cdot L^{-1}$

L'énoncé suivant est commun aux questions 2 et 3.

Une solution aqueuse d'un monoacide faible AH de concentration $c = 0{,}1 mol \cdot L^{-1}$ a un abaissement cryoscopique de $-0{,}205\ °C$.

2. Le coefficient de dissociation de cet acide est égal à :

❑ **a.** 0,05 ❑ **b.** 0,10 ❑ **c.** 0,12

❑ **d.** 0,20 ❑ **e.** 0,22

3. Le pH de la solution est égal à :

❑ **a.** 1,0 ❑ **b.** 1,8 ❑ **c.** 2,0

La constante d'acidité a pour valeur :

❑ **d.** $2{,}63 \cdot 10^{-4}$ ❑ **e.** $1{,}11 \cdot 10^{-3}$

Corrigés

1. Bonne réponse : **d**.

Dans le compartiment (2), on ne trouve que les ions Na^+ et Cl^- : les concentrations de ces ions doivent donc être égales (pour assurer l'électroneutralité de la solution).

À l'équilibre, la relation de Donnan permet d'écrire :

$$[Na^+]_1 \cdot [Cl^-]_1 = [Na^+]_2 \cdot [Cl^-]_2$$

Comme $[Na^+]_2 = [Cl^-]_2$, alors :

$$[Na^+]_2^2 = [Cl^-]_2^2 = [Na^+]_1 \cdot [Cl^-]_1,$$
$$\text{soit } [Na^+]_2 = [Cl^-]_2 = \sqrt{[Na^+]_1 \cdot [Cl^-]_1}$$

Application numérique :

$$[Na^+]_2 = [Cl^-]_2 = \sqrt{445 \times 425} = 435 \text{ mosmol} \cdot L^{-1}$$

2. Bonne réponse : **b**.

Comme $\Delta\theta = -K_c \cdot \omega$, alors l'osmolarité d'une telle solution est :

$$\omega = -\frac{-0,205}{1,86} = 0,110 \text{ osmol} \cdot L^{-1}$$

Pour un acide faible AH de concentration molaire C, sa dissociation dans l'eau s'écrit :

	AH	+ H_2O	= H_3O^+	+ A^-
État initial	C	excès	0	0
État final	$C - [H_3O^+]$	excès	$[H_3O^+]$	$[H_3O^+] = [A^-]$

Le coefficient de dissociation α de cet acide faible, s'écrit :

$$a = \frac{\text{nombre de moles ayant réagi}}{\text{nombre de moles initiales}} = \frac{[H_3O^+]}{C} = \frac{10^{-pH}}{C}, \quad \text{soit } [H_3O^+] = \alpha C$$

Comme $[H_3O^+] = \alpha C$, alors à l'état final :

$$[AH] = C(1-\alpha)\ ;\ [H_3O^+] = \alpha C\ ;\ [A^-] = \alpha C$$

Ainsi l'osmolarité ω est : $\omega = C(1-\alpha) + \alpha C + \alpha C = C(1+\alpha)$

Ainsi : $\alpha = \frac{\omega}{C} - 1$

Numériquement : $\alpha = \frac{0,110}{0,10} - 1 = 0,10\cdot$

3. Bonnes réponses : **c** et **e**.

Par définition $\text{pH} = -\log\left[H_3O^+\right]$

Comme $\left[H_3O^+\right] = \alpha C$, alors $\text{pH} = -\log \alpha C$.

Numériquement : $\text{pH} = -\log 0,10 \times 0,10 = -\log 10^{-2} = 2$.

La constante d'acidité s'écrit :

$$K_a = \frac{\left[A^-\right]\left[H_3O^+\right]}{[AH]} = \frac{\left[H_3O^+\right]^2}{C - \left[H_3O^+\right]} = \frac{\alpha^2 C}{1-\alpha}$$

Numériquement : $$K_a = \frac{0,10^2 \times 0,10}{1 - 0,10} = 1,11 \cdot 10^{-3}$$

[Les radiations ionisantes]

Le noyau atomique

FICHE COURS 57

1. Les principales particules élémentaires du noyau

Les noyaux atomiques sont des assemblages de nucléons de deux types : les protons et les neutrons.

- Les protons : ils portent une charge élémentaire $q_p = +e$.
- Les neutrons : ils sont électriquement neutres.

Les caractéristiques des particules élémentaires, comparées à celles de l'électron, sont données dans le tableau ci-dessous :

	Masse au repos (en kg)	Charge (en C)	$\frac{m}{m_e}$ (Rapport des masses)	$\left\lvert\frac{q}{q_e}\right\rvert$ (Rapport des charges)
Proton	$1{,}6724 \cdot 10^{-27}$	$1{,}6 \cdot 10^{-19}$	1 836	+1
Neutron	$1{,}6747 \cdot 10^{-27}$	0	1 839	0
Positon	$9{,}108 \cdot 10^{-31}$	$1{,}6 \cdot 10^{-19}$	1	+1
Neutrino	$\simeq 0$	0	0	0

2. Les nucléides

L'ensemble des noyaux qui possèdent le même nombre de protons et le même nombre de neutrons est appelé un nucléide.

Un nucléide X est noté :

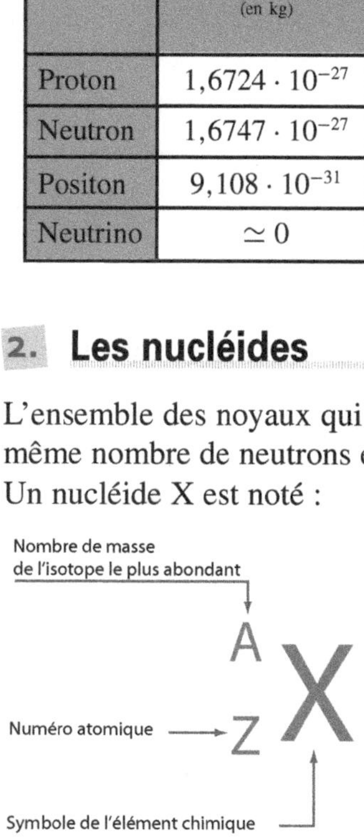

A : nombre de nucléons, appelé nombre de masse
Z : nombre de protons, appelé nombre de charge ou numéro atomique

3. Isotopes, isotones, isobares

- On appelle isotopes d'un élément chimique, les nucléides ayant le même nombre de protons et des nombres de neutrons différents : les nucléides ${}^{A}_{Z}X$ et ${}^{A'}_{Z}X$ sont isotopes.

À un même numéro atomique Z correspondent en général plusieurs isotopes.

- Sur le diagramme $N = f(Z)$:

– Les nucléides placés sur une même verticale ont le même Z : ce sont des isotopes.

– Les nucléides placés sur une même horizontale ont le même $N = A - Z$: ce sont des isotones.

– Les nucléides placés sur une même perpendiculaire à la première bissectrice ont le même A : ce sont des isobares.

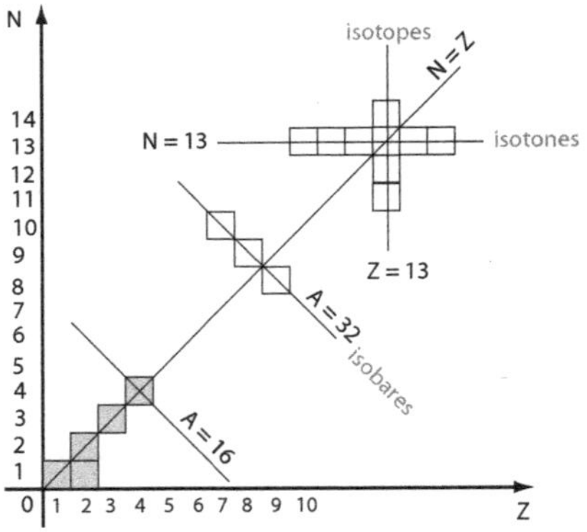

- Le nombre de masse *A* est un entier pour un isotope : sa valeur est voisine de la masse atomique relative m_a.

La masse atomique relative m_a d'un élément est la moyenne des masses isotopiques relatives m_i, soit :

$$m_a = \sum_i x_i m_i$$

(x_i : pourcentages des différents isotopes)

4. Masse d'un noyau

- La spectrographie de masse

L'action combinée d'un champ électrique et d'un champ magnétique sur des particules chargées permet de les séparer en différents faisceaux suivant la valeur du rapport $\frac{q}{m}$ qui caractérise chaque particule.

Grâce à cette technique, on peut mesurer avec précision la masse isotopique relative d'un ion et en déduire par la suite (connaissant le nombre d'électrons de l'ion) la masse du noyau ${}^{A}_{Z}X$.

- L'unité de masse atomique

Par convention, l'unité de masse atomique (u.m.a.) notée u, est définie comme la douzième partie de la masse de l'atome isotope 12 du carbone (isotope le plus abondant), soit $1\text{u} = \frac{1}{12} m_i({}^{12}_{6}\text{C})$

Comme $m_i({}^{12}_{6}\text{C}) = \frac{12}{\mathcal{N}_A}$, où $\mathcal{N}_A$ représente le nombre d'Avogadro, alors :

$$1\ \text{u} = \frac{1}{\mathcal{N}_A} = 1{,}66055 \cdot 10^{-24}\ \text{g, soit } 1\ \text{g} = 6{,}022 \cdot 10^{23}\ \text{u}$$

- Principe d'équivalence

Dans le cadre de la théorie de la relativité, Einstein postule en 1905 l'équivalence entre la masse et l'énergie.

Toute particule au repos, de masse m, possède une énergie $\mathcal{E}_0$ donnée par la relation d'Einstein :

$$\mathcal{E}_0 = mc^2$$

$\mathcal{E}_0$: énergie de masse en J
m : masse de la particule au repos en kg
c : célérité de la lumière dans le vide en $\text{m} \cdot \text{s}^{-1}$

- Correspondance entre l'unité de masse atomique et le MeV/c^2

La relation d'Einstein s'écrit : $\mathcal{E}_0 = m_0 c^2$, où $\mathcal{E}_0$ représente l'énergie de masse et m_0 la masse au repos.

Pour $m = \text{u}$, on obtient : $\mathcal{E}_0 = uc^2$, soit $1\ \text{u} = \frac{\mathcal{E}_0}{c^2}$.

Numériquement : $1\ \text{u} \simeq 931\ \text{MeV}/c^2$

5. Rayon du noyau

Les expériences montrent que les noyaux atomiques sont presques sphériques et que le volume V du noyau est proportionnel au nombre de masse A, soit $V = AV_0$.

Pour des nucléons et de noyaux supposés sphériques, il vient :

$$r = \mathrm{A} \cdot r_0^{\frac{1}{3}}$$

| r : rayon du noyau
| r_0 : rayon du nucléon ($r_0 = 1{,}2$ fm)
| 1 fm (femto) $= 10^{-15}$ m

Les noyaux atomiques ont des rayons de quelques fm alors que les atomes ont des rayons de quelques angströms (1 Å $= 10^{-10}$ m), soit donc un rapport : $\frac{r_a}{r} \simeq 10^5$: l'atome a une structure lacunaire.

6. Masse volumique du noyau

La masse volumique du noyau est $\rho = \frac{m_{noyau}}{V_{noyau}}$.

Comme $m_{noyau} \simeq m \cdot \mathrm{A}$, où m est la masse d'un nucléon, et $\mathrm{V}_{noyau} = \mathrm{A} \times \frac{4}{3}\pi r_0^3$, alors :

$$\rho = \frac{m}{\frac{4}{3}\pi r_0^3} = \frac{3m}{4\pi r_0^3}$$

Application numérique :

Avec $m \simeq 1{,}67 \cdot 10^{-27}$kg, $r_0 = 1{,}2\,\text{fm} = 1{,}2 \cdot 10^{-15}$ m, on trouve $\rho \simeq 2{,}3 \cdot 10^{17}$ kg $\cdot$ m^{-3} soit une densité $d = 2{,}3 \cdot 10^{14}$.

La masse volumique du noyau est extrémement grande et à peu près la même pour tous les noyaux.

Stabilité des noyaux

1. Les noyaux stables

Un nucléide est qualifié de stable s'il ne subit aucune modification au cours du temps et instable (radioactif) s'il est susceptible à tout moment de subir un changement, l'instabilité pouvant être naturelle ou artificielle.

La stabilité du noyau dépend du rapport $\frac{N}{Z}$, rapport du nombre de neutrons au nombre de protons :

- Pour les éléments légers ($Z \leqslant 20$), ce rapport est voisin de 1.
- Ce même rapport augmente ensuite (N augmente plus vite que Z) pour atteindre la valeur de 1,5 ($Z = 83$) et les éléments qui le précèdent immédiatement.
- Ensuite, la stabilité diminue : les nucléides dont $Z > 83$ et $\frac{N}{Z} > 1,5$ sont radioactifs.

La stabilité des noyaux est donc liée à la proportion des protons et neutrons qu'ils renferment.

La figure ci-après donne le diagramme des stabilités des noyaux.

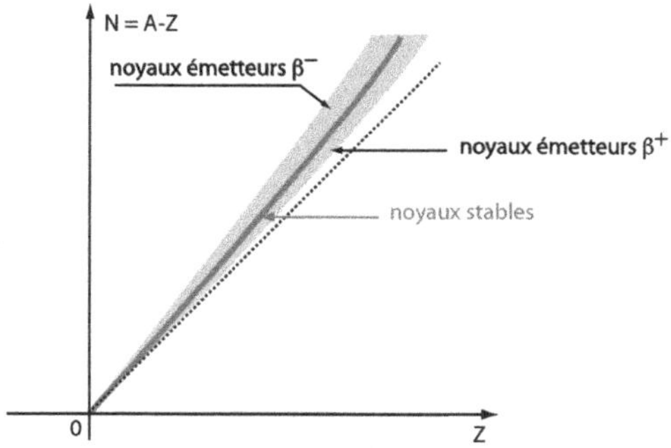

Les noyaux, apparemment stables, se groupent autour d'une courbe régulière qui se confond avec la première bissectrice (pour $Z < 30$) : ces noyaux contiennent à peu près autant de protons que de neutrons.

2. Défaut de masse d'un noyau. Énergie de liaison

• La cohésion du noyau est assurée par la force nucléaire, interaction forte de courte portée.

Pour séparer les nucléons, il faut apporter de l'énergie : l'énergie de liaison.

• Expression de l'énergie de liaison

La masse d'un noyau est toujours inférieure à la somme des masses des nucléons qui le constituent.

Soit un nucléide ${}_{Z}^{A}X$ constitué de Z protons et de A – Z neutrons. Déterminons l'énergie qu'il faut fournir à un noyau pour le séparer en Z protons et N = A – Z neutrons.

L'énergie de liaison $\mathcal{E}_l$ (ou énergie de cohésion) représente l'énergie qu'il faut fournir à un noyau pour le séparer de ses nucléons.

Déterminons l'énergie qu'il faut fournir à un noyau pour le séparer en Z protons et N = A – Z neutrons.

Imaginons le schéma de la figure ci-après :

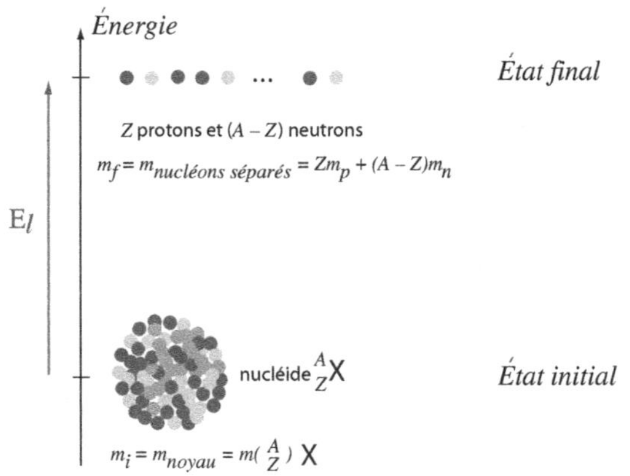

Le défaut de masse est :

$$\Delta m = m_{\text{finale}} - m_{\text{initiale}} = \left[Zm_p + (A - Z)m_n\right] - m({}_{Z}^{A}X)$$

Par suite $\qquad \mathcal{E}_l = \left[(Zm_p + (A - Z)m_n) - m({}_{Z}^{A}X)\right] c^2$

Pour comparer les noyaux entres eux, il faut déterminer l'énergie moyenne de liaison par nucléon, soit :

$$\mathcal{E}_l/\mathrm{A} = \frac{\left[(\mathrm{Z}m_p + (\mathrm{A}-\mathrm{Z})m_n) - m(^{\mathrm{A}}_{\mathrm{Z}}\mathrm{X})\right]c^2}{\mathrm{A}}$$

($\mathcal{E}_l/\mathrm{A}$: énergie de liaison par nucléon)

Pour la plupart des nucléides, $\mathcal{E}_l/\mathrm{A}$ est proche de 8 MeV/nucléon.
La figure ci-après (courbe d'Aston) représente $\mathcal{E}_l/\mathrm{A}$ en fonction de A : elle montre que les éléments de masse atomique moyenne sont les plus stables.

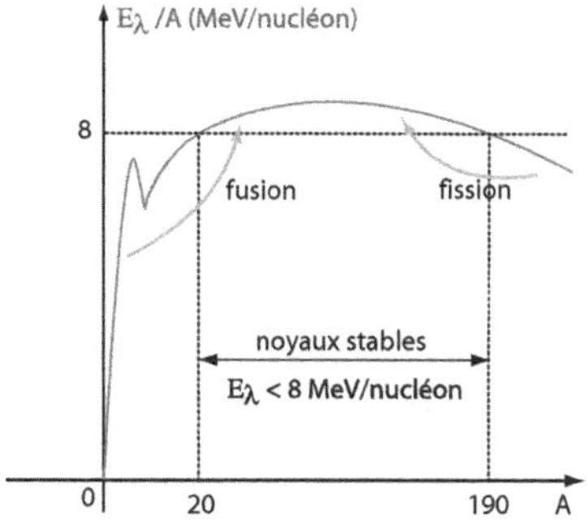

[IMPORTANT]

- Un noyau est d'autant plus stable que ε_l/A est grande.
- En général, les noyaux légers et lourds présentent une énergie de liaison par nucléon plus faible que celle des noyaux moyens. Ils ont donc tendance, soit spontanément, soit sous l'action d'une cause extérieure, à se souder (fusion) ou à se scinder (fission).

[Les radiations ionisantes] La radioactivité

1. Définition

Certains nucléides instables peuvent se tranformer spontanément au cours du temps : ils se désintègrent spontanément en émettant d'autres particules, suivies, parfois, d'un rayonnement électromagnétique.
Schéma d'une réaction nucléaire :

$$\underset{\text{(noyau père)}}{{}^{A}_{Z}\mathrm{X}} \longrightarrow \underset{\text{(noyau fils)}}{{}^{A'}_{Z'}\mathrm{Y}} + \text{particule} + \text{rayonnement}$$

De tels nucléides, appelés radionucléides (radionuclides), sont dits radioactifs et les transformations correspondantes sont des réactions nucléaires spontanées.
La « désintégration » d'un noyau radioactif peut entraîner l'émission de rayonnement α, β^- ou β^+. Ces désintégrations sont souvent accompagnées de l'émission de photons de haute énergie ou de rayons γ, rayonnements dont les longueurs d'onde sont généralement encore plus courtes que celles des rayons X.

[IMPORTANT]

- Il s'agit d'une transformation physique et non d'une réaction chimique : elle ne concerne que le noyau et non le cortège électronique.
- Les transformations radioactives sont :

1. spontanées : il n'y a pas d'intervenant extérieur ;
2. inéluctables : chaque noyau radioactif finira tôt ou tard par se désintégrer ;
3. aléatoires : on ne peut prévoir quel noyau se désintégrera à tel instant ;
4. indépendantes de la combinaison chimique dont le noyau fait partie ;
5. indépendantes des paramètres usuels (pression, température...) ainsi que de la combinaison chimique dont le noyau fait partie.

2. Radioactivités naturelle et artificielle

Parmi les 340 isotopes naturels, 270 environ sont stables, les autres se désintègrent spontanément : il s'agit d'une radioactivité naturelle.

Lorsque le rapport $\frac{A - Z}{Z}$ est superieur ou égal à 1,5, on peut prévoir que l'élément manifestera une radiaoctivité naturelle.
La radioactivité artificielle fut découverte par Irène et Frédéric Joliot-Curie en 1934.
L'étude des réactions nucléaires a montré que, dans certains cas, le produit de la réaction est un isotope radioactif. Sa désintégration spontanée constitue la radioactvité artificielle.
Les radionucléides artificiels sont obtenus en laboratoire ou dans des réacteurs nucléaires.

Exemples de productions de radionucléides artificiels

Par capture n : ${}^{1}_{0}\text{n} + {}^{79}_{35}\text{Br} \longrightarrow {}^{80}_{35}\text{Br}^*$

Réaction (α, n) : ${}^{27}_{13}\text{Al} + \alpha \longrightarrow {}^{30}_{15}\text{P}^* + {}^{1}_{0}\text{n}$

Réaction (α, p) : ${}^{10}_{5}\text{B} + \alpha \longrightarrow {}^{13}_{6}\text{C}^* + {}^{1}_{1}\text{p}$

3. Lois générales de conservation (Lois de Soddy)

La radioactivité est un phénomène nucléaire spontané et vérifie, comme toutes les autres réactions nucléaires, les quatre lois de conservation :
- conservation de la quantité de mouvement ;
- conservation de l'énergie ;
- conservation de la charge électrique ;
- conservation du nombre de nucléons.

4. Les familles radioactives

Il existe trois familles radioactives naturelles :
- Famille de l'uranium : l'ancêtre est l'uranium ${}^{238}_{92}\text{U}$.

Elle comprend 17 éléments dont le radium et le polonium, dernier élément actif de la série qui, émettant un noyau d'hélium ${}^{4}_{2}\text{He}$, engendre un noyau de plomb stable ${}^{206}_{82}\text{Pb}$.

- Famille du thorium : l'ancêtre est le thorium ${}^{232}_{90}\text{Th}$.

Elle comprend 12 éléments et aboutit à l'isotope du plomb ${}^{208}_{82}\text{Pb}$.

- Famille de l'actinium : l'ancêtre est l'uranium ${}^{235}_{92}\text{U}$, aboutit à ${}^{207}_{82}\text{Pb}$.

[Les radiations ionisantes] Les différentes radioactivités

1. Les différentes radioactivités

Il existe de nombreux modes de transformations.

- les phénomènes primaires :

1. la radioactivité α : c'est l'émission d'un noyau d'hélium ${}^{4}_{2}\text{He}$;
2. la radioactivité β^- : c'est l'émission d'électrons ${}^{0}_{-1}e$;
3. la radioactivité β^+ : c'est l'émission de positrons ${}^{0}_{+1}e$;
4. la capture électronique C.E.

- les phénomènes secondaires :

1. le rayonnement γ : c'est l'émission de photons γ.
Ils sont de nature électromagnétique et proviennent de la désexcitation d'un noyau excité,
2. la conversion interne C.I.

2. La radioactivité α

Ce phénomène radioactif est caractéristique des noyaux lourds (A > 200).

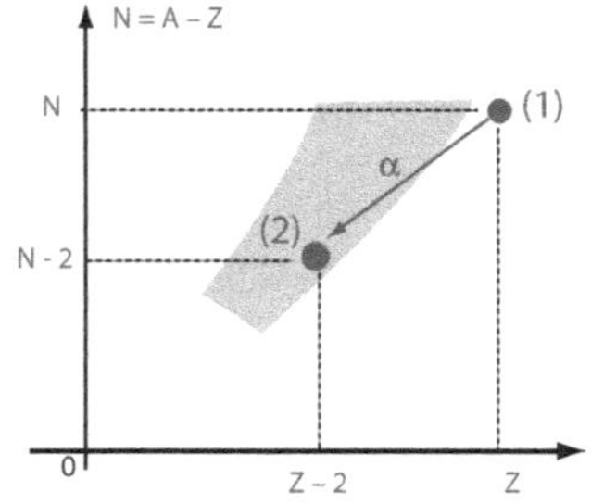

L'équation-bilan de la désintégration α est :

$${}^{A}_{Z}\text{X} \longrightarrow {}^{A-4}_{Z-2}\text{Y} + {}^{4}_{2}\text{He} + \mathcal{E}_\alpha$$

3. L'émission γ

Des photons γ sont émis lorsque le noyau fils, obtenu dans un état excité, passe à un autre état excité ou à l'état fondamental.
Les photons γ émis sont très énergétiques (énergies de l'ordre du MeV) et leurs énergies sont quantifiées : ils présentent un spectre d'émission discontinu.

4. Les transformations isobariques

Elles correspondent aux transformations β^-, β^+. L'instabilité de tels noyaux est due soit à un excès de neutrons, soit à un excès de protons. Les noyaux père et fils sont sur la même ligne isobarique : ils ont le même nombre de masse A mais leur nombre de charge Z diffère d'une unité.

a. La radioactivité β

La radioactivité β^- correspond à la désintégration d'un noyau avec émission d'un électron : elle est caractéristique des noyaux trop riches en neutrons.

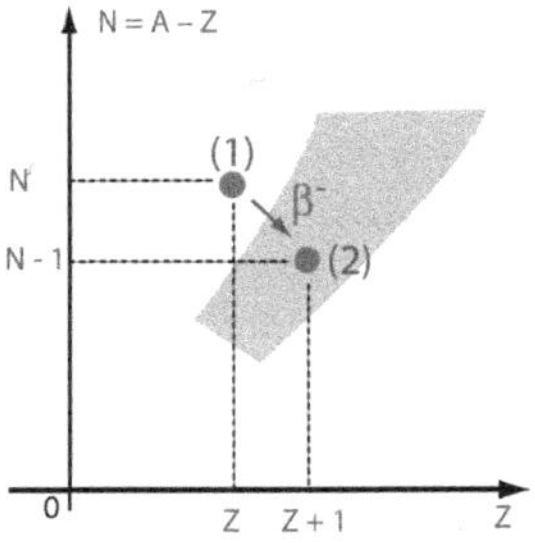

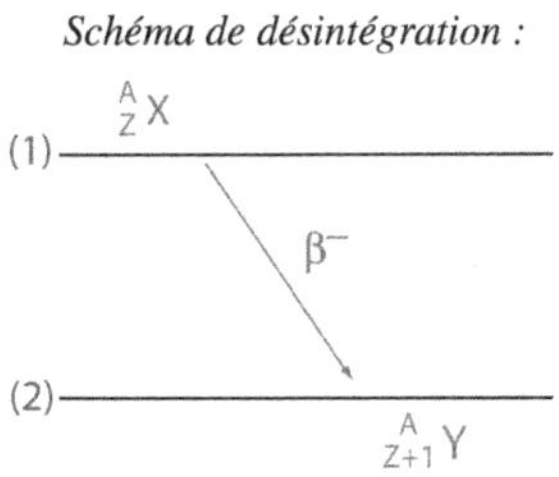

- L'équation-bilan de la désintégration β^- est :

$$^{A}_{Z}X \longrightarrow {}^{A}_{Z+1}Y^* + {}^{0}_{-1}e + \overline{\nu}$$

Les noyaux fils $^{A}_{Z+1}Y$ obtenus peuvent être dans un état excité ; la désintégration s'accompagne alors d'une émission γ :

$$^{A}_{Z+1}Y^* \longrightarrow {}^{A}_{Z+1}Y + \gamma$$

- La condition énergétique pour qu'une émission β^- se produise est :

$$M({}^{A}_{Z}X) - M({}^{A}_{Z+1}Y) > 0$$

- L'énergie maximale libérée au cours d'une désintégration β^- est :

$$\mathcal{E}_{lib(\beta^-)} = \left(M({}^{A}_{Z}X) - M({}^{A}_{Z+1}Y)\right) c^2$$

($M({}^{A}_{Z}X)$ et $M({}^{A}_{Z+1}Y)$: masses atomiques des éléments ${}^{A}_{Z}X$ et ${}^{A}_{Z+1}Y$)

[IMPORTANT]

- L'énergie libérée est répartie de façon aléatoire entre les deux particules e^- et $\bar{\nu}$: le spectre du rayonnement β^- est un spectre continu.
- Le nouveau nucléide formé ${}^{A}_{Z+1}Y$ se rapproche ainsi de la zone de stabilité.

b. La radioactivité β^+

Elle correspond à la désintégration d'un noyau avec émission d'un positon et d'un neutrino : elle s'observe pour des nucléides artificiels qui présentent un défaut de neutrons par rapport aux nucléides stables. Elle est donc caractéristique des noyaux trop riches en protons.

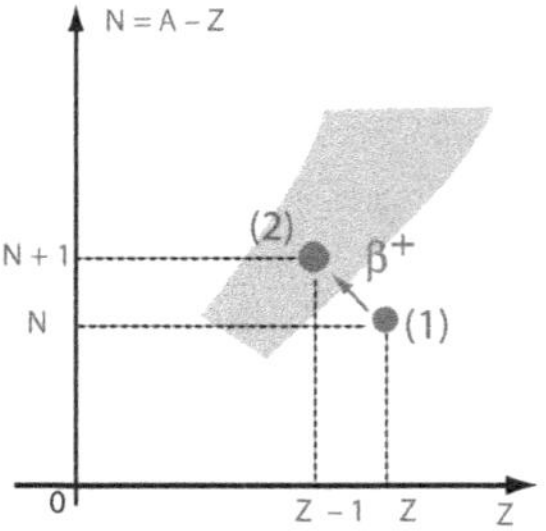

Schéma de désintégration :

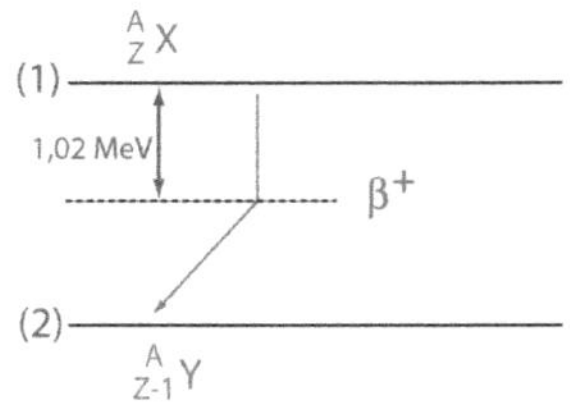

- L'équation-bilan de la désintégration β^+ est :

$${}^{A}_{Z}X \longrightarrow {}^{A}_{Z-1}Y^* + {}^{0}_{+1}e + \nu$$

Les noyaux fils ${}_{Z-1}^{A}Y$ obtenus peuvent être dans un état excité ; la désintégration s'accompagne alors d'une émission γ :

$${}^{A}_{Z-1}Y^* \longrightarrow {}^{A}_{Z-1}Y + \gamma$$

- La condition énergétique pour qu'une émission β^+ se produise est :

$$M({}^{A}_{Z}X) - M({}^{A}_{Z-1}Y)_e > 2m_e$$

- L'énergie maximale libérée au cours d'une désintégration β^+ est :

$$\mathcal{E}_{lib(\beta^+)} = \left(\mathrm{M}({}^{\mathrm{A}}_{\mathrm{Z}}\mathrm{X}) - \mathrm{M}({}^{\mathrm{A}}_{\mathrm{Z-1}}\mathrm{Y}) - 2m_e\right) c^2$$

($\mathrm{M}({}^{\mathrm{A}}_{\mathrm{Z}}\mathrm{X})$ et $\mathrm{M}({}^{\mathrm{A}}_{\mathrm{Z-1}}\mathrm{Y})$: masses atomomiques des éléments ${}^{\mathrm{A}}_{\mathrm{Z}}\mathrm{X}$ et ${}^{\mathrm{A}}_{\mathrm{Z-1}}\mathrm{Y}$, m_e: masse d'un électron)

[IMPORTANT]

De même que pour les β^-, l'énergie libérée est répartie de façon aléatoire entre les deux particules e^+ et ν : le spectre du rayonnement β^+ est un spectre continu.

Les particules β^+ ont une durée de vie très courte. Il peut arriver que le positon émis (l'anti-électron) rencontre un électron du nuage électronique. Il se produit alors une annihilation de matière, avec émission d'au moins deux photons :

$$e^+ + e^- \longrightarrow \gamma + \gamma$$

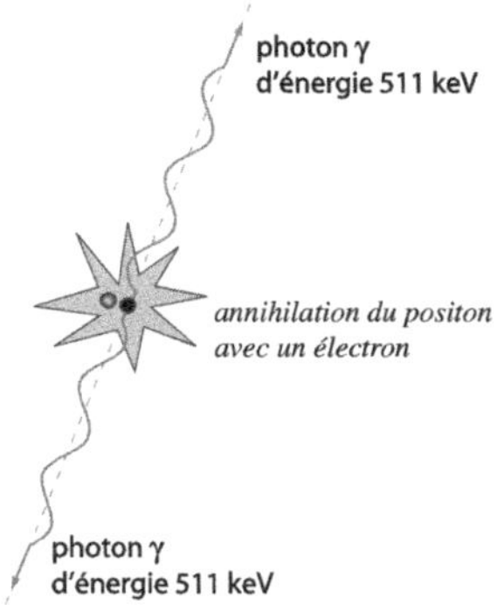

5. La capture électronique (C.E.)

Au cours d'une capture électronique (capture K), Z varie d'une unité alors que A reste constant. La capture électronique se rapproche de la radioactivité β^+ mais avec un processus différent.
En effet, le noyau radioactif capte un électron des couches internes (le plus souvent de la couche K) selon la réaction :

$${}^{\mathrm{A}}_{\mathrm{Z}}\mathrm{X} + {}^{0}_{-1}e \longrightarrow {}^{\mathrm{A}}_{\mathrm{Z-1}}\mathrm{Y} + \nu$$

- La condition énergétique de la capture électronique est :

$$\left(\mathrm{M}({}^{\mathrm{A}}_{\mathrm{Z}}\mathrm{X}) - \mathrm{M}({}^{\mathrm{A}}_{\mathrm{Z-1}}\mathrm{Y})\right) > \frac{\mathcal{E}_l}{c^2},$$ où $\mathcal{E}_l$ représente l'énergie de liaison du noyau

- L'énergie maximale libérée au cours d'une C.E. est :

$$\mathcal{E}_{\mathrm{lib(K)}} = \left(\mathrm{M}({}^{\mathrm{A}}_{\mathrm{Z}}\mathrm{X}) - \mathrm{M}({}^{\mathrm{A}}_{\mathrm{Z-1}}\mathrm{Y})\right) c^2 - \mathcal{E}_l$$

($\mathrm{M}({}^{\mathrm{A}}_{\mathrm{Z}}\mathrm{X})$ et $\mathrm{M}({}^{\mathrm{A}}_{\mathrm{Z-1}}\mathrm{Y})$: masses atomomiques des éléments ${}^{\mathrm{A}}_{\mathrm{Z}}\mathrm{X}$ et ${}^{\mathrm{A}}_{\mathrm{Z-1}}\mathrm{Y}$)

[ATTENTION]

Dans certains cas, on assiste aux trois modes de désintégration (β^+, β^- et capture K simultanés).

6. La conversion interne (C.I.)

Suite à une désintégration α ou β, le noyau fils se trouve dans un état excité. Le retour à l'état fondamental est généralement suivi d'un rayonnement γ.

Dans certains cas, le noyau fils retrouve cet état fondamental par un autre processus appelé conversion interne.

L'énergie excédentaire du noyau fils dans l'état excité est transférée à un des électrons orbitaux. Cet électron est donc expulsé de l'atome avec une énergie cinétique $\mathcal{E}_C$ telle que :

$$\mathcal{E}_C = \mathcal{E}_{\text{désexcitation}} - \mathcal{E}_l$$

($\mathcal{E}_{\text{désexcitation}}$: correspond à l'énergie du photon γ, $\mathcal{E}_l$: énergie de laison de l'électron expulsé)

Ce phénomène radioactif est caractéristique des noyaux lourds ($A > 200$).

L'équation-bilan de la désintégration α est :

$${}^{A}_{Z}X \longrightarrow {}^{A-4}_{Z-2}Y + {}^{4}_{2}He + \mathcal{E}_\alpha$$

Décroissance radioactive

1. Désintégration d'un noyau radioactif

- Transformation d'un noyau

Un noyau ne veillit pas : il se transforme spontanément en un autre noyau.

- Caractère aléatoire de la transformation :

– le phénomène de désintégration est imprévisible ;
– le phénomène de désintégration est aléatoire.

- Probabilité de désintégration

Chaque nucléide radioactif est caractérisé par une constante λ, probabilité de désintégration d'un noyau par unité de temps.
La probabilité de désintégration entre t et $t + dt$ est λdt où λ représente la constante radioactive ; constante qui ne dépend que du nucléide.

2. Loi d'évolution

Chaque noyau est caractérisé par une probabilité définie de désintégration.
Si N représente le nombre de noyaux d'une espèce donnée, le nombre de noyaux ayant subi une désintégration pendant la durée Δt est $\lambda N \Delta t$, où λ représente la probabilité de désintégration d'un noyau par unité de temps, appelée constante radioactive.
La variation dN du nombre N pendant la durée dt s'écrit donc :

$$dN = -\lambda N dt \text{ ou } -\frac{dN}{dt} = \lambda N$$

L'équation s'intègre facilement :

$$N = N_0 e^{-\lambda t} = N_0 e^{-\frac{t}{\tau}} \text{ , soit } \ln N(t) = \ln N_0 - \lambda t$$

($\tau = \frac{1}{\lambda}$, constante de temps en s)

Le nombre de noyaux d'un échantillon radioactif décroît exponentiellement avec le temps.

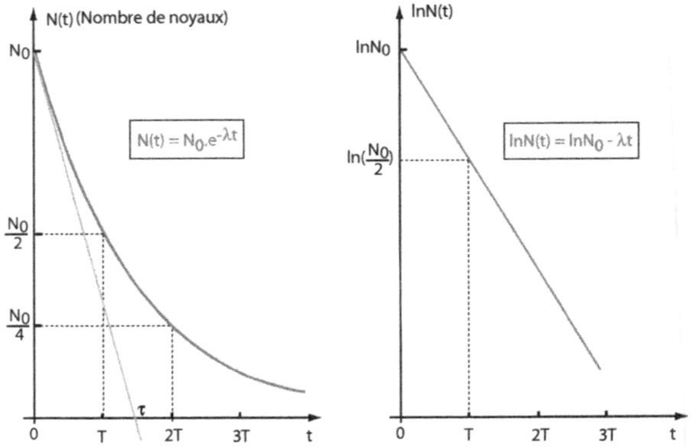

3. Activité

L'activité, notée $\mathcal{A}$, repésente le nombre moyen de désintégrations par unité de temps, soit :

$$\mathcal{A} = -\frac{dN}{dt} = \lambda N$$

L'unité légale de l'activité est le Becquerel de symbole Bq. Un becquerel correspond à une désintégration par seconde.
Autre unité d'activité : le curie, c'est celle de 1 gramme de radium :

$$1 \text{ Ci} = 3{,}7 \cdot 10^{10} \text{Bq} \text{ (Becquerel)}$$
(1 Bq = 1 désintégration/seconde)

Si m représente la masse de l'échantillon radioactif, alors :

$$\mathcal{A} = \lambda N = \lambda \frac{m\mathcal{N}_A}{M}$$

$\mathcal{A}$: activité en Bq
λ : constante radioactive en s^{-1}
N : nombre de noyaux radioactifs
m : masse de l'échantillon radioactif
M : masse molaire de la substance radioactive
$\mathcal{N}_A$: nombre d'Avogadro en mol^{-1}

4. Période ou demi-vie radioactive

On appelle période ou demi-vie d'un nucléide radioactif l'intervalle de temps T, notée aussi $t_{\frac{1}{2}}$, au bout duquel la moitié des noyaux s'est désintégrée.

Si $N(t)$ représente le nombre de noyaux à la date t, au bout d'une durée T le nombre de noyaux restants est $\frac{N(t)}{2}$, soit :

$$N(t+T) = \frac{N(t)}{2}$$

Si N_0 représente le nombre de noyaux à la date $t_0 = 0$, alors :

$$N(t) = N_0 e^{-\lambda t} \text{ et } N(t+T) = N_0 e^{-\lambda(t+T)}$$

d'où :
$$\frac{e^{-\lambda(t+T)}}{e^{-\lambda t}} = \frac{1}{2}$$

soit :
$$e^{-\lambda T} = \frac{1}{2} \text{ ou } T = \frac{\ln 2}{\lambda}$$

[IMPORTANT]

- De la relation $N(t) = N_0 e^{-\lambda t}$ on déduit :
$$N(t) = \frac{N_0}{2^{\frac{t}{T}}}$$
- La durée $\tau = \frac{1}{\lambda}$, telle que la probabilité pour que l'atome se désintègre soit égale à 1, est appelée durée de vie moyenne du nucléide radioactif : elle correspond à la durée au bout de laquelle le nombre de noyaux restants est $\frac{N_0}{e}$, où e représente la base des logarithmes népériens.

Une application de la radioactivité. La datation

De toutes les méthodes radiochronologiques, la plus connue est la datation par le carbone 14.

Dans la haute atmosphère, l'action des neutrons dus au rayonnement cosmique sur l'azote ^{14}N engendre du carbone ^{14}C selon la réaction :

$$^{1}_{0}n + ^{14}_{7}\mathrm{N} \longrightarrow ^{14}_{6}\mathrm{C} + ^{1}_{1}\mathrm{H} \text{ ; réaction(1)}$$

Aussitôt formé, le carbone $^{14}_{6}$C s'oxyde avec l'oxygène pour donner du CO_2 qui se mélange avec le reste de l'atmosphère et participe ainsi au cycle de la matière vivante.

Le carbone $^{14}_{6}$C est radioactif β^- :

$$^{14}_{6}\mathrm{C} \longrightarrow ^{14}_{7}\mathrm{N} + ^{0}_{-1}\mathrm{e} \text{ ; réaction(2)}$$

C'est le chimiste et physicien américain William Frank Libby (prix Nobel en 1960) qui a montré qu'un équilibre s'établit entre sa production par la réaction (1) et sa disparition (désintégration) par la réaction (2). Le rapport carbone 14 / carbone 12 est à peu près constant, soit :

$$r_0 = \frac{\mathrm{N}(^{14}\mathrm{C})}{\mathrm{N}(^{12}\mathrm{C})} = ctse = 10^{-12}$$

Un organisme vivant échange du carbone (sous forme de CO_2) avec l'atmosphère. Ainsi cet organisme contient du carbone avec une proportion :

$$r = \frac{\mathrm{N}(^{14}\mathrm{C})}{\mathrm{N}(^{12}\mathrm{C})}$$

À sa mort, il n'y a plus d'échange de carbone avec l'atmosphère : la quantité de carbone 14 diminue, donc r diminue.

Comme N(^{12}C) reste constant, alors r suit la même loi de décroissance que N(^{14}C), soit :

$$r(t) = r_0 e^{-\lambda t}$$

De la mesure de $r(t) = \dfrac{N(^{14}C)}{N(^{12}C)}$, on peut donc déduire l'âge de l'organisme.

Exemple

La mesure de l'activité d'un morceau prélevé d'une momie donne $r = 6 \cdot 10^{-13}$.

De $r(t) = r_0 e^{-\lambda t}$, on déduit t, soit :

$$t = -\frac{1}{\lambda} \ln \frac{r}{r_0}$$

La constante radioactive du carbone 14 est : $\lambda = 1{,}24 \cdot 10^{-4}$ an^{-1}.

L'âge de la momie est donc :

$$t = -\frac{1}{1{,}24 \cdot 10^{-4}} \ln \frac{6 \cdot 10^{-13}}{10^{-12}} = 4\,120 \text{ ans}$$

[Les radiations ionisantes] Filiations radioactives

1. Lois cinétiques

Considérons la désintégration radioactive $A \longrightarrow B$, où B est lui-même radioactif et le produit de désintégration est C :

	A $\xrightarrow{\lambda_A}$	B $\xrightarrow{\lambda_B}$	C
À $t_0 = 0$	N_{A0}	0	0
À la date t	$N_A(t)$	$N_B(t)$	$N_C(t)$

λ_A e λ_B : constantes radioactives respectives de A et B
N_{A0} : nombre de noyaux de l'espèce A à la date $t_0 = 0$
$N_A(t)$, $N_B(t)$, $N_C(t)$: nombres de noyaux des espèces A, B et C à la date t.

a. Loi de disparition de A

$$-\frac{dN_A}{dt} = \lambda_A N_A$$

soit :

$$N_A(t) = N_{A0}e^{-\lambda_A t}$$

b. Loi d'évolution de B

B se forme suite à la désintégration de A et se désintègre en C, donc :

$$dN_B = \underbrace{-\lambda_B N_B dt}_{\text{Nombre de noyaux de } B \text{ désintégrés}} + \underbrace{\lambda_A N_A dt}_{\text{Nombre de noyaux de } A \text{ désintégrés}}$$

Soit :

$$\frac{dN_B}{dt} + \lambda_B N_B = \lambda_A N_A$$

Comme $N_A(t) = N_{A0}e^{-\lambda_A t}$, alors :

$$\frac{dN_B}{dt} + \lambda_B N_B = \lambda_A N_{A0}e^{-\lambda_A t}$$

La solution est :

$$N_B(t) = \frac{\lambda_A N_{A0}}{\lambda_B - \lambda_A}\left(e^{-\lambda_A t} - e^{-\lambda_B t}\right) = \frac{\lambda_A N_{A0}e^{-\lambda_A t}}{\lambda_B - \lambda_A}\left(1 - e^{(\lambda_A - \lambda_B t}\right)$$

$$= \frac{\lambda_A N_A(t)}{\lambda_B - \lambda_A}\left(1 - e^{(\lambda_A - \lambda_B t}\right)$$

c. Loi d'évolution de C

À tout instant, on a : $N_A(t) + N_B(t) + N_C(t) = N_{A0}$ (loi de conservation).

Donc : $$N_C(t) = N_{A0}\left(1 - \frac{\lambda_B}{\lambda_B - \lambda_A}e^{-\lambda_A t} + \frac{\lambda_A}{\lambda_B - \lambda_A}e^{-\lambda_B t}\right)$$

2. Les applications

• Si $\lambda_A \ll \lambda_B$ $(T_A \gg T_B)$, alors λ_A est négligeable devant λ_B $(\lambda_B - \lambda_A \simeq \lambda_B)$: le noyau fils se désintègre beaucoup plus vite que le noyau père.

Dès que le temps a atteint une valeur finie :

$$N_A(t) \simeq N_{A0} \text{ et } N_B(t) = \frac{\lambda_A N_A(t)}{\lambda_B - \lambda_A}\left(1 - e^{(\lambda_A - \lambda_B t}\right) \simeq \frac{\lambda_A N_{A0}}{\lambda_B}\left(1 - e^{-\lambda_B t}\right)$$

D'où : $$\frac{N_B}{N_A} = \frac{\lambda_A}{\lambda_B} = \frac{T_B}{T_A}$$

(un équilibre radioactif est alors établi et $\frac{N_B}{N_A}$ est indépendant du temps)

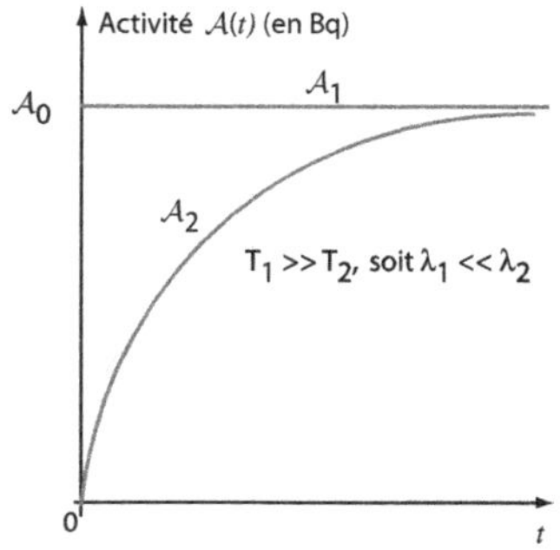

Il se forme autant de noyau fils qu'il en disparaît. Le nombre de noyaux de B est quasi-stationnaire.

Il s'établit un équilibre séculaire entre le noyau fils et le noyau père : sur une échelle de temps de l'ordre de grandeur de T_B (période du noyau fils) l'activité du noyau père semble donc constante.

• Si $\lambda_A \gg \lambda_B$ $(T_A \ll T_B)$, alors λ_B est négligeable devant λ_A $(\lambda_B - \lambda_A \simeq -\lambda_A)$: le noyau père se désintègre beaucoup plus vite que le noyau fils.

$$N_B(t) = \frac{\lambda_A N_{A0} e^{-\lambda_B t}}{\lambda_B - \lambda_A}\left(e^{(\lambda_B - \lambda_A t} - 1\right)$$
$$\simeq \frac{\lambda_A N_{A0} e^{-\lambda_B t}}{-\lambda_A}\left(e^{-\lambda_A t} - 1\right)$$

Au bout d'un certain temps $e^{-\lambda_A t} \longrightarrow 0$ et par suite :

$$N_B(t) \simeq N_{A0} e^{-\lambda_B t}$$

- λ_A et λ_B de même ordre de grandeur et $T_A > T_B$.

On a : $N_A(t) = N_{A0} e^{-\lambda_A t}$ et $N_B(t) = \dfrac{\lambda_A N_{A0}}{\lambda_B - \lambda_A}\left(e^{-\lambda_A t} - e^{-\lambda_B t}\right)$

$e^{-\lambda_B t}$ tend plus rapidement vers zéro que $e^{-\lambda_A t}$. Ainsi :

$$N_B(t) \simeq \frac{\lambda_A N_{A0}}{\lambda_B - \lambda_A} e^{-\lambda_A t}$$

En multipliant les deux membres de l'équation précédente par λ_B il en résulte :

$$\mathcal{A}_2 = \lambda_B N_B = \frac{\lambda_B}{\lambda_B - \lambda_A} \mathcal{A}_A$$

L'activité du fils suit donc celle du père (au facteur près $\dfrac{\lambda_B}{\lambda_B - \lambda_A} \simeq 1$).

Comme $N_B(0) = 0$ et $N_B(t) \longrightarrow 0$ lorsque $t \longrightarrow \infty$, alors $N_B(t)$ passe nécessairement par un maximum. Ce maximum est atteint à la date t_m, date pour laquelle $\dfrac{dN_B}{dt} = 0$.

$$\left(\frac{dN_B}{dt}\right)_{t = t_m} = 0 = \frac{\lambda_A N_{A0}}{\lambda_B - \lambda_A}\left(-\lambda_A e^{-\lambda_A t_m} + \lambda_B e^{-\lambda_B t_m}\right)$$

D'où : $$\frac{\lambda_A}{\lambda_B} = \frac{e^{-\lambda_B t_m}}{e^{-\lambda_A t_m}} = e^{(\lambda_A - \lambda_B) t_m}$$

Soit : $$t_m = \frac{1}{\lambda_A - \lambda_B} \cdot \ln \frac{\lambda_A}{\lambda_B}$$

La figure ci-après donne l'évolution des activites de A et de B en fonction du temps.

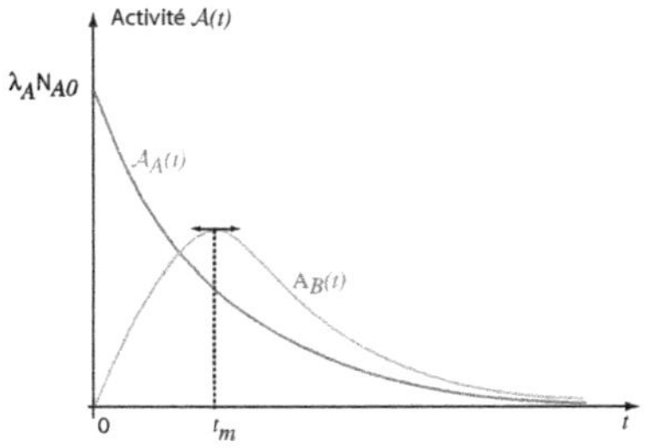

Les réactions nucléaires provoquées

De telles réactions sont obtenues par choc de particules projectiles sur des noyaux cibles.
Les particules projectiles sont le plus souvent :

- des protons ;
- des neutrons ;
- des noyaux légers (noyaux de deutérium, noyaux d'hélium...).

1. Réactions de fission

La fission est la partition d'un noyau massif, sous l'impact d'un neutron, en noyaux plus petits et plus stables, appelés fragments de fission.
Quel que soit le mode de fission, la réaction s'accompagne d'un dégagement d'énergie de l'ordre de 200 MeV dû à la perte de masse et libère des neutrons rapides, deux ou trois en général.
L'énergie libérée se trouve en grande partie sous forme d'énergie cinétique des noyaux produits.

Exemples de réactions de fission

1. $^{1}_{0}n + {}^{235}_{92}\text{U} \longrightarrow {}^{94}_{38}\text{Sr} + {}^{140}_{54}\text{Xe} + \underset{\text{(neutrons rapides)}}{2\,{}^{1}_{0}n} + \text{énergie.}$

2. $^{1}_{0}n + {}^{235}_{92}\text{U} \longrightarrow {}^{95}_{39}\text{Y} + {}^{138}_{53}\text{I} + \underset{\text{(neutrons rapides)}}{3\,{}^{1}_{0}n} + \text{énergie.}$

[IMPORTANT]

La réaction de fission consomme un neutron mais en produit plus de deux qui sont disponibles pour de nouvelles fissions. Il peut donc s'amorcer une réaction en chaîne.

2. Réactions de fusion

Une réaction de fusion est la réunion de deux noyaux légers, de faible énergie de liaison, pour former des noyaux plus lourds, d'énergie de liaison par nucléon plus élevée.

Pour réaliser la fusion de deux noyaux, il faut vaincre la répulsion coulombienne pour les mettre en contact : il faut donc fournir de l'énergie cinétique, de l'ordre 100 keV, par élévation de température. Cela implique d'opérer à des températures de l'ordre de 10^8 K pour obtenir une agitation thermique suffisante.

Exemples de réactions de fusion

1. ${}_1^2H + {}_1^3H \longrightarrow {}_2^4He + {}_0^1n$ + énergie.
2. ${}_3^7Li + {}_1^2H \longrightarrow 2{}_2^4He + {}_0^1n$ + énergie.

3. Bilan de masse et d'énergie d'une réaction nucléaire

a. Bilan de masse

Une réaction nucléaire s'accompagne toujours d'une diminution de la masse du système : cette perte de masse est convertie en énergie cédée au milieu extérieur.

L'énergie libérée par la réaction au milieu extérieur est :

$$\mathcal{E}_{lib} = |m_f - m_i|\, c^2$$

$|m_f - m_i|$: perte de masse

m_f : masse des produits de la réaction (en kg)
m_i : masse des réactifs de la réaction (en kg)
c : célérité de la lumière dans le vide (en $m \cdot s^{-1}$)

b. Bilan d'énergie du système

On définit un état intermédiaire virtuel où tous les nucléons sont séparés.

Exemple

Dans le cas d'une réaction de fission, on obtient le schéma suivant :

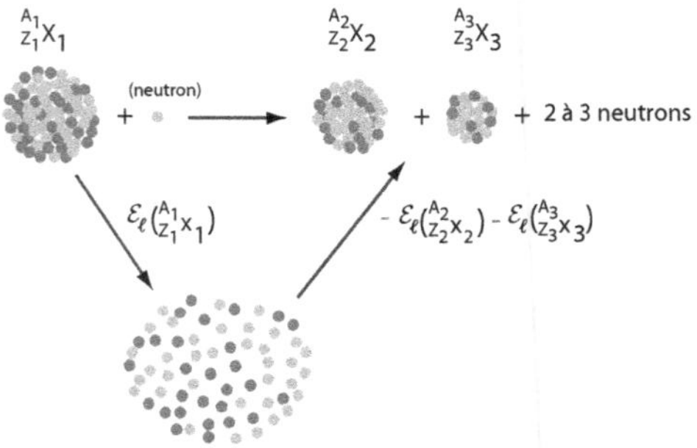

L'énergie libérée par la réaction au milieu extérieur est donnée par :

$$\mathcal{E}_{lib} = \sum_{\text{état final}} (\mathcal{E}_{\text{liaison}}) - \sum_{\text{état initial}} (\mathcal{E}_{\text{liaison}})$$

$\sum_{\text{état final}} (\mathcal{E}\ \text{liaison})$: somme des énergies de liaison des produits

$\sum_{\text{état initial}} (\mathcal{E}\ \text{liaison})$: somme des énergies de liaison des réactifs

Interactions des particules chargées avec la matière

1. Les interactions élémentaires

Elles dépendent des particules et du matériau concernés.
Les principaux processus sont :

- ionisations, excitations et transferts thermiques par interactions avec les électrons ;
- diffusion inélastique (si l'énergie est échangée au voisinage du noyau) ;
- diffusion élastique pour des particules légères ;
- réactions nucléaires pour des particules lourdes et très énergétiques.

2. Échanges élémentaires d'énergie

On observe différents processus selon la valeur de l'énergie Q échangée au cours d'une interaction entre une particule et le cortège électronique du matériau qu'elle traverse :

• Ionisation : $Q > \mathcal{E}_l$	Q : énergie échangée au cours d'une interaction entre une particule et le cortège électronique du matériau qu'elle traverse.
• Excitation : $\mathcal{E}_l > Q > \mathcal{E}_e$	$\mathcal{E}_l$: énergie de liaison électron – noyau
• Transferts thermiques : $Q < \mathcal{E}_e$	$\mathcal{E}_e$: énergie d'excitation

3. Les grandeurs caractéristiques des interactions

a. Énergie perdue et énergie absorbée

Considérons un volume ΔV de matière où se produisent des interactions. L'énergie perdue ΔQ_{perdue} par le rayonnement est telle que :

$$\Delta Q_{perdue} = \Delta Q_{abs.} + \Delta Q_{ray.}$$

Q_0 : énergie incidente
$Q_{abs.}$: énergie absorbée
$Q_{ray.}$: énergie rayonnée
$Q_{trans.}$: énergie transmise
ΔQ_{perdue} : énergie perdue par le rayonnement

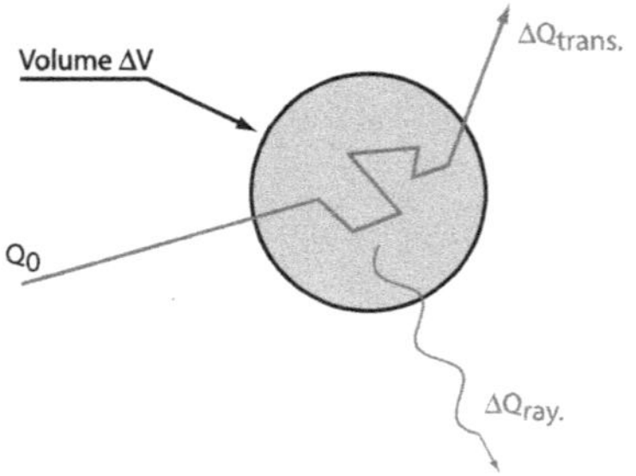

[IMPORTANT]

C'est l'énergie absorbée localement $\Delta Q_{abs.}$ qui est à l'origine des effets locaux des rayonnements ionisants, notamment des effets biologiques.

b. Pouvoir linéique de ralentissement

Il représente l'énergie perdue par la particule par unité de parcours dans la matière, soit :

$$S = \frac{dQ_{perdue}}{dx}$$

| S : énergie perdue par la particule par unité de parcours dans la matière

c. Transfert linéique d'énergie T.L.E.

Le transfert linéique d'énergie représente l'énergie absorbée par la matière par unité de parcours de la particule, soit :

$$\text{T.L.E.} = \frac{dQ_{abs.}}{dx}$$

| T.L.E. : énergie absorbée par la matière par unité de parcours de la particule

Généralement, le T.L.E. est donné en keV.μm^{-1}.

[IMPORTANT]

Le T.L.E. dépend :
- de la nature du matériau absorbant ;
- de la nature de la particule (électron, positon, proton, particule α...) ;
- de l'énergie de la particule.

d. Ionisation spécifique ou pouvoir ionisant J

Il représente le nombre d'ionisations par unité de parcours de la particule, soit :

$$J = \frac{dN}{dx}$$ | dN : nombre d'ionisations créés par unité de parcours de la particule

[IMPORTANT]

Le pouvoir ionisant J est plus élevé dans les matériaux denses et aux faibles énergies.

e. Relation entre S et J

Comme $S = \frac{dQ_{perdue}}{dx}$ et $J = \frac{dN}{dx}$, alors :

$$S = J\frac{dQ_{perdue}}{dN}$$

$\frac{dQ_{perdue}}{dN}$ représente l'énergie perdue en moyenne par la particule pour créer une ionisation dans la matière.

[Les radiations ionisantes] Spectre des rayons X

1. Spectre d'émission

Si on bombarde la surface d'une substance constituant l'anticathode par un faisceau d'électrons, on observe l'émission d'un rayonnement X. Le rayonnement X émis est constitué d'un spectre continu et d'un spectre de raies.

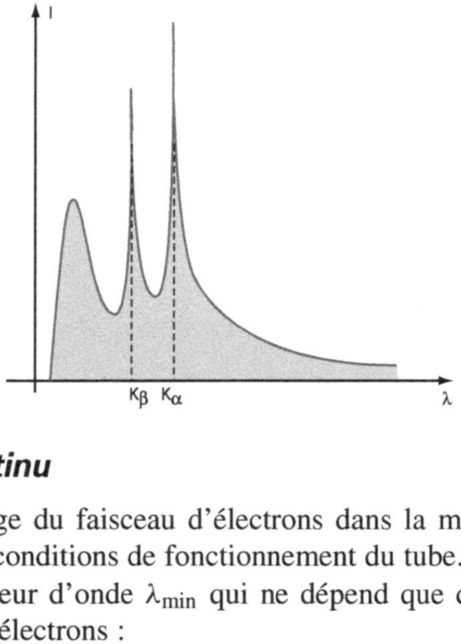

a. Le spectre continu

– Il est dû au freinage du faisceau d'électrons dans la matière et son intensité dépend des conditions de fonctionnement du tube.
– Il existe une longueur d'onde λ_{min} qui ne dépend que de la tension d'accélération U des électrons :

$$\lambda_{min} = \frac{hc}{e\text{U}}$$

soit :

$$\lambda_{min}\ (\text{en nm}) = \frac{1{,}24}{\text{U (en kV)}}$$

(Loi de Duane et Hunt)

– Son intensité dépend des conditions du fonctionnement du tube. Le graphe ci-après donne les variations de l'intensité I en fonction de la longueur d'onde λ pour une anticathode de tungstène pour différentes tensions.

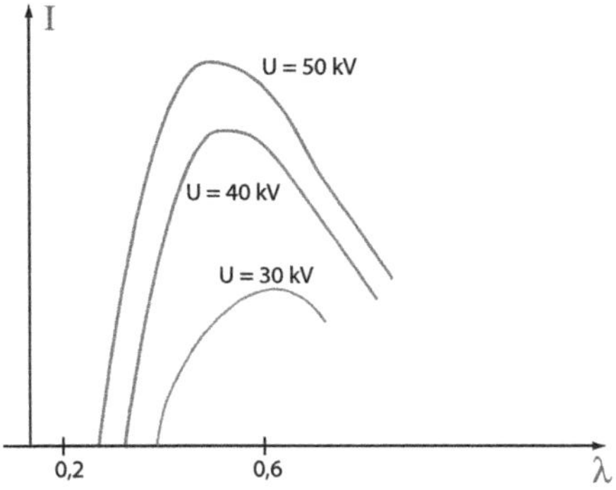

Au maximum d'intensité, la longueur d'onde λ_{max} est telle que $\lambda_{max} \simeq \frac{3}{2}\lambda_{min}$

b. Le spectre de raies

– Il est caractéristique de la nature de l'anode.

– Les raies sont émises par les atomes ionisés et constituent les groupes appelés K, L, M...

Par exemple, pour les raies K : un électron de la couche K est arraché, un électron d'une couche plus externe L, M, N... vient alors la compléter. La transition entraîne l'émission des radiations K_α, K_β, K_γ...

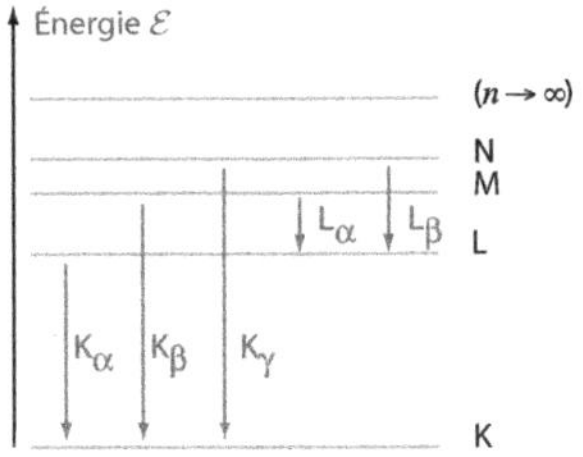

Par exemple, les fréquences des raies K_α et K_β sont données par :

$$\nu_{K_\alpha} = \frac{\mathcal{E}_L - \mathcal{E}_K}{h}$$

et

$$\nu_{K_\beta} = \frac{\mathcal{E}_M - \mathcal{E}K}{h}$$

À cause des spins des électrons, les raies sont en fait constituées de multiplets. Pour la raie K_α, on observe un doublet de raies, $K_{\alpha 1}$ et $K_{\alpha 2}$.

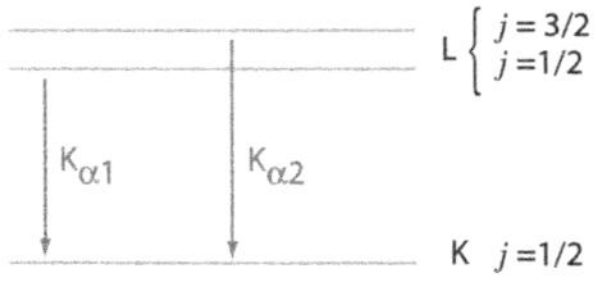

– Les fréquences des raies sont données par la loi de Moseley :

$$\sqrt{\nu} = a(Z - \sigma)$$

ν : fréquence de la radiation
Z : numéro atomique de l'élément constituant l'anode
σ : constante d'écran. C'est la différence entre le numéro atomique Z de l'élément et son numéro atomique effectif.

2. Spectre d'absorption

- Un faisceau de rayons X traversant la matière est atténué.
- L'intensité I d'un faisceau , après traversée d'une épaisseur x d'un matériau absorbant de coefficient d'absorption linéique μ, est donnée par :

$$I = I_0 e^{-\mu x}$$

I_0 : intensité du faisceau incident
$I(x)$: intensité du faisceau transmis
μ : coefficient linéaire d'absorption
x : épaisseur du matériau traversé

[IMPORTANT]

- Si le matériau absorbant comporte plusieurs types d'atomes, on remplace μ par $\sum_i \mu_i$.
- L'absorption dépend de la longueur d'onde λ et du numéro atomique *Z* de l'élément constituant l'anode :

$$\mu = aZ^4\lambda^3$$

- Il existe des discontinuités d'absorption.

- L'évolution de μ en fonction de λ est représentée sur la figure ci-après.

– Sur ce graphe, on note des « pics » d'absorption correspondant aux seuils de l'effet photoélectrique λ_K, λ_L...
– Ces longueurs d'onde vérifient la loi de Moseley.

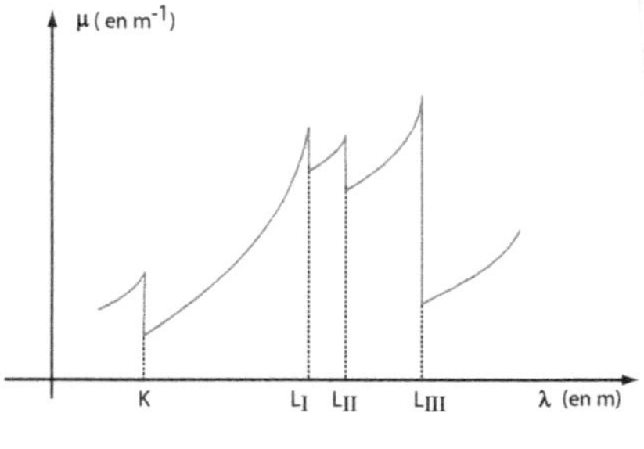

Données

• Constante d'Avogadro : $\mathcal{N}_A = 6{,}02 \cdot 10^{23}$ mol^{-1}.

– 1 Ci = $3{,}7 \cdot 10^{10}$ Bq

– Constante de Planck : $h = 6{,}62 \cdot 10^{-34}$ J.s

– Vitesse de la lumière : $c = 3 \cdot 10^{8}$ m.s^{-1}

– Charge électrique élémentaire : $e = 1{,}6 \cdot 10^{-19}$ C

– énergie de masse au repos de l'électron : 511 keV

– unité de masse atomique : 1 u = $1{,}66055 \cdot 10^{-24}$ g, soit 1 g = $6{,}022 \cdot 10^{23}$ u

Énoncés

L'énoncé suivant est commun pour les questions 1 et 2.

On considère un échantillon radioactif de fluor 18 ($^{18}_{8}$F) qui est un émetteur β^+. Son activité est de 370 MBq. La demi-vie du fluor 18 est de 109 minutes. Pour être manipulé, l'échantillon est placé dans une enceinte plombée. La couche de demi-atténuation (CDA) du plomb est de 4 mm pour les rayonnements considérés.

1. ❑ **a.** Après désintégration d'un atome de fluor 18, on obtient un atome qui contient 8 protons et 10 neutrons

❑ **b.** L'activité de la source radioactive est proportionnelle à la demi-vie de l'isotope considéré

❑ **c.** La masse de l'échantillon considéré ici est de l'ordre de 10^{-10}g

❑ **d.** Au bout de 8 heures, l'activité résiduelle sera inférieure à 0,1 m Ci

❑ **e.** Au bout de 8 heures, la vitesse de désintégration qui est constante sera inchangée

2. À l'extérieur de l'enceinte plombée utilisée pour manipuler le radionucléide préparé précédemment, le débit de rayonnement émis ne doit pas dépasser 25 photons par seconde. La couche de demi-atténuation du plomb est de 4 mm pour les rayonnements considérés. Concernant l'épaisseur du blindage :

- ❑ **a.** Le blindage est inutile, les rayonnements seront tous arrêtés par la paroi du flacon
- ❑ **b.** Le blindage doit avoir une épaisseur de 3 mm
- ❑ **c.** Le blindage doit avoir une épaisseur d'environ 3 cm
- ❑ **d.** Le blindage doit avoir une épaisseur d'environ 10 cm
- ❑ **e.** Si le plomb est remplacé par un matériau dont le coefficient d'atténuation linéique est multiplié par 3 pour ce rayonnement, la nouvelle épaisseur nécessaire de ce nouveau matériau nécessaire pour un même effet sera divisée par 6

3. Quel sera le produit de la désintégration β^- du $^{46}_{21}\text{Sc}$?

❑ **a.** $^{45}_{21}\text{Sc}$ ❑ **b.** $^{47}_{21}\text{Sc}$ ❑ **c.** $^{46}_{20}\text{Ca}$
❑ **d.** $^{45}_{20}\text{Ca}$ ❑ **e.** $^{46}_{22}\text{Ti}$

4. Pour traiter un cancer thyroïdien, on doit faire absorber à un patient 100 mCi d'iode, émetteur β^- de période radioactive 8 jours. Quelle masse d'iode 131 doit-on administrer au patient ?

❑ **a.** 0,8 mg ❑ **b.** 2,4 μg ❑ **c.** 3,2 mg
❑ **d.** 0,8 μg ❑ **e.** 1,2 pg

5. Dans un réacteur nucléaire un noyau d'uranium 235 ($^{235}_{92}\text{U}$) « capture » un neutron lent qui provoque sa fission en deux noyaux (dont un d'iode 131) accompagnée de l'émission de 5 neutrons selon la réaction :

$$^{235}_{92}\text{U} + n \longrightarrow {}^{131}_{53}\text{I} + \text{X} + 5n$$

Le produit de fission est :

❑ **a.** $^{104}_{35}\text{Br}$ ❑ **b.** $^{100}_{39}\text{Y}$ ❑ **c.** $^{99}_{39}\text{Y}$
❑ **d.** $^{105}_{34}\text{Se}$ ❑ **e.** $^{99}_{35}\text{Br}$

Le plutonium 239 ($^{239}_{94}\text{Pu}$) est un élément radioactif, produit dans les réacteurs nucléaires, de période 24 100 ans.

6. Quelle sera la masse résiduelle de plutonium 239 dans 10 000 ans pour 10 kg produits aujourd'hui ?

❑ **a.** 6,6 kg ❑ **b.** 0,75 kg ❑ **c.** 0,66 kg
❑ **d.** 7,5 kg ❑ **e.** 4,15 kg

L'énoncé suivant est commun aux questions 7, 8 et 9.

Le radium 226 ($^{226}_{88}$Ra) est un émetteur α. On donne ci-dessous les masses atomiques de quelques isotopes en unité de masse atomique :

$^{4}_{2}$He : 4,002 604 $^{3}_{2}$He : 3,016 030 $^{226}_{88}$Ra : 226,025 350
$^{230}_{90}$Th : 230,031 629 $^{222}_{86}$Rn : 222,017 530 $^{224}_{87}$Fr : 224,019 802

7. Quelle est l'énergie totale libérée lors de l'émission α du radium 226 ?

❑ **a.** 1 875 MeV ❑ **b.** 511 keV ❑ **c.** 935 MeV
❑ **d.** 4,87 MeV ❑ **e.** 3,05 MeV

8. Quelle est l'énergie de la particule α émise par le radium 226 ?

❑ **a.** 86,2 keV ❑ **b.** 4,78 MeV ❑ **c.** 4,96 MeV
❑ **d.** 918 MeV ❑ **e.** 1842 MeV

9. Quelle est la vitesse de recul du noyau lors de cette émission?

❑ **a.** $2{,}79 \cdot 10^5$ m/s ❑ **b.** $2{,}04 \cdot 10^6$ m/s ❑ **c.** $2{,}65 \cdot 10^3$ m/s
❑ **d.** $4{,}68 \cdot 10^6$ m/s ❑ **e.** $2{,}82 \cdot 10^7$ m/s

Corrigés

1. Bonne réponse : **c**.

1. L'équation-bilan de la réaction de désintégration β^+ de $^{18}_{8}$F est :

$$^{18}_{8}\mathrm{F} \longrightarrow {}^{A}_{Z}\mathrm{X} + {}^{0}_{+1}\mathrm{e}$$

Comme il y a conservation du nombre de nucléons et conservation de la charge, alors :

$$\begin{cases} 18 = A + 0 \\ \text{et} \\ 8 = Z + 1 \end{cases} \text{soit} \begin{cases} A = 18 \\ \text{et} \\ Z = 7 \end{cases}$$

Le noyau fils est donc un noyau d'azote ${}^{18}_{7}\mathrm{N}$ et le bilan s'écrit :

$$ {}^{18}_{8}\mathrm{F} \longrightarrow {}^{18}_{7}\mathrm{N} + {}^{0}_{+1}\mathrm{e} $$

Le noyau contient 7 protons et 11 neutrons.

L'activité $\mathcal{A}$ est :

$$ \mathcal{A} = -\frac{\mathrm{dN}}{\mathrm{dt}} = \lambda \mathrm{N} $$

L'activité $\mathcal{A}$ est proportionnelle à λ et non à la demi-vie T.

D'où :

$$ \mathrm{N} = \frac{\mathcal{A}}{\lambda} $$

Comme $m = \frac{\mathrm{N}}{\mathcal{N}_\mathrm{A}}\mathrm{M(F)}$, alors :

$$ m = \frac{\mathcal{A} \cdot \mathrm{M(F)}}{\lambda \mathcal{N}_\mathrm{A}} $$

- m : masse de l'échantillon en g
- $\mathcal{A}$: activité en Bq
- M(F) : masse molaire de l'échantillon en $\mathrm{g.mol^{-1}}$
- λ : constante radioactive en $\mathrm{s^{-1}}$
- $\mathcal{N}_A$: nombre d'Avogadro

La constante radioactive λ est liée à la demi-vie T par la relation :

$$ \lambda = \frac{\ln 2}{\mathrm{T}} $$

Applications numériques :

$$ \lambda = \frac{\ln 2}{109 \times 60} = 1{,}06 \cdot 10^{-4}\ \mathrm{s^{-1}} $$

et par suite :

$$ m = \frac{370 \cdot 10^6 \times 18}{1{,}06 \cdot 10^{-4} \times 6{,}02 \cdot 10^{23}} = 1{,}04 \cdot 10^{-10}\ \mathrm{g} $$

De l'ordre de 10^{-10} g.

L'activité $\mathcal{A}$ suit la loi de décroissance :

$$ \mathcal{A} = \mathcal{A}_0 e^{-\lambda t} $$

avec $\mathcal{A}_0 = 370 \cdot 10^6$ Bq et $\lambda = 1{,}06 \cdot 10^{-4}\ \mathrm{s^{-1}}$.

Au bout de 8 h, soit $2{,}88 \cdot 10^4$ s l'activité sera de :

$$ \mathcal{A} = 3{,}70 \cdot 10^8 e^{-1{,}06 \cdot 10^{-4} \times 2{,}88 \cdot 10^4} = 3{,}70 \cdot 10^6\ \mathrm{Bq} $$

Comme 1 Ci $= 3{,}70 \cdot 10^{10}$ Bq, alors l'activité au bout de 8 h sera de 10^{-4} Ci, c'est-à-dire 0,1 m Ci.

2. Bonne réponse : **d**.

Si Φ_0 représente le flux incident alors le flux transmis à travers une épaisseur x est :

$$\Phi_t = \Phi_0 e^{-\mu x}$$

- Φ_t : flux transmis
- Φ_0 : flux incident
- μ : coefficient linéique d'atténuation du matériau en cm^{-1}
- x : épaisseur de l'écran en cm

La couche de demi-atténuation (ou C.D.A.) représente l'épaisseur, notée $x_{\frac{1}{2}}$, nécessaire pour atténuer la moitié du faisceau incident,

soit :

$$x_{\frac{1}{2}} = \frac{\ln 2}{\mu}, \text{ et } \mu = \frac{\ln 2}{x_{\frac{1}{2}}}$$

Ainsi

$$\ln\frac{\Phi_t}{\Phi_0} = -\frac{\ln 2}{x_{\frac{1}{2}}} \times x$$

d'où

$$x = \frac{\ln\frac{\Phi_0}{\Phi_t}}{\frac{\ln 2}{x_{\frac{1}{2}}}} = x_{\frac{1}{2}} \times \frac{\ln\frac{\Phi_0}{\Phi_t}}{\ln 2}$$

Numériquement :

$$x = \frac{\ln\frac{360\cdot 10^6}{25}}{\frac{\ln 2}{x_{\frac{1}{2}}}} = 4 \times \frac{\ln\frac{360\cdot 10^6}{25}}{\ln 2} \simeq 95 \text{ mm}$$

Soit une épaisseur d'environ 10 cm.

Si le coefficient d'atténuation linéique est multiplié par 3, alors le C.D.A. sera divisé par 3 et par suite l'épaisseur x sera aussi divisée par 3.

3. Bonne réponse : **e**.

L'équation-bilan de la désintégration β^- du ${}^{46}_{21}\mathrm{Sc}$ s'écrit :

$$ {}^{46}_{21}\mathrm{Sc} \longrightarrow {}^{46}_{22}\mathrm{Y}^* + {}^{0}_{-1}e + \overline{\nu} $$

Le noyau fils est donc un noyau de titane ${}^{46}_{22}\mathrm{Ti}$

4. Bonne réponse : **d**.

On rappelle que 1 Ci correspond à une activité de $3{,}7 \cdot 10^{10}$ Bq.

Si m représente la masse de l'échantillon radioactif, alors :

$$ \mathcal{A} = \lambda N = \lambda \frac{m\mathcal{N}_A}{M} $$

$\mathcal{A}$: activité en Bq
λ : constante radioactive en s^{-1}
N : nombre de noyaux radioactifs
m : masse de l'échantillon radioactif
M : masse molaire de la substance radioactive
$\mathcal{N}_A$: nombre d'Avogadro en mol^{-1}

alors : $$ m = \mathcal{A}\frac{M}{\lambda \cdot \mathcal{N}_A} = \mathcal{A}\frac{T \cdot M}{\ln 2 \cdot \mathcal{N}_A} \text{ car } T = \frac{\ln 2}{\lambda} $$

Applications numériques :

$\mathcal{A} = 100\ \mathrm{m\,Ci} = 100 \times 1 \cdot 10^{-3} \times 3{,}7 \cdot 10^{10} = 3{,}7 \cdot 10^{9}$ Bq.

$T = 8$ jours $= 8 \times 24 \times 3\,600 = 6{,}912 \cdot 10^5$ s

$$ m = 3{,}7.10^9 \times \frac{6{,}912 \cdot 10^5 \times 131}{\ln 2 \times 6{,}02 \cdot 10^{23}} \simeq 8{,}0 \cdot 10^{-7}\ \mathrm{g} = 0{,}8\ \mu\mathrm{g} $$

5. Bonne réponse : **b**.

Le bilan de la réaction s'écrit :

$$ {}^{235}_{92}\mathrm{U} + {}^{1}_{0}n \longrightarrow {}^{131}_{53}\mathrm{I} + {}^{\mathrm{A}}_{\mathrm{Z}}\mathrm{X} + 5 \times {}^{1}_{0}n $$

La conservation des nombres de charge et de masse donne :

$$ \begin{cases} 235 + 1 = 131 + \mathrm{A} + 5 \\ \text{et} \\ 92 = 53 + \mathrm{Z} \end{cases} $$

D'où A = 100 et Z = 39

6. Bonne réponse : **d**.

La loi de décroissance radioactive est :

$$ N = N_0 e^{-\lambda t}, \text{ soit } m = m_0 e^{-\lambda t} $$

Application numérique :

Comme $T = \frac{\ln 2}{\lambda}$, alors $\lambda = \frac{\ln 2}{24100} = 2{,}876 \cdot 10^{-5}$ an^{-1} et :

$$m = 10 \times e^{-2{,}876 \cdot 10^{-5} \times 10\,000} = 7{,}5 \text{ kg}$$

7. Bonne réponse : **d**.

L'équation-bilan de la réaction de désintégration α du radium 226 s'écrit :

$$^{226}_{88}\text{Ra} \longrightarrow \, ^{A}_{Z}\text{X} + \, ^{4}_{2}\text{He} + \mathcal{E}_\alpha$$

Au cours d'une réaction nucléaire il y a conservation du nombre de masse et conservation du nombre de charge, donc :

$$\begin{cases} 226 = A + 4 \\ \text{et} \\ 88 = Z + 2 \end{cases} \text{soit} \begin{cases} A = 222 \\ \text{et} \\ Z = 86 \end{cases}$$

Le noyau fils est donc un noyau de radon $^{222}_{86}\text{Rn}$.

L'énergie liberée au cours de la réaction est donnée par la relation d'Einstein :

$$\mathcal{E}_{lib.} = \Delta m \cdot c^2 \text{ avec } \Delta m = m(^{222}_{86}\text{Rn}) + m(^{4}_{2}\text{He}) - m(^{226}_{88}\text{Ra})$$

Numériquement :

$$\Delta m = (222{,}017\,530 + 4{,}002\,604) - 226{,}025\,350 = -5{,}21 \cdot 10^{-3} \text{ u}$$

Comme $1 \text{ u} = 1{,}660\,55 \cdot 10^{-24}$ g, alors :

$$\begin{aligned} \mathcal{E}_{lib.} &= -5{,}21.10^{-3} \times 1{,}66055 \cdot 10^{-27} \times (3{,}0.10^8)^2 = 7{,}786 \cdot 10^{-13} \text{ J} \\ &\simeq -4{,}87 \text{ MeV} \end{aligned}$$

[ATTENTION]

Cette énergie est négative car c'est une énergie libérée par le système.

8. Bonne réponse : **b**.

• Conservation de la quantité de mouvement :

Le noyau père $^{226}_{88}\text{Ra}$ étant repos.

$$\underbrace{^{226}_{88}\text{Ra}}_{\text{(état initial)}} \longrightarrow \underbrace{^{222}_{86}\text{Rn} + \, ^{4}_{2}\text{He}}_{\text{(état final)}}$$

$$\overrightarrow{p_{Ra}} = \overrightarrow{0} \qquad \overrightarrow{p_{Rn}} + \overrightarrow{p_{He}}$$

État initial : $\overrightarrow{p_{Ra}} = \overrightarrow{0}$.

État final : $\overrightarrow{p_{Rn}} + \overrightarrow{p_{He}}$.

La conservation donne : $\overrightarrow{p_{\text{Rn}}} + \overrightarrow{p_{He}} = \overrightarrow{0}$.

D'où $$m_{\text{Rn}}\overrightarrow{v_{\text{Rn}}} + m_\alpha \overrightarrow{v_\alpha} = \overrightarrow{0}$$

soit : $$v_{\text{Rn}} = \frac{m_\alpha}{m_{\text{Rn}}} v_\alpha$$

Numériquement, $v_{\text{Rn}} = 1{,}8 \cdot 10^{-2} v_\alpha$

La vitesse de recul du noyau fils est très faible devant celle de la particule α.

• Conservation de l'énergie.

L'énergie libérée par la réaction nucléaire se trouve sous forme d'énergie cinétique des produits de la réaction, soit :

$$\mathcal{E}_{libérée} = \mathcal{E}_{C_{\text{Rn}}} + \mathcal{E}_{C\alpha}$$

D'où :

$$\mathcal{E}_{C_{\text{Rn}}} = \frac{1}{2} m_{\text{Rn}} v_{\text{Rn}}^2 = \frac{1}{2} m_{\text{Rn}} \left(\frac{m_\alpha}{m_{\text{Rn}}} v_\alpha \right)^2 = \frac{m_\alpha}{m_{\text{Rn}}} \times \frac{1}{2} m_\alpha v_\alpha^2 = \frac{m_\alpha}{m_{\text{Rn}}} \mathcal{E}_{C\alpha}$$

Ainsi : $$\mathcal{E}_{libérée} = \frac{m_\alpha}{m_{\text{Rn}}} \mathcal{E}_{C\alpha} + \mathcal{E}_{C\alpha} = \left(1 + \frac{m_\alpha}{m_{\text{Rn}}}\right) \mathcal{E}_{C\alpha}$$

Et par suite : $$\mathcal{E}_{C\alpha} = \frac{\mathcal{E}_{libérée}}{1 + \frac{m_\alpha}{m_{\text{Rn}}}} \simeq \mathcal{E}_{libérée}$$

Les particules α emportent, sous forme d'énergie cinétique, la quasi-totalité de l'énergie libérée.

Application numérique :

$$\mathcal{E}_{C\alpha} = \frac{4{,}87}{1 + 1{,}8 \cdot 10^{-2}} \simeq 4{,}78 \text{ MeV et } \mathcal{E}_{C_{\text{Rn}}} = 4{,}87 - 4{,}78 = 0{,}09 \text{ MeV}.$$

9. Bonne réponse : **a**.

Vitesse de recul des noyaux de $^{222}_{86}\text{Rn}$.

L'énergie cinétique des noyaux de Rn est : $$\mathcal{E}_{C_{\text{Rn}}} = \frac{1}{2} m_{\text{Rn}} v_{\text{Rn}}^2$$

D'où : $$v_{\text{Rn}} = \sqrt{2 \frac{\mathcal{E}_{C_{\text{Rn}}}}{m_{\text{Rn}}}}$$

Soit numériquement, $v_{\text{Rn}} = \sqrt{2 \times \frac{0{,}09 \times 10^6 \times 1{,}6 \cdot 10^{-19}}{222{,}017\,530 \times 1{,}660\,55 \cdot 10^{-27}}} \simeq 2{,}79 \cdot 10^5 \text{m} \cdot \text{s}^{-1}$

Les amétropies sphériques

L'amétropie correspond au cas où l'image ne se forme pas correctement sur la rétine. Les amétropies sont de trois ordres :

- la myopie ;
- l'hypermétropie (ou hyperopie) ;
- l'astigmatisme.

On distingue deux types d'amétropies sphériques : la myopie et l'hyperopie.

1. La myopie

- Le myope est un individu qui possède une bonne vision de près et une mauvaise vision de loin.
- Cette amétropie est due à une distance trop importante entre la cornée et la rétine. L'œil est trop convergent pour sa profondeur, le punctum remotum (P.R.) est situé en avant de l'œil à distance finie : il est réel.

L'image d'un objet situé à l'infini se forme en avant de la rétine : le foyer image F′ est donc situé en avant de la rétine. Par suite la vision est floue. Si l'objet se rapproche, l'image s'éloigne de F'. Il arrive un moment où elle se forme sur la rétine : la vision devient nette. L'objet est alors placé au P.R.

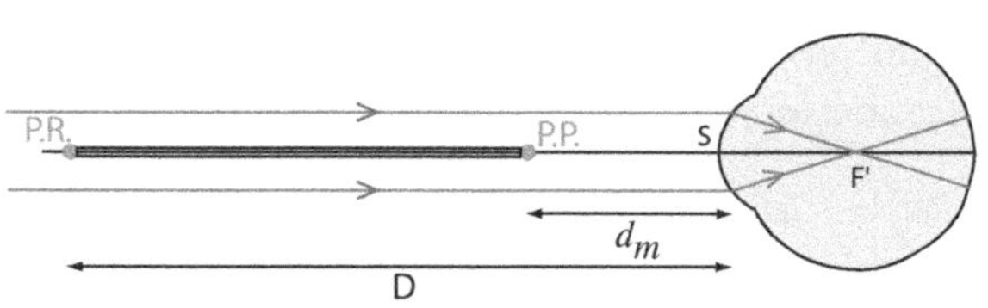

- Pour un œil myope au repos, l'image se forme sur la rétine si le faisceau incident est divergent.

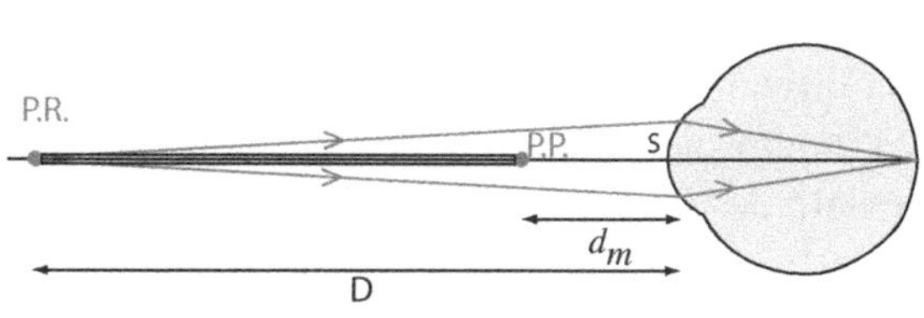

- Les défauts de la vision sont corrigés par une lentille divergente.
- Par définition, on appelle degré d'amétropie la proximité du punctum remotum, soit :

$$D^\circ \text{ d'amétropie} = \frac{1}{P^{P.R.}} \text{ où } P^{P.R.} \text{ représente la position du P.R.}$$

Dans le cas de la myopie, ce degré d'amétropie est négatif.
On oberve différents niveaux de myopie :
– faible myopie, de 0 à $-2\,\delta$;
– myopie moyenne, de -2 à $-6\,\delta$;
– forte myopie de -6 à $-20\,\delta$.

2. L'hyperopie ou hypermétropie

Le sujet hyperope a une mauvaise vision de près et en général une bonne vision de loin.

- Au repos, l'œil hyperope a son foyer image en arrière de la rétine.
- L'œil n'est pas assez convergent pour sa profondeur. Le P.R. est situé en arrière de la rétine : il est virtuel.

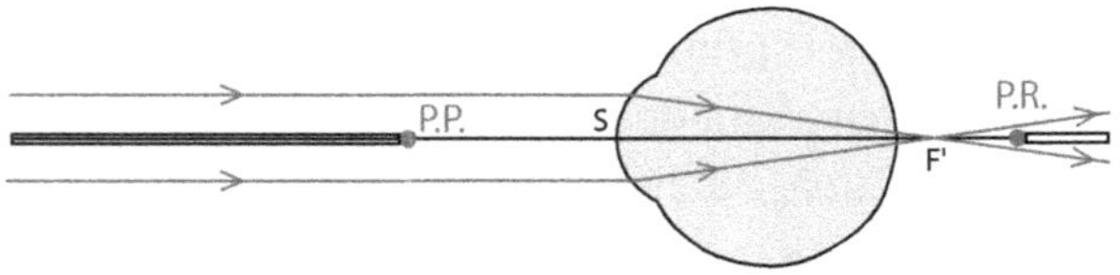

Pour voir des objets à l'infini, l'œil hyperope doit accomoder.

- L'œil étant au repos, pour que l'image se forme sur la rétine, il faut que le faisceau qui arrive soit déjà convergent au niveau du P.R.

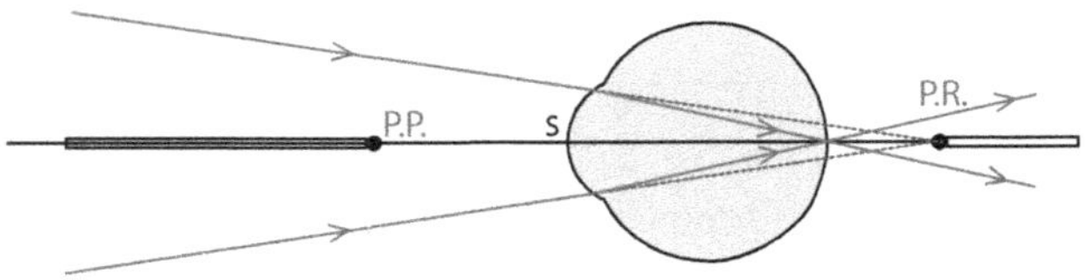

- La position du ponctum proximum dépend de l'âge, mais il est toujours plus éloigné que celui d'un œil normal de même âge.
- Le degré d'amétropie d'un œil hyperope est positif puisque le P.R. est situé en arrière de l'œil.

3. Correction des amétropies

a. Correction par des verres de lunettes

Le but de la correction est de ramener le P.R. de l'association (œil + verre correcteur) à l'infini comme pour un œil emmétrope.

Correction de la myopie

L'œil myope est trop convergent : il doit être corrigé par un verre divergent.

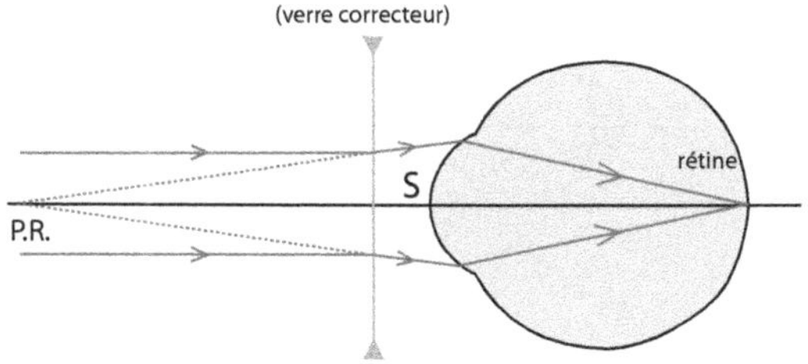

En décomposant :

- l'objet à l'infini (position du P.R. pour un œil emmétrope) est à l'origine d'un faisceau de lumière parallèle. La lentille correctrice (lentille divergente) en donne une image virtuelle au niveau de son foyer image, donc au niveau du P.R. de l'œil myope ;
- cette image virtuelle sert d'objet virtuel pour l'œil. Placé au P.R. de l'œil, cet objet virtuel va donner par rapport au dioptre équivalent une image nette sur la rétine.

La puissance du verre de lunette est sensiblement égale au degré d'amétropie de l'œil.

Correction de l'hyperopie

L'œil hyperope manque de convergence : sa correction se fera donc par une lentille convergente. On place devant l'œil une lentille mince dont le foyer image coïncide avec le punctum remotum de l'œil.

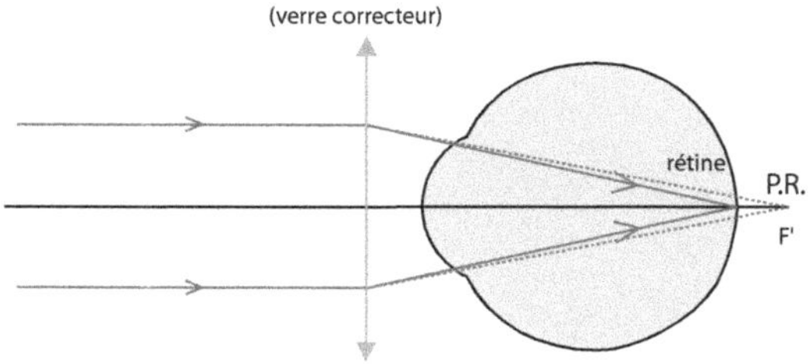

b. Correction par des lentilles ou verres de contact

Les lentilles de contact sont de petites lentilles minces appliquées sur la cornée. Le rayon R_2 de la partie concave de la lentille doit être égal au rayon de courbure du dioptre cornéen antérieur.
Les verres de contact apportent un meilleur champ de vision avec des effets de profondeur moins importants que des verres classiques.

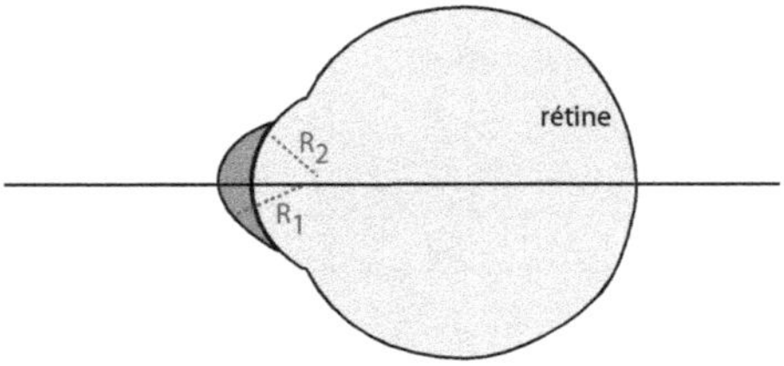

Au niveau du dioptre verre de contact/œil, on applique la formule du dioptre sphérique :

$$\frac{n_2}{\overline{SA'}} - \frac{n_1}{\overline{SA}} = \frac{n_2 - n_1}{R_2}$$

| n_1 : indice de l'air
| n_2 : indice du milieu de l'œil
| R_2 : rayon de courbure de la cornée
| A' : image de A à travers le dioptre de rayon R_2
| $\overline{SA} = P^{P.R.}$
| $\overline{SA'}$: distance sommet du dioptre-rétine

La puissance de la lentille est telle que :

$$P = (n-1)\left(\frac{1}{R_1} + \frac{1}{R_2}\right)$$

| n : indice du verre de contact
| R_1 : rayon de courbure du verre de contact correcteur
| R_2 : rayon de courbure de la cornée

L'astigmatisme

1. Définition

L'astigmatisme est généralement dû à la courbure de la cornée. Dans ce cas, celle-ci est de forme légèrement ovale alors qu'elle devrait être ronde. L'œil ne possède plus une symétrie de révolution : un point objet lumineux ne donne plus une image ponctuelle mais deux points différents. L'image est étalée dans le sens antéro-postérieur : elle manque alors de netteté et est déformée. Le sujet atteint d'astigmatisme ne verra nettes que les lignes horizontales ou verticales.

L'astigmate a une vision imprécise de près comme de loin et il ne perçoit pas nettement les contrastes entre les lignes horizontales, verticales ou obliques.

On distingue :

- L'astigmatisme irrégulier : par exemple une cornée qui a subi des traumatismes (blessures, brûlures...). La seule correction possible est la restitution d'une courbure uniforme à la cornée grâce à un verre de contact.
- L'astigmatisme régulier.

Il existe deux méridiens principaux perpendiculaires, entre lesquels la puissance varie de manière continue. La différence de puissance entre les deux méridiens principaux est appelée « degré d'astigmatisme » .

2. L'œil astigmate régulier

On distingue :

- l'astigmatisme dit « conforme à la règle » où le méridien vertical possède la plus forte puissance, le méridien horizontal la plus faible puissance.
- l'astigmatisme dit « non conforme à la règle » où le méridien vertical possède la plus faible puissance, le méridien horizontal la plus forte puissance.

L'œil possède donc deux puissances différentes selon deux méridiens : on peut définir deux pseudo punctum remotum.

Le pseudo punctum remotum vertical est le point conjugué de la rétine par rapport à la puissance du méridien vertical. On peut utiliser la formule des dioptres sphériques pour en calculer la position. Celui-ci peut être défini également comme étant le point où il faut placer un objet ponctuel pour que sa pseudo image horizontale se forme sur la rétine.
De la même manière, on peut définir un pseudo punctum remotum horizontal par rapport à la puissance du méridien horizontal.

3. Correction des astigmates

Il faut rendre à l'œil une puissance égale dans toutes les directions et faire en sorte que l'œil corrigé au repos forme d'un point objet à l'infini, une image sur la rétine.
La correction se fait à l'aide de lentilles cylindriques ou sphéro-cylindriques dont les courbures compensent celles de la cornée. La puissance de correction du verre diffère selon l'axe de l'astigmatisme, le verre a donc une épaisseur variable au bord.
Le principe de correction est le même que pour les amétropies sphériques mais il faut raisonner dans deux plans perpendiculaires.
Par exemple, pour un œil astigmate et myope composé caractérisé par :

- un pseudo punctum remotum horizontal à $P.P_H$ du sommet du dioptre.
- un pseudo punctum remotum vertical à $P.R_V$ du sommet du dioptre.

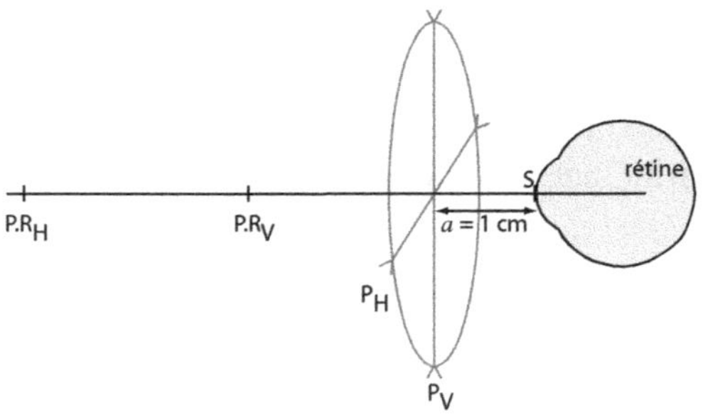

- Le degré d'astigmatisme est donné par :

$$D^\circ(\text{d'astigmatisme}) = \left|\frac{1}{P.R_V} - \frac{1}{P.P_H}\right|$$

- Puissance du verre correcteur :

$$P_H = \frac{1}{P \cdot P_H + a} \quad \text{et} \quad P_V = \frac{1}{P \cdot R_V + a}$$

La presbytie

1. L'œil presbyte

Un œil presbyte est un œil qui a perdu partiellement ou totalement sa faculté d'accomodation. La presbytie est due à la fatigue des muscles ciliaires ou à un manque de souplesse du cristallin.

Des mesures effectuées sur un grand nombres de sujets de toutes sortes (emmétropes, myopes ou hypermétropes) ont permis d'établir les résultats suivants :

- la faculté d'accomodation est la même pour tous les sujets ayant le même âge ;
- la faculté d'accomodation diminue quand l'âge du patient augmente et devient à peu près nulle vers les soixante-cinq ans.

L'œil devient donc presbyte en veillissant : consécutivement au vieillissement du cristallin qui perd de son élasticité. Celui-ci se bombe de façon insuffisante, rendant la mise au point (accommodation) plus difficile.

La presbytie se traduit par une diminution de l'amplitude d'accommodation ; on parle de presbytie lorsque cette amplitude devient inférieure à 4 δ. Elle survient aux alentours de 45 ans en moyenne.

L'amplitude d'accomodation, exprimée en dioptries, représente la différence des proximités respectives du P.R. et du P.P., soit :

$$A = R - P, \text{ avec } R = \frac{1}{P^{P.R.}} \text{ et } P = \frac{1}{P^{P.P.}}$$

a. Le presbyte simple

Il n'a pas de troubles dioptriques pré-existants. Le presbyte simple a donc son punctum remotum à l'infini.

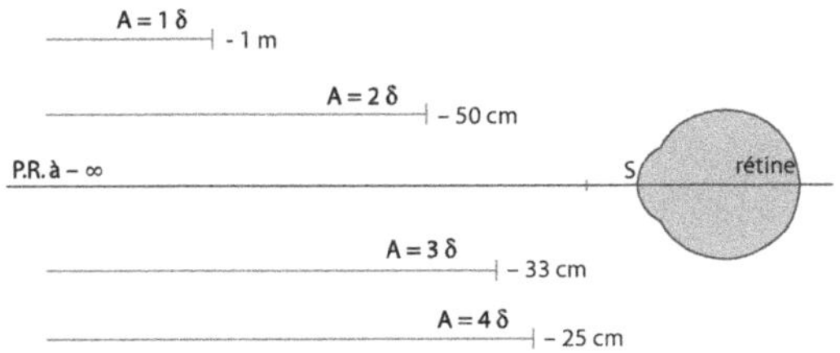

b. Le myope presbyte

Son punctum remotum est à distance finie en avant de l'œil.

Exemple

On observe chez un patient myope presbyte un degré d'amétropie de $-1\ \delta$ et une amplitude d'accomodation $A = 2\ \delta$. Le P.R. est situé à -1 m du sommet S.

Déterminons la position du P.P.

Comme $A = R - P$, alors $P = R - A$.

Soit numériquement :

$P = -1 - 2 = -3\ \delta$, c'est-à-dire $P^{P.P.} = -33$ cm

Le P.P. est donc situé à 33 cm de S.

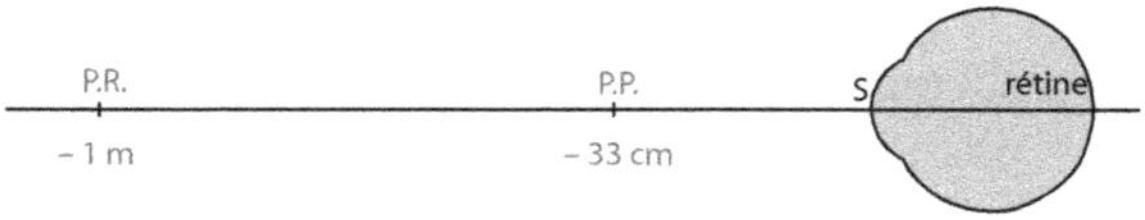

Ce patient peut donc voir des objets nets situés entre -1 m et $-0{,}33$ m. En réalité, le plan de lecture confortable est plus éloigné que -33 cm car à cette distance, l'œil doit accomoder et par suite se fatigue vite.

c. L'hyperope presbyte

La presbytie aggrave les conséquences de l'hyperopie. La diminution de l'amplitude d'accommodation fait que le P.P. est encore plus éloigné de S, voire lui aussi virtuel.

3. La correction de la presbytie

La presbytie se corrige avec plusieurs types de verres :

- les verres progressifs ;
- les verres double foyer ou bifocaux ;
- les verres simples foyer ou unifocaux ;
- les verres mi-distance.

a. Correction d'une presbytie simple

Seule la vision de près doit être corrigée.
Cela se fait avec une lentille dont la puissance est telle que, pour voir nettement un plan de lecture confortable, situé à −25 cm, l'œil n'utilise que la moitié de son amplitude d'accommodation.
Ce sujet n'utilisera donc ses lunettes que pour la vision de près (pour la lecture notamment).

b. Correction d'une presbytie associée à une amétropie

Par exemple, si un œil est en même temps myope et presbyte, il faut corriger la vision de loin à cause de la myopie et la vision de près à cause de la presbytie.
On utilise des verres à puissance variable dits « progressifs » : la puissance diminue graduellement lorsque l'on passe du bord inférieur (correction de près) au bord supérieur (correction de loin) de la lentille.

[Biophysique sensorielle] Ondes sonores et audition

1. Les sons audibles

L'oreille humaine ne perçoit une sensation auditive que pour les vibrations de fréquences comprises entre 16 Hz et 20 000 Hz.

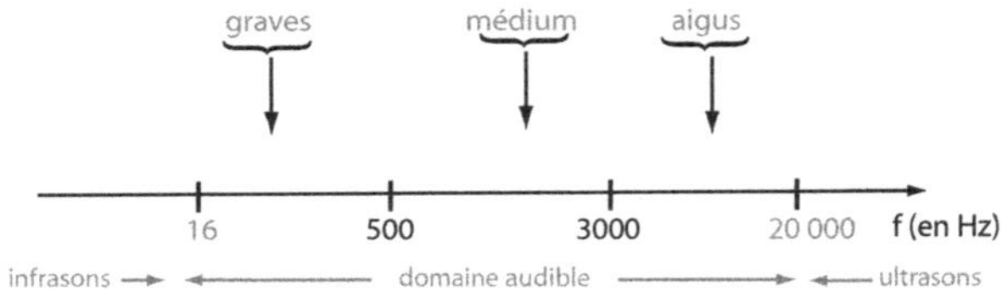

2. Intensité sonore

S étant une surface perpendiculaire à la direction de propagation de l'onde sonore et $\mathcal{P}_r$ la puissance sonore reçue au niveau de cette surface S, l'intensité sonore est par définition la puissance sonore reçue par unité de surface, soit :

$$\mathcal{P}_r = \int_S \mathrm{I} \cdot dS$$

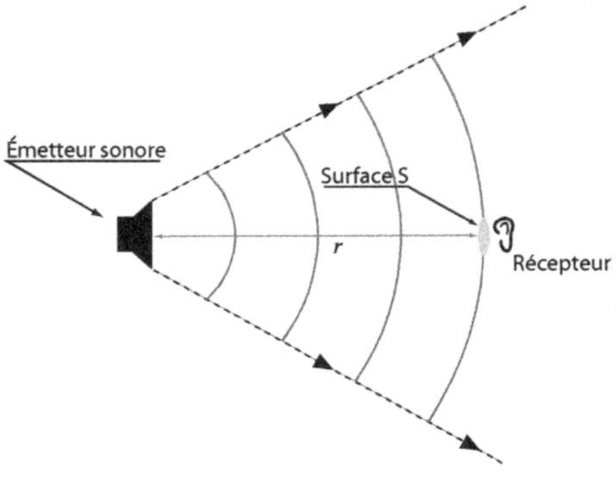

Si l'intensité sonore est uniforme sur toute la surface S, $\mathrm{I} = cste$, alors :

$$\mathrm{I} = \frac{\mathcal{P}_r}{S}$$

- $\mathcal{P}_r$: puissance reçue en W
- S : surface en m^2
- I : intensité sonore en $W \cdot m^{-2}$

[IMPORTANT]

- En acoustique, généralement la source sonore est placée dans un milieu homogène et émet dans toutes les directions. Si le milieu est isotrope, l'onde produite est une onde sphérique.
- Si la source S émet avec une puissance $\mathcal{P}$ et s'il n'existe pas de phénomène d'absorption, la puissance surfacique à une distance r de la source est :

$$I = \frac{\mathcal{P}}{4\pi r^2}$$

3. Niveau sonore

Pour quantifier la sensation sonore, on utilise la grandeur L appelée niveau sonore :

$$L = 10 \log \frac{I}{I_0}$$

L : niveau sonore en décibels acoustique (dB)
I : intensité acoustique en $W \cdot m^{-2}$
$I_0 = 10^{-12} W \cdot m^{-2}$: intensité sonore de référence

Lorsque l'intensité sonore est multipliée par 2, le niveau sonore L s'accroît de 3 dB. En effet, si $I_2 = 2\ I_1$, alors :

$$L_2 = 10 \log \frac{I_2}{I_0} = 10 \log \frac{2I_1}{I_0} = 10 \left(\log 2 + \log \frac{I_1}{I_0} \right) = 10 \log 2 + L_1 = L_1 + 3$$

[IMPORTANT]

- Le niveau sonore L n'est pas une grandeur additive. En revanche, la puissance sonore $\mathcal{P}$ et l'intensité sonore I sont des grandeurs additives.

Exemple

Deux sources sonores émettant deux sons de niveaux sonores respectifs $L_1 = 90$ dB et $L_2 = 80$ dB ne donneront pas un son résultant de niveau sonore $L = 170$ dB.

- L'étendue des sons audibles va de 0 dB à 120 dB. Les sons plus intenses sont douloureux et peuvent endommager le système auditif.

[Biophysique sensorielle] Propagation des sons

1. Onde acoustique. Équation de propagation

- Pression acoustique

L'onde sonore qui se propage à l'intérieur du cylindre correspond à une petite modification de la pression P.

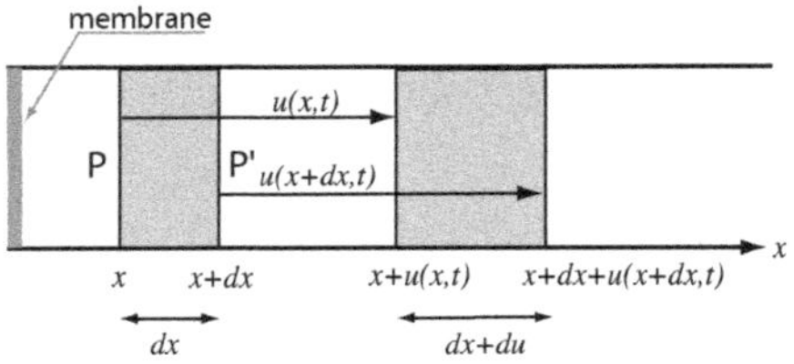

On définit la pression acoustique p par :

$$p(x, t) = P(x, t) - P_0$$
(p : presssion acoustique)

$P(x, t)$: pression instantanée du fluide, au point M,
P_0: pression du fluide à l'équilibre.

$p(x, t)$ représente également la valeur instantanée des variations de pression au point M.

- Mouvement des particules

Il peut être décrit par une fonction du type :

$$u(x, t) = u_0 \sin(\omega t - kx)$$

- Vitesse de vibration des particules

$$v(x, t) = \frac{\partial u(x, t)}{\partial t} = u_0 \omega \cos(\omega t - kx)$$

- L'accélération vérifie l'équation :

$$a(x, t) = \frac{\partial^2 u(x, t)}{\partial t^2} = -\omega^2 u_0 \sin(\omega t - kx) = -\omega^2 u(x, t)$$

- Équation de propagation

$$\ddot{u}(x, t) + \omega^2 u(x, t) = 0, \text{ où } a(x, t) = \ddot{u}(x, t)$$
(équation différentielle de l'oscillateur harmonique)

[IMPORTANT]

- La fonction $u(x, t) = f(t \pm \frac{x}{c})$ satisfait à l'équation aux dérivées partielles :

$$\frac{\partial^2 u(x, t)}{\partial x^2} = \frac{1}{c^2}\frac{\partial^2 u(x, t)}{\partial t^2},$$ où c représente la célérité de l'onde

- La célérité de l'onde, appelée aussi vitesse de phase, est donnée par :

$$c = v_\varphi = \frac{\omega}{k}$$

(c est caractéristique du milieu élastique)

- L'onde progressive périodique possède une double périodicité : une période temporelle T et une période spatiale $\lambda = c \cdot T$, appelée longueur d'onde.

2. Vitesse du son dans différents milieux

a. Vitesse du son dans les gaz

Elle est donnée par la relation :

$$c_{gaz} = \sqrt{\frac{\gamma P}{\rho}}$$

c_{gaz} : vitesse en $m \cdot s^{-1}$
γ : coefficient adiabatique (sans unité)
P : pression du gaz en Pa
ρ : masse volumique en $kg \cdot m^{-3}$

Si le gaz est un gaz parfait, alors $\rho = \frac{MP}{RT}$ et $c_{gaz} = \sqrt{\frac{RT}{M}}$

b. Vitesse du son dans les liquides

Elle est donnée par la relation :

$$c_{liquide} = \sqrt{\frac{K}{\rho}} \text{ avec } K = \frac{1}{\chi}$$

$c_{liquide}$: vitesse en $m \cdot s^{-1}$
χ : coefficient de compréssibilité
ρ : masse volumique en $kg \cdot m^{-3}$

c. Vitesse du son dans les solides

Elle est donnée par la relation :

$$c_{solide} = \sqrt{\frac{E}{\rho}}$$

c_{solide} : vitesse en $m \cdot s^{-1}$
E : module d'élasticité en $N \cdot m^{-2}$
ρ : masse volumique en $kg \cdot m^{-3}$

[IMPORTANT]

La vitesse du son est plus élevée dans les liquides que dans les gaz et encore plus élevée dans les solides.

3. Énergie transportée par une onde acoustique

a. Énergie et densité d'énergie

- Une onde acoustique qui se propage transporte de l'énergie :

$$e_T = e_c + e_p = \frac{1}{2} m\omega^2 u_0^2$$

- Densité d'énergie

C'est l'énergie par unité de volume :

$$\mathcal{E} = \frac{e_T}{V} = \frac{1}{2}\rho v_0^2 = \frac{1}{2}\rho\omega^2 u_0^2$$

($\mathcal{E}$: densité d'énergie)

[IMPORTANT]

L'énergie transportée par l'onde se propage à la célérité *c*, célérité de l'onde.

b. Intensité acoustique

C'est l'énergie qui traverse l'unité de surface pendant l'unité de temps :

$$\mathrm{I} = \frac{e_T}{S\Delta t}$$

[IMPORTANT]

Dans le cas d'une onde sonore se propageant le long d'un tube cylindrique de section *S* et de longueur $l = v\Delta t$,

$$\mathrm{I} = c\frac{e_T}{Sl} = c\frac{e_T}{V}$$

Comme $\varepsilon = \frac{e_T}{V}$, alors :

$$\mathrm{I} = v\varepsilon = \frac{1}{2}\rho c\omega^2 u_0^2 = \frac{1}{2}\rho c v_0^2, \text{ avec } \omega = 2\pi f \text{ et } c = \sqrt{\frac{1}{\chi_S \rho}}$$

(I exprimée en W.m^{-2})

Sons purs et sons complexes

1. Les sons purs

a. Mouvement vibratoire sinusoïdal

Un mouvement vibratoire est sinusoïdal quand l'élongation $x(t)$ d'un point vibrant est une fonction sinusoïdale du temps :

$$x(t) = a \sin(\omega t + \varphi)$$

a : amplitude
ω : pulsation de la vibration
φ : phase à l'origine

Exemple

Les vibrations d'un diapason avec faible amplitude décrivent un mouvement sinusoïdal.

b. Son pur

Le son émis par un diapason est un son pur alors que le son émis par un instrument de musique est un son complexe.

2. Sons complexes

- Il s'agit de sons périodiques mais dont l'élongation, de même que la pression, n'est plus une simple fonction sinusoïdale du temps.

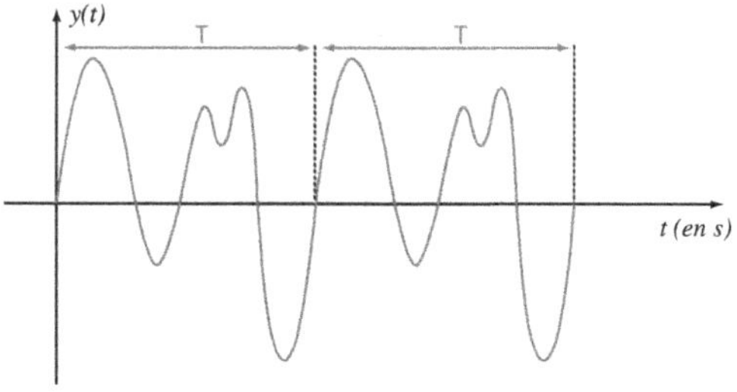

- Décomposition d'un son complexe en sons purs. Décomposition en série de Fourier.

Toute fonction périodique du temps, de fréquence f peut être décomposée de façon unique en une somme de fonctions sinusoïdales du temps, de fréquence f, $2f$, $3f$ ..., soit :

$$f(t) = a_0 + a_1 \sin(2\pi f t + \varphi_1) + a_2 \sin(2\pi \times 2 f t + \varphi_2) + \ldots + a_n \sin(2\pi \times n f t + \varphi_n) + \ldots$$

ou encore

$$f(t) = a_0 + a_1 \sin(\omega t + \varphi_1) + a_2 \sin(2\omega t + \varphi_2) + \ldots + a_n \sin(n\omega t + \varphi_n), \text{ avec } \omega = 2\pi f$$

Un son complexe de fréquence f est donc la somme de plusieurs sons purs :
– un son pur de fréquence f, appelé « fondamental » ;
– des sons purs de fréquences $2f$, $3f$, ...nf,... appelés harmoniques.

[IMPORTANT]

- Le fondamental est donc l'harmonique de rang 1.
- La fréquence du son complexe est égale à celle du fondamental qui le constitue.

Exemple

Soient deux signaux sinusoïdaux y_1 et y_2, de fréquences respectives $f_1 = f$ et $f_2 = 2f$ tels que :

$$\begin{cases} y_1 = 2\sin(2\pi f t) \\ \text{et} \\ y_2 = 2\sin(2\pi \times 2f \times t) \end{cases}$$

La résultante $y_S = y_1 + y_2$ est une fonction :

– périodique, de fréquence f ;

– non sinusoïdale.

La figure ci-après donne une représentation graphique de y_1, y_2 et $y_S = y_1 + y_2$.

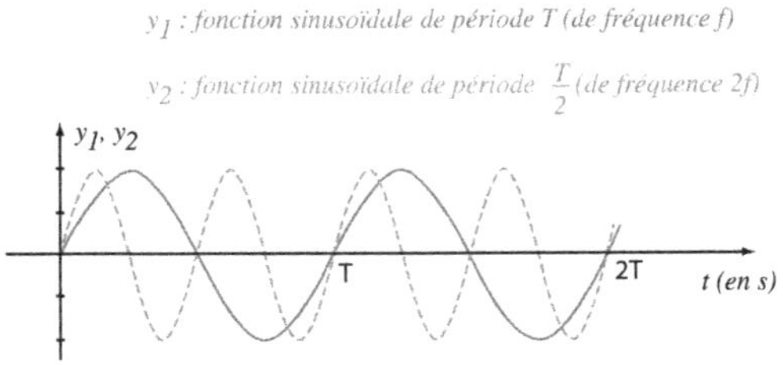

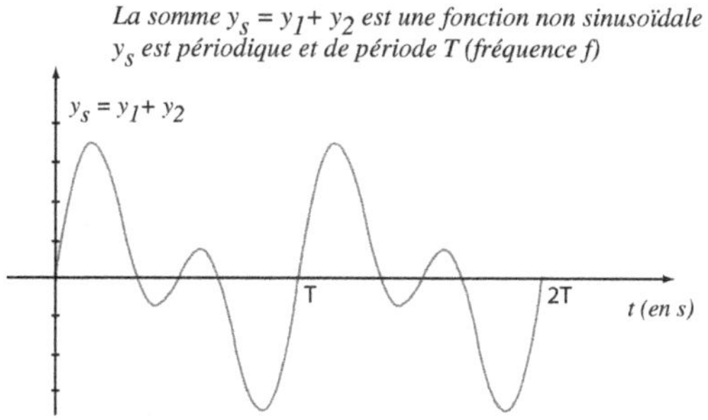

3. Spectre d'amplitude (analyse harmonique)

Le spectre d'amplitude est la représentation graphique de l'analyse spectrale : en abscisse est représentée la fréquence et en ordonnée l'amplitude de chaque composante.

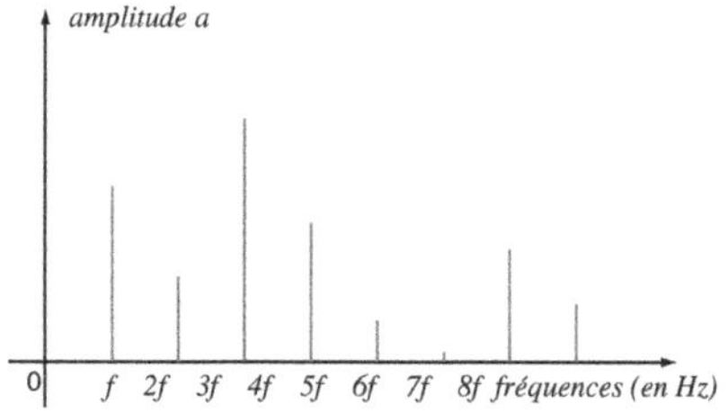

[ATTENTION]

Si l'amplitude du fondamental est nulle, c'est le second harmonique qui est le son le plus grave audible avec pour fréquence 2*f*. Les harmoniques impairs apparaissent alors comme des fractions de la fréquence 2*f*. Si celle-ci est prise comme fondamentale, ces harmoniques impairs sont appelés partiels.

4. Les bruits

- Les bruits sont des sons non périodiques, en général de courte durée (bruits transitoires).
- L'étude de leur spectre montre que plus la durée est brève, plus leur spectre est étendu, avec une multitude de composantes.
- Lorsque le nombre de composantes n'est pas trop grand, les bruits conservent un caractère musical (bruits musicaux).
- À l'opposé, il existe des bruits à spectre continu dont un cas particulier, le bruit blanc.

[Biophysique sensorielle] L'audition subjective

Les paramètres physiques décrivant une onde sonore sont au nombre de trois : l'intensité sonore (puissance surfacique), la fréquence et le spectre d'amplitude.
À ces propriétés physiques correspondent des sensations :

Caractéristique du son	Perception
Intensité sonore	Sonie
Fréquence	Hauteur
Spectre d'amplitude	Timbre

1. La sonie

La sonie ou sensation de son fort ou faible est liée essentiellement à la puissance surfacique de l'onde sonore, elle varie en fonction de la fréquence.

Sensibilité de l'oreille à la sonie

Le seuil absolu d'intensité ou seuil liminaire d'audition est la plus faible valeur de puissance qui produit une sensation sonore ; il varie avec la fréquence.
Il existe également pour chaque fréquence un seuil douloureux ou valeur de la puissance surfacique créant une sensation douloureuse.
Chez l'individu normal, le maximum de sensibilité est situé entre 1 000 et 3 000 Hz.

Échelle des décibels absolus

On rappelle que la puissance de référence est le seuil liminaire d'audition à la fréquence de 1 000 Hz soit $10^{-12} W \cdot m^{-2}$.

Échelle des décibels relatifs

La puissance surfacique de référence est prise égale au seuil de liminaire d'audition pour la fréquence considérée.

Échelle des phones

Le phone, unité particulière, de sensation sonore est défini par rapport à un son pur de 1 000 Hz.

L'intensité sonore exprimée en phones est par définition, numériquement égale au niveau sonore absolu (ou relatif) du son de 1 000 Hz qui produit la même sensation chez des individus considérés comme normaux.

Courbes isophonantielles

L'intensité sonore en phones peut être approximativement mesurée à l'aide d'un sonomètre, appareil utilisant ces courbes isophonantielles (non parallèles entre elles contrairement aux courbes en dB relatifs).

Seuil différentiel de sonie (audition non simultanée)

C'est la différence minimale de puissance surfacique entre deux sons émis successivement, perçus par une même oreille et qui permet à celle-ci de noter une augmentation de puissance, soit un seuil différentiel de sonie.

2. Hauteur d'un son

- La hauteur d'un son est la qualité qui donne la sensation qu'un son est plus ou moins grave qu'un autre son.
- La hauteur d'un son est mesurée par la fréquence du fondamental appelée fréquence du son.

[IMPORTANT]

- La hauteur d'un son est mesurée par la fréquence du fondamental.
- Deux sons de même fréquence sont perçus comme étant de même hauteur, même si leurs autres caractéristiques sont très différentes.

Seuil différentiel de hauteur

C'est la différence minimale de fréquence entre deux sons, émis successivement, perçus par une même oreille.

Pour deux fréquences f_1 et f_2, le seuil différentiel de hauteur est :

$$\Delta f = f_2 - f_1$$

Hauteur relative

Pour deux sons de fréquences respectives f_1 et f_2, l'écart de fréquence H est : $H = 1000 \log \frac{f_2}{f_1}$ H : écart de fréquence ou hauteur relative
H : en savart (Sv)

Soit : $f_2 = f_1 \cdot 10^{0,001 \cdot H}$

Octave

Une octave correspond à un rapport de fréquence $\frac{f_2}{f_1} = 2$.

Elle représente un écart de fréquence $H = 1000 \log 2 \simeq 300$ Sv.
On dit qu'une note est à l'octave supérieure d'une autre note lorsque sa hauteur est deux fois plus grande.

3. Timbre d'un son

- Deux sons de même hauteur, donc de même fréquence, ne produisent pas nécessairement la même impression auditive. Ils peuvent différer par leur intensité et par l'importance relative des différentes harmoniques qui les composent.
- Le timbre d'un son de fréquence f est caractérisé par le nombre et l'amplitude relative des harmoniques : c'est la qualité d'un son qui permet de distinguer deux notes de même hauteur jouée par deux instruments de musique différents.

QCM

Énoncés

1. Un patient presbyte a son P.P. et son P.R. situés respectivement à 1,5 m et à 3,5 m en avant de son œil.
L'amplitude d'accomodation ou amplitude dioptrique de cet œil est :

❑ **a.** $-0,38\ \delta$. ❑ **b.** $-0,38\ \delta$ ❑ **c.** $-0,35\ \delta$
❑ **d.** $+0,38\ \delta$ ❑ **e.** $+0,45\ \delta$

2. Un sujet emmétrope a son P.P. à 15 cm.
Un sujet myope de même âge dont le P.R. est à 25 cm a son P.P. à :

❑ **a.** 37,5 cm ❑ **b.** 9,4 cm

Pour corriger la myopie, il faut placer devant l'œil une lentille de puissance :

❑ **c.** $+4\ \delta$ ❑ **d.** $-4\ \delta$ ❑ **e.** $-6\ \delta$

3. Le P.P. d'un œil est situé à 1 m devant cet œil. Pour voir nettement un objet situé à 20 cm il faut utiliser :

❑ **a.** Des verres convergents

❑ **b.** Des verres divergents

Des verres de vergence :

❑ **c.** $-4\ \delta$ ❑ **d.** $+3\ \delta$ ❑ **e.** $+4\ \delta$

4. Un œil est représenté par un dioptre équivalent dont le rayon de courbure est de 6 mm. L'indice oculaire est $n = 1,33$. La distance sommet du dioptre rétine est de 20,5 mm.
Quelle est (en dioptries) le degré de l'amétropie ?
Vous cocherez la lettre correspondant à la valeur la plus proche de votre calcul ; celui-ci devra être exprimé avec 3 chiffres significatifs, l'arrondi éventuel ne sera fait qu'à partir du quatrième chiffre.

❑ **a.** $+10{,}12\ \delta$ ❑ **b.** $+15\ \delta$ ❑ **c.** $+9{,}88\ \delta$
❑ **d.** $-9{,}88\ \delta$ ❑ **e.** $+9{,}88.10^{-3}\ \delta$

5. Un réacteur d'avion génère à 10 mètres un bruit de 120 dB absolus. En supposant qu'il n'y ait aucun amortissement dans l'air, et que la propagation du son se fasse selon une symétrie parfaite dans toutes les directions à partir d'une source supposée ponctuelle, on demande de calculer le niveau sonore, en décibels absolus, reçu à une distance de 1 000 m sans obstacle.

❑ **a.** 110 dB ❑ **b.** 80 dB ❑ **c.** 100 dB
❑ **d.** 90 dB ❑ **e.** Les réponses ABCD sont fausses

6. Dans une salle de concert, un violon produit un son se propageant dans toutes les directions. Il emet, en un point M de la salle, une intensité sonore $I = 2.10^{-5}\ W \cdot m^{-2}$.
Le niveau sonore en dB est :

❑ **a.** 70 dB ❑ **b.** 73 dB

Trois violonistes jouent à l'unisson avec la même intensité sonore. Au même point M de la salle de concert, le niveau sonore perçu est :

❑ **c.** 210 dB ❑ **d.** 79 dB ❑ **e.** 77,8 dB

7. Un concert est donné par deux musiciens. Placé à deux mètres des musiciens, on mesure le niveau sonore produit successivement par chacun des instruments : on trouve $L_1 = 70$ dB et $L_2 = 75$ dB.
Les intensités sonores I_1 et I_2 émises respectivement par chacun des instruments à la distance $d = 2$ m sont :

❑ **a.** $I_1 = 1{,}6 \cdot 10^{-5}\ W \cdot m^{-2}$ et $I_2 = 1{,}72 \cdot 10^{-5}\ W \cdot m^{-2}$
❑ **b.** $I_1 = 3{,}10 \cdot 10^{-5}\ W \cdot m^{-2}$ et $I_2 = 3{,}16 \cdot 10^{-5}\ W \cdot m^{-2}$
❑ **c.** $I_1 = 1{,}0 \cdot 10^{-5}\ W \cdot m^{-2}$ et $I_2 = 3{,}16 \cdot 10^{-5}\ W \cdot m^{-2}$

Le niveau sonore L perçu à 2 m a pour valeur :

❑ **d.** 77,5 dB ❑ **e.** 76,2 dB

Corrigés

1. Bonne réponse : **d**.

L'amplitude dioptrique est donnée par :

$$A = \frac{1}{d_m} - \frac{1}{D} \text{ avec } \left| \begin{array}{l} D = \text{ P.R. (distance maximale de vision distincte)} \\ \text{et} \\ d_m = \text{ P.P. (distance minimale de vision distincte)} \end{array} \right.$$

Application numérique : $A = \frac{1}{1,5} - \frac{1}{4} = 0,38\ \delta.$

Ce sujet est légèrement myope mais n'accomode presque plus.

2. Bonnes réponses : **b** et **d**.

Si l'œil normal a son P.P. à la distance d_1, l'œil myope de même âge dont le P.R. est à la distance d_2 aura son P.P. à la disance d telle que :

$$\frac{1}{d_1} = \frac{1}{d} - \frac{1}{d_2}, \text{ soit } d = \frac{d_1 \cdot d_2}{d_1 + d_2}$$

Numériquement : $d = \frac{15 \times 25}{15 + 25} \simeq 9,4$ cm.

L'œil étant trop convergent, il faut donc placer une lentille qui diminue sa convergence, c'est-à-dire une lentille divergente.

La lentille doit donner d'un objet situé à l'infini une image qui se voit par l'œil au repos, donc située à son P.R.

D'après la relation de conjugaison :

$$\frac{1}{\overline{OA'}} - \frac{1}{\overline{OA}} = \frac{1}{f'} = D$$

Comme $\overline{OA} \longrightarrow -\infty$, alors : $C = \frac{1}{f'} = \frac{1}{\overline{OA'}}$

Numériquement : la vergence d'une telle lentille est :

$$C = \frac{1}{f'} = \frac{1}{-0,025} = -4\ \delta.$$

3. Bonnes réponses : **a** et **e**.

On applique la relation de conjugaison, soit :

$$\frac{1}{p'} - \frac{1}{p} = \frac{1}{f'} \text{ avec } \left| \begin{array}{l} p' = -1 \text{ m}, \\ p = -0{,}2 \text{ m} \end{array} \right.$$

Numériquement, $\frac{1}{f'} = \frac{1}{-1{,}0} - \frac{1}{-0{,}20} = 4\ \delta.$

Il faut donc utiliser un verre convergent de vergence $C = +4\ \delta$.

4. Bonne réponse : **c**.

Au niveau du dioptre verre de contact œil, on applique la formule du dioptre sphérique :

$$\frac{n_2}{\overline{SA'}} - \frac{n_1}{\overline{SA}} = \frac{n_2 - n_1}{R}$$

n_1 : indice de l'air
n_2 : indice du milieu de l'œil
R : rayon de courbure de la cornée
A' : image de A à travers le dioptre de rayon R
$\overline{SA} = \mathrm{P}^{\mathrm{P.R.}}$
$\overline{SA'}$: distance sommet du dioptre-rétine

Ainsi : $$\frac{n_2}{\overline{SA}} = \frac{n_1}{\mathrm{P}^{\mathrm{P.R.}}} = \frac{n_2}{\overline{SA'}} - \frac{n_2 - n_1}{R}$$

Application numérique :

$$\frac{1}{\mathrm{P}^{\mathrm{P.R.}}} = \frac{1{,}33}{20{,}5 \cdot 10^{-3}} - \frac{1{,}33 - 1}{6 \cdot 10^{-3}} \simeq 9{,}88\delta$$

Par définition, on appelle degré d'amétropie la proximité du punctum remotum, soit :

$$\mathrm{D}^\circ \text{ d'amétropie} = \frac{1}{\mathrm{P}^{\mathrm{P.R.}}} \text{ où } \mathrm{P}^{\mathrm{P.R.}} \text{ représente la position du P.R.}$$

Ainsi, D° d'amétropie = 9,88 δ.

5. Bonne réponse : **b**.

On a $\mathrm{L}_1 = 10 \log \frac{\mathrm{I}}{\mathrm{I}_0}$, soit $\mathrm{I}_1 = \mathrm{I}_0 \times 10^{\frac{\mathrm{L}_1}{10}}$.

Application numérique : $\mathrm{I}_1 = 10^{-12} \times 10^{\frac{120}{10}} = 1{,}0\ \mathrm{W \cdot m^{-2}}$.

Le niveau sonore à la distance D est :

$$I_2 = I_1(\frac{d}{D})^2 \text{ avec } d = 10 \text{ m et } D = 1\,000 \text{ m}$$

D'où $I_2 = 1{,}0 \times (\frac{10}{1000})^2 = 1{,}0.10^{-4}\ W \cdot m^{-2}$

Il en résulte un niveau sonore de : $L_2 = 10 \log \frac{1{,}0.10^{-4}}{10^{-12}} = 80$ dB.

6. Bonnes réponses : **b** et **e**.

1. On rappelle que le niveau sonore L est lié à l'intensité acoustique I par la relation :

$$L = 10 \log \frac{I}{I_0}$$

| L : niveau sonore en dB
| I : intensité sonore en $W \cdot m^{-2}$
| $I_0 = 10^{-12} W \cdot m^{-2}$: intensité sonore de référence

Comme $I = 2 \cdot 10^{-5} W \cdot m^{-2}$, alors :

$$L = 10 \log \frac{2 \cdot 10^{-5}}{10^{-12}} = 73 \text{ dB}$$

2. Attention, les niveaux sonores ne sont pas des grandeurs additives. En revanche, les intensités sonores, comme les puissances sonores, s'ajoutent.

L' intensité sonore émise par les trois instruments est :

$$I_T = 3I, \text{ soit numériquement } I_T = 6 \cdot 10^{-5} W \cdot m^{-2}$$

Il en résulte donc un niveau sonore L_T de :

$$L_T = 10 \log \frac{6 \cdot 10^{-5}}{10^{-12}} = 77{,}8 \text{ dB}$$

7. Bonnes réponses : **c** et **e**.

Comme $L = 10 \log \frac{I}{I_0}$, alors : $I = I_0 \cdot 10^{\frac{L}{10}}$

Numeriquement :

$$I_1 = 10^{-12} \times 10^{\frac{70}{10}} = 1{,}00 \cdot 10^{-5} W \cdot m^{-2}.$$
$$I_2 = 10^{-12} \times 10^{\frac{75}{10}} = 3{,}16 \cdot 10^{-5} W \cdot m^{-2}.$$

L'intensité sonore percue à 2 m des musiciens a pour valeur $I = I_1 + I_2$

Application numérique : $I = 4,16 \cdot 10^{-5} W \cdot m^{-2}$.

Et par suite : $L = 10 \log \frac{4,16 \cdot 10^{-5}}{10^{-12}} \simeq 76{,}2$ dB

Formation des échos. Impédance acoustique

1. Réflexion et transmission des ondes ultrasonores

Une onde acoustique incidente qui arrive sous un angle d'incidence i_1 à la surface de séparation (Σ) de deux milieux (1) et (2) de propriétés acoustiques différentes, donne naissance à l'interface, une onde réfléchie dans la direction r et une onde transmise dans la direction i_2.

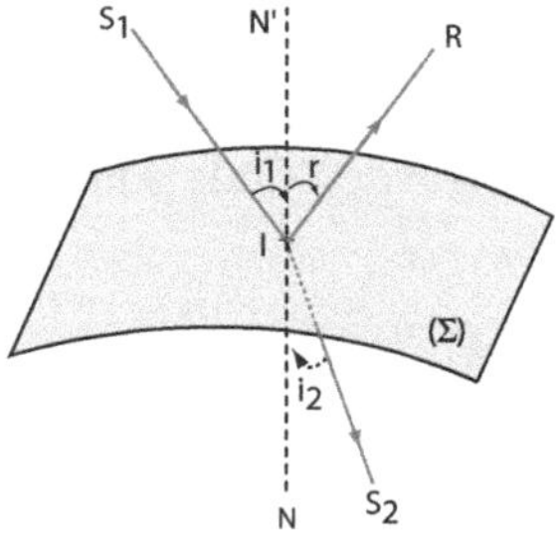

Comme pour les ondes lumineuses, les angles i_1, i_2 et r vérifient les relations :

$i_1 = r$, pour la réflexion

$\dfrac{\sin i_1}{c_1} = \dfrac{\sin i_2}{c_2}$, pour la réfraction

c_1 : célérité de l'onde dans le milieu (1)
c_2 : célérité de l'onde dans le milieu (2)

2. L'écho ultrasonore

L'écho correspond au signal enregistré lorsqu'une partie de l'énergie du faisceau incident est réfléchie vers la sonde. Deux cas peuvent se présenter.

- Toute l'énergie est réfléchie : aucune onde ultrasonore ne se propage au-delà de l'obstacle qui se comporte donc comme un écran.
- L'énergie réfléchie est plus faible : le faisceau est atténué au passage de l'obstacle et d'autres échos plus lointains vont pouvoir être enregistrés.

3. Impédance acoustique

L'impédance acoustique Z (ou résistance acoustique) d'un milieu parcourue par une onde progressive est une grandeur caractéristique de la nature de ce milieu. Elle mesure la facilité de déformation du milieu.
Par analogie électrique, la surpression $p(x,t)$ et l'impédance Z du milieu sont liées par la relation :

$$p(x,t) = Z \cdot c(x,t)$$

Dans le cas des ondes acoustiques planes :

$$Z = \rho c, \text{ pour une onde progressive de la forme } f(x - ct)$$
$$Z = -\rho c, \text{ pour une onde progressive de la forme } g(x + ct)$$

avec : | ρ : masse volumique du milieu
| c : célérité de l'onde sonore ou ultrasonore

[IMPORTANT]

- L'impédance acoustique, comme la célérité, dépend aussi du milieu : $Z = \rho c = E\sqrt{\rho}$
- Dans le cas d'un fluide de coefficient de compressibilité adiabatique χ_S : $Z = \rho c = \sqrt{\dfrac{\rho}{\chi_S}}$

4. Coefficients de réflexion et de transmission

On associe à une onde acoustique progressive une énergie, celle-ci étant d'autant plus élevée que l'onde est plus intense.
Lorsqu'une onde ultrasonore traverse l'interface séparant deux milieux matériels (1) et (2), de célérités c_1 et c_2 et d'impédances acoustique Z_1 et Z_2 différentes, une partie de l'énergie incidente est réfléchie vers (1) et une autre partie est transmise dans le milieu (2).
On définit les coefficients de réflexion $R_{1/2}$ et de transmission $T_{1/2}$ de l'énergie acoustique de l'onde incidente sur le dioptre (Σ) par les relations :

$$R_{1/2} = \frac{\mathcal{E}_r}{\mathcal{E}_i} \text{ et } T_{1/2} = \frac{\mathcal{E}_t}{\mathcal{E}_i}$$

Où $\mathcal{E}_i$, $\mathcal{E}_r$ et $\mathcal{E}_t$ représentent les énergies acoustiques, au niveau du dioptre (Σ), des ondes progressives incidente, réfléchie et transmise.

$R_{1/2}$ et $T_{1/2}$ vérifient les relations :

$$R_{1/2} = \left(\frac{Z_1 - Z_2}{Z_1 + Z_2}\right)^2 \text{ et } R_{1/2} + T_{1/2} = 1$$

soit :

$$T_{1/2} = 1 - R_{1/2} = 4\frac{Z_1 Z_2}{(Z_1 + Z_2)^2}$$

- Application pratique à l'échographie

Dans l'organisme, formé principalement de milieux riches en eau, l'onde ultrasonore rencontrant une interface entre deux milieux d'impédances acoustiques très différentes (l'os, des calcifications ou des organes remplis d'air tels que poumons, tube digestif), subira une importante réflexion. L'interruption de la propagation de l'onde au niveau de telles structures entraîne la formation d'une « ombre acoustique » .

Lors d'une échographie, il est nécessaire d'éviter la présence d'un film d'air entre la sonde et la peau du sujet, faute de quoi une très faible quantité d'énergie ultrasonore serait transmise au sujet et rendrait l'examen impossible. En pratique, on utilise un gel de contact que le praticien interpose entre la sonde et la peau : il sert d'interface entre la peau et la sonde réalisant un véritable adaptateur d'impédance.

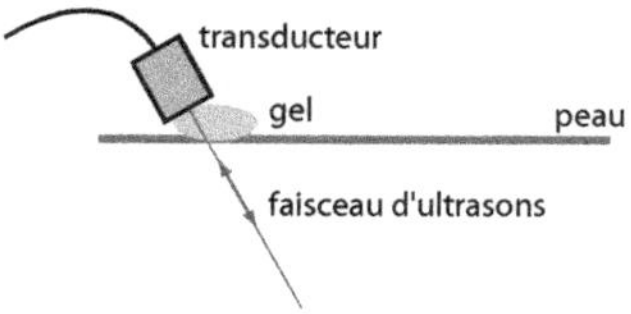

FICHE COURS 77

[Imagerie médicale] Atténuation du faisceau ultrasonore

1. Absorption d'une onde acoustique

Outre l'atténuation induite par les interfaces traversées, deux autres phénomènes interviennent : l'inertie, le frottement des particules entre elles ainsi que la non élasticité des chocs entraînent une atténuation du faisceau U.S.

Dans un milieu hétérogène et isotrope, la densité d'énergie $\mathcal{E}(x)$ associée à un faisceau ultrasonore diminue en fonction de la distance x selon la loi :

$$\mathcal{E}(x) = \mathcal{E}_0 e^{-\alpha x}$$

$\mathcal{E}_0$: énergie initiale émise par la source
α : coefficient d'absorption linéaire du milieu considéré

- Le coefficient d'absorption linéaire α caractérise la capacité du milieu à absorber l'énergie du faisceau et à la dissiper sous forme de chaleur.
- Le coefficient α est proportionnel au carré de la fréquence, soit :

$$\alpha = kf^2$$

f : fréquence de l'onde
k : constante du milieu

[IMPORTANT]

Une onde ultrasonore sera d'autant plus absorbée par les tissus que sa fréquence est élevée.

Exemples

1. Doubler la fréquence f des ondes U.S. revient à multiplier par 2 le coefficient d'atténuation, la portée du faisceau sera donc réduite de moitié.

2. 50 % de l'énergie des ondes U.S. est absorbée tous les :

– 4 cm à la fréquence $f = 1$ MHz ;

– 2 cm à la fréquence $f = 2{,}5$ MHz ;

– 0,5 cm à la fréquence $f = 7$ MHz.

2. Atténuation par diffusion

Si le faisceau des ondes U.S. arrive sur une interface (obstacle) dont les dimensions sont voisines ou inférieures à la longueur d'onde λ des ondes U.S., ou si l'interface présente des reliefs irréguliers dont la taille est voisine de λ, le phénomène de diffusion devient prépondérant. On observe :

- soit une diffusion de l'onde U.S. (diffusion analogue à la diffusion Rayleigh des O.E.M.) ;
- soit une réflexion diffuse.

[IMPORTANT]

Les phénomènes de diffusion deviennent de plus en plus importants lorsque la longueur d'onde augmente. Ainsi, il faut utiliser des longueurs d'onde faibles, c'est-à-dire des ondes U.S. de fréquences élevées.

Imagerie médicale à l'aide des ondes U.S.

1. Principe de l'échographie

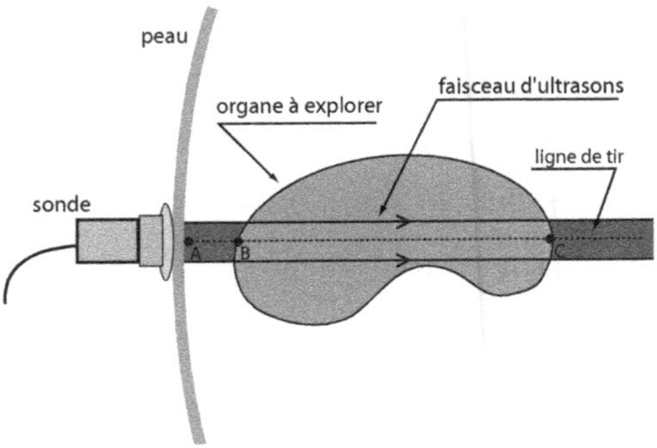

La vitesse de propagation des ondes U.S. dans les tissus humains est considérée constante et égale à $1\ 500\ \text{m}\cdot\text{s}^{-1}$.

Selon la profondeur de l'organe à explorer, le praticien choisit la sonde émettrice dont la fréquence varie de 5 à 20 MHz. À ces fréquences, les ondes U.S. sont très directives et elles permettent donc de viser des points très précis d'organes selon des lignes appelées lignes de tir.

Un dispositif électronique déclenche la fonction réception ou émission et l'appareil permet donc la mesure des temps t_A, t_B et t_C et par suite les distances d_A, d_B et d_C.

La figure ci-après donne les échos recueillis sur l'organe exploré.

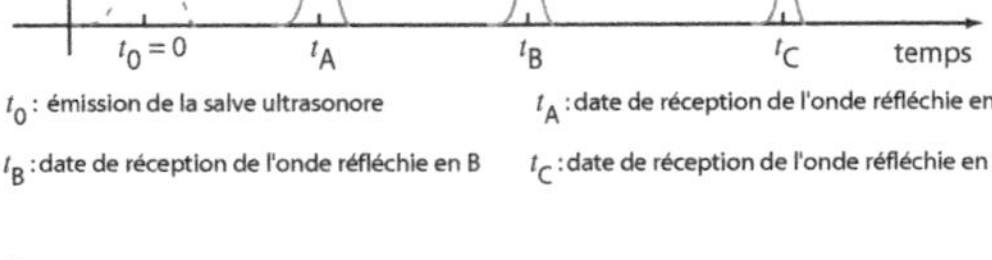

t_0 : émission de la salve ultrasonore
t_A : date de réception de l'onde réfléchie en A
t_B : date de réception de l'onde réfléchie en B
t_C : date de réception de l'onde réfléchie en C

[IMPORTANT]

L'intensité de l'onde réfléchie est fonction de la perméabilité de la paroi rencontrée :

- Si le faisceau ultrasonore arrive sur une structure liquidienne (kyste, vésicule...), on observe un renforcement en arrière de la structure. En effet, à l'intérieur du liquide, le faisceau est moins atténué que dans les structures avoisinantes : il en résulte une intensité ultrasonore proportionnellement plus importante en arrière de la zone liquidienne, par rapport aux tissus voisins.

- Si le faisceau arrive sur un obstacle de forte impédance acoustique par rapport aux structures avoisinantes (lithiases...), on observe un cône d'ombre en arrière de l'obstacle : il n'y a pratiquement pas d'ultrasons en arrière de l'obstacle (ombre acoustique ou cône d'ombre).

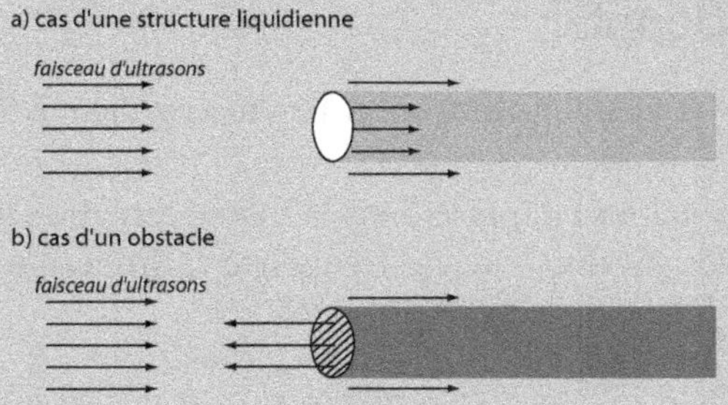

2. L'image échographique

- L'imagerie échographique est une technique d'exploration qui permet d'obtenir la visualisation de multiples organes.
- Pour constituer une image ultrasonographique il faut effectuer plusieurs tirs ultrasonores.

Par exemple, l'obtention de 25 images par seconde nécessite 160 tirs séparés de 250 μs. On peut ainsi observer, par exemple, le déplacement d'un fœtus ou d'un organe.

- Les images obtenues sont de type anatomique et aident au diagnostic de pathologies.
- La figure ci-après donne le principe de construction d'une image réalisée en mode B.

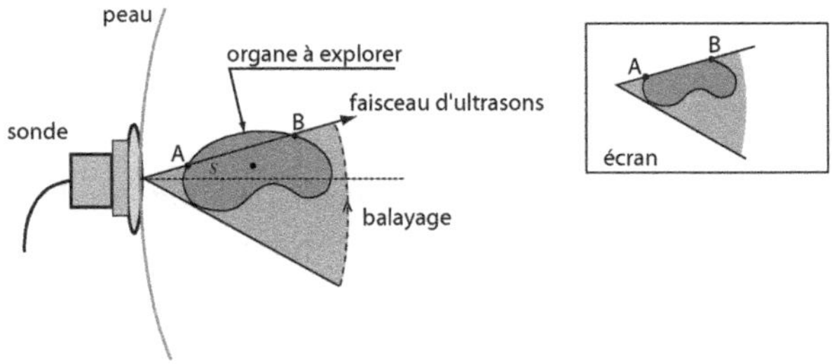

[Imagerie médicale] L'échographie Doppler

La connaissance de la variation de fréquence entre l'onde émise et l'onde reçue permet la mesure de la vitesse d'un écoulement sanguin.

1. L'effet Doppler

Soit une source (émetteur ultrasonore) en mouvement à la vitesse v et un récepteur fixe.

- Lorsque la source se déplace dans la même direction que le récepteur, ce dernier perçoit une onde de fréquence f_r différente de la fréquence d'émission f de la source :

$$f_r = f \cdot \frac{c}{c - v}, \quad c : \text{ célérité du son dans le milieu}$$

Il en résulte une variation relative de fréquence de :

$$\frac{\Delta f}{f} = \frac{v}{c} \qquad ; \Delta f = f_r - f$$

(lorsque v reste très petit devant c)

f : fréquence de la source
fr : fréquence perçue par le récepteur
v : célérité de la source
c : célérité des ondes U.S.

- Si la direction du faisceau d'ultrasons fait un angle θ avec la vitesse $\vec{v}$, vitesse de propagation de l'obstacle, on a :

$$f_r \simeq f\left(1 + 2\frac{v}{c}\cos\theta\right), \quad f\text{: fréquence de l'onde émise par le transducteur}$$

La variation relative de fréquence est :

$$\frac{\Delta f}{f} = 2\frac{v}{c}\cos\theta$$

Exemple

Cas d'un faisceau d'ultrasons envoyé par une sonde sur un vaisseau où circulent des cellules sanguines (hématies).

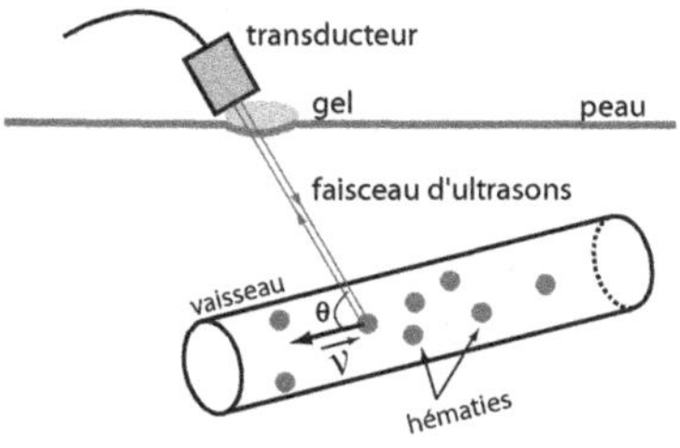

Émission à la fréquence f
Réception à la fréquence $f+\Delta f$

[IMPORTANT]

- On observe une augmentation de la fréquence si les interfaces (les hématies) se rapprochent de la source et une diminution de la fréquence si les interfaces s'éloignent de la source.
- La mesure du décalage de fréquence Δf nous renseigne sur la vitesse d'écoulement du sang. L'exploration Doppler est donc une technique vélocimétrique.

2. Vélocimétrie Doppler à émission continue

Le signal Doppler peut être émis et reçu de façon continue : c'est le Doppler continu.

Ce type d'examen utilise 2 cristaux au niveau du même capteur : un premier cristal qui permet l'émission du faisceau ultrasonore et l'autre la réception du signal réfléchi. Un appareil effectue la comparaison des deux fréquences et un démodulateur va extraire, en continu la fréquence Doppler.

Applications

L'intérêt de la méthode est de dépister des sténoses artérielles (retrécissement du diamètre artériel), et de les quantifier.

L'augmentation de la vitesse au niveau de la sténose est d'autant plus grande que la sténose est serrée. En effet, le sang est incompressible et le débit ne peut être conservé que par accélération temporaire de l'écoulement à ce niveau (Bernouilli).

3. Vélocimétrie à émission pulsée

Le système du Doppler pulsé est caractérisé par l'émission d'une salve repétée d'ondes U.S. délivrées par un cristal unique qui joue à la fois le

rôle d'émetteur et de récepteur. Le délai entre deux salves détermine la fréquence de répétition.
L'appareillage du Doppler pulsé procède à une succession de mesures ponctuelles dans le temps et durant l'intervalle séparant deux émissions successives une « porte de réception » des échos est aménagée.
Entre deux impulsions, le signal réfléchi est analysé pendant une durée très courte que l'on peut appeler la « fenêtre d'écoute ». Le délai entre la fin de l'impulsion et le début de la fenêtre d'écoute détermine la profondeur sélectionnée d'analyse du signal Doppler : c'est la profondeur du volume d'échantillonnage. Le temps d'analyse du signal réfléchi, c'est-à-dire la largeur de la fenêtre d'écoute, détermine la taille du volume d'échantillonnage.

Exemple

Si l'émission se fait pendant l'intervalle de temps $[t_0,t_1]$ et si la réception n'est autorisée que pendant l'intervalle de temps $[t_2,t_3]$ (intervalle définisant la « fenêtre d'écoute »), on peut ainsi explorer :

- une profondeur minimale d'exploration : $d_{\text{min}} = \dfrac{c(t_2 - t_1)}{2}$

et

- une profondeur maximale d'exploration : $d_{\text{max}} = \dfrac{c(t_3 - t_0)}{2}$

avec c : célérité du son dans les tissus

Les deux profondeurs d_{min} et d_{max} délimitent une fenêtre d'exploration.

[Imagerie médicale]
Les nombres quantiques

FICHE COURS 80

1. Nombre quantique principal

L'énergie de l'électron est quantifiée : elle dépend d'un entier n qui prend les valeurs 1, 2, 3...

- n s'appelle le nombre quantique principal.
- À chaque valeur de n correspond une énergie $\mathcal{E}_n$.

2. Nombre quantique secondaire

L'observation des raies spectrales montre que chacune de ces raies est en réalité formée de plusieurs raies. Ce fait peut s'interpréter en introduisant un autre nombre quantique : le nombre quantique secondaire ou azimutal, noté l. Il caractérise la forme de la trajectoire (ellipse).
C'est un entier qui prend toutes les valeurs de 0 à $n-1$, soit :

$$\underset{(l \text{ entier})}{0 \leqslant l \leqslant n-1}$$

Le nombre quantique secondaire quantifie la norme du moment cinétique :

$$\mathrm{L} = \sqrt{l(l+1)}\hbar \text{ avec } \hbar = \frac{h}{2\pi}$$

Exemple

Pour $n = 4$, on obtient les états $l = 0$, $l = 1$, $l = 2$, et $l = 3$.

Ces quatre états sont désignés par les lettres s, p, d, et f, termes d'origine spectroscopique.

l	0	1	2	3
État	s sharp	p principal	d diffuse	f fondamental

3. Nombre quantique magnétique

a. Nombre quantique magnétique – Effet Zeeman

Si on applique un champ magnétique $\overrightarrow{B}$ sur l'atome d'hydrogène, l'observation spectrale indique un éclatement des raies précédentes en plusieurs autres raies : c'est l'effet Zeeman. Ce phénomène s'explique par l'introduction d'un troisième nombre quantique : le nombre quantique magnétique, notée m_l. Il est tel que :

$$-l \leqslant m_l \leqslant +l$$
$$(m_l \text{ entier})$$

Le nombre quantique m_l quantifie la projection du moment cinétique, par exemple selon Oz :

$$\mathrm{L}_z = m_l \hbar$$

Exemple

Pour $l = 3$, on obtient les valeurs de m_l et L_z.

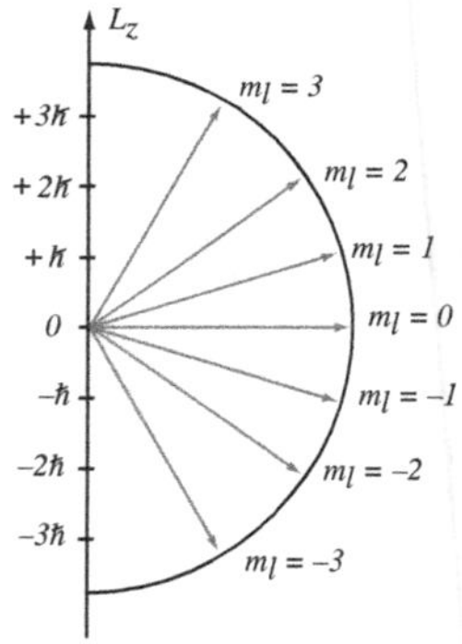

b. Nombre quantique magnétique de spin

Les interprétations de certaines expériences ont conduit à admettre que l'électron possède une quantité supplémentaire : le spin, qu'on interprète dans une vision classique comme une rotation sur lui-même.

Pour interpréter un certain nombre de faits théoriques et expérimentaux, il faut admettre que les particules possèdent un moment cinétique intrinsèque, le moment de spin $\vec{\mathrm{S}}$.

Le nombre de spin s quantifie la norme du moment de spin :

$$\mathrm{S} = \sqrt{s(s+1)}\hbar$$

L'électron a un spin $s = \frac{1}{2}$ et par suite $\mathrm{S} = \frac{\sqrt{3}}{2}\hbar$.

Deux possibilités sont offertes à l'électron.

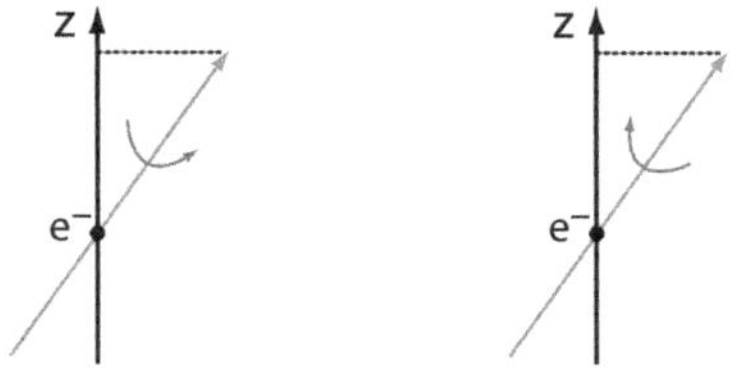

Ce moment de rotation de l'électron est quantifié, c'est le moment cinétique de spin, noté m_s :

$$m_s = \pm\frac{1}{2}$$

Le nombre quantique m_s quantifie la projection du moment cinétique de spin $\overrightarrow{S}$, par exemple selon Oz :

$$S_z = m_s\hbar$$

Exemple

Dans le cas de l'électron $s = \frac{1}{2}$, et par suite $S = \frac{\sqrt{3}}{2}\hbar$ et $S_z = \pm\frac{1}{2}\hbar$.

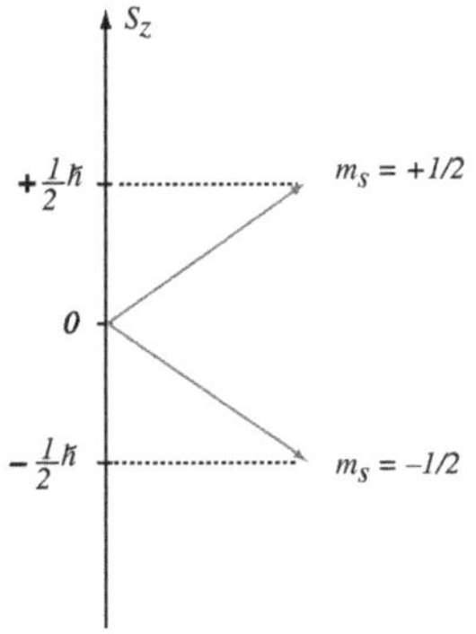

[IMPORTANT]

Pour un électron dans l'atome, son moment cinétique total sera la somme vectorielle de son moment cinétique orbital $\overrightarrow{L}$ et de son moment cinétique de spin $\overrightarrow{S}$, soit :

$$\overrightarrow{J} = \overrightarrow{L} + \overrightarrow{S}$$

De la même façon, la norme du moment cinétique total et sa projection selon Oz sont quantifiées, soient :

$$J = \sqrt{j(j+1)}\hbar, \text{ avec } l - s \leqslant j \leqslant l + s$$

et $J_z = m_j\hbar$ avec $-j \leqslant m_j \leqslant +j$

FICHE COURS 81

[Imagerie médicale] Moments magnétiques de particules chargées

La rotation de l'électron autour du noyau engendre un courant circulaire d'intensité $I = \frac{ev}{2\pi r}$ ainsi qu'un moment cinétique orbital $\overrightarrow{L} = \overrightarrow{r} \wedge (m_e \overrightarrow{v})$ de norme $L = m_e v r$, où m_e représente la masse de l'électron, v la vitesse de l'électron en rotation autour du proton et r le rayon de l'orbite.

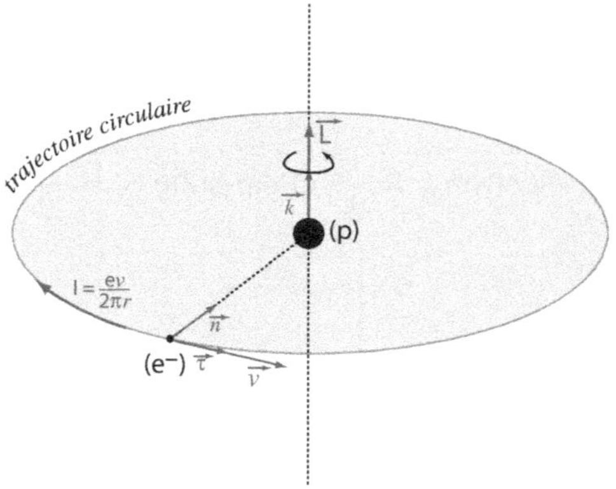

L'existence de moments cinétiques orbitaux pour les particules chargées donne naissance à un moment magnétique. On définit :

Pour l'électron dans l'atome :

- un moment magnétique orbital

$$\overrightarrow{\mu_e} = \frac{-e}{2m_e}\overrightarrow{L} = \gamma\overrightarrow{L}$$

($\gamma = \frac{-e}{2m_e}$ représente le rapport gyromagnétique)

- un moment magnétique de spin

$$\overrightarrow{\mu_S} = \frac{-e}{m_e}\overrightarrow{S}$$

($\overrightarrow{S}$ est un moment cinétique intrinsèque dont la norme est liée au nombre quantique de spin s)

Pour le proton :

- un moment magnétique orbital :

$$\overrightarrow{\mu_p} = \frac{e}{2m_p}\overrightarrow{\mathrm{L}} = \gamma\,\overrightarrow{\mathrm{L}}$$

($\gamma = \frac{e}{2m_p}$ représente le rapport gyromagnétique)

- un moment magnétique de spin

$$\overrightarrow{\mu_S} = \frac{e}{m_p}\overrightarrow{\mathrm{S}}$$

En conclusion :

Une particule, de masse m et de charge q, en rotation sur une orbite circulaire de rayon r possède :

- Un moment cinétique $\overrightarrow{\mathrm{L}}$: $\overrightarrow{\mathrm{L}} = \overrightarrow{r} \wedge m\overrightarrow{v}$
- Un moment magnétique orbital $\overrightarrow{\mu}$: $\overrightarrow{\mu} = \frac{q}{2m}\overrightarrow{\mathrm{L}}$
- Un moment magnétique de spin $\overrightarrow{\mu_S}$: $\overrightarrow{\mu_S} = \frac{q}{m}\overrightarrow{\mathrm{S}}$

[IMPORTANT]

- Le moment magnétique orbital $\overrightarrow{\mu}$ et le moment cinétique $\overrightarrow{\mathrm{L}}$ sont antiparallèles pour l'électron et parallèles pour le proton.

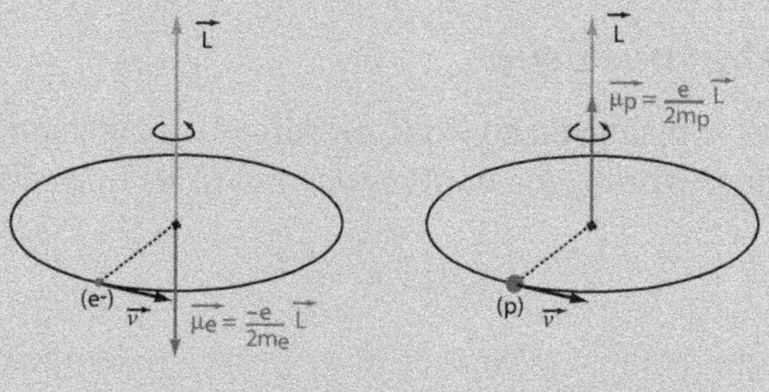

électron de charge - e
µe et L sont antiparallèles

proton de charge + e
µe et L sont parallèles

- Bien que le neutron ne possède pas de charge électrique, il possède lui aussi, comme l'électron et le proton, un moment magnétique.

[Imagerie médicale] Les bases physiques de la RMN

1. Magnétons et facteur de Landé

a. Magnéton de Bohr

La mécanique quantique introduit une quantification du moment cinétique :

$$L = \sqrt{l(l+1)}\hbar \quad \left| \begin{array}{l} n : \text{ nombre quantique principal, } n = 1,2,3\ldots \\ l : \text{ nombre quantique secondaire, } 0 \leqslant l \leqslant n-1 \end{array} \right.$$

Dans le cas de l'électron $\mu_e = \dfrac{e}{2m_e}L$ et comme $L = \sqrt{l(l+1)}\hbar$, alors :

$$\mu_e = \frac{e}{2m_e}\sqrt{l(l+1)}\hbar, \text{ soit } \mu_e = \mu_B\sqrt{l(l+1)}, \text{ avec } \mu_B = \frac{e\hbar}{2m_e}$$

(μ_B : moment élémentaire, le magnéton de Bohr)

La projection de $\overrightarrow{\mu_e}$ (selon Oz, par exemple) est également quantifiée, et on peut écrire :

$$\mu_{ez} = -\frac{e\hbar}{2m_e}m_l, \text{ soit } \mu_{ez} = -\mu_B m_l$$

b. Magnéton nucléaire

Comme pour le magnéton de Bohr, on définit le magnéton nucléaire, unité dans laquelle s'exprime les mesures des moments magnétiques, par :

$$\mu_N = \frac{e\hbar}{2m_p}$$

On admet que pour le proton et le neutron, les moments magnétiques nucléaires sont donnés par :

$$\mu_p = 2{,}7928\mu_N \text{ et } \mu_n = -1{,}9130\mu_N$$

c. Facteur de Landé

Pour un électron possédant un moment magnétique orbital $\overrightarrow{\mu_e}$ et un moment magnétique de spin $\overrightarrow{S}$, son moment magnétique total s'écrit :

$$\vec{\mu} = \frac{-e}{2m_e}(\vec{L} + 2\vec{S}), \text{ soit } \vec{\mu} = -g\frac{\mu_B}{\hbar}\vec{J} \text{ avec } \vec{J} = \vec{L} + \vec{S} \text{ et } g \text{ (le facteur de Landé)}$$

[IMPORTANT]

- Pour un atome donné, dans l'état (*j*, *l*, *s*), le facteur de Landé *g* est donné par :

$$g = 1 + \frac{j(j+1) + s(s+1) - l(l+1)}{2j(j+1)}$$

- Le facteur de Landé *g* dépend donc de la configuration électronique de l'atome.

Le tableau ci-dessous donne les valeurs de *g* pour quelques particules élémentaires :

Particule	électron	proton	neutron
g	2,0023	5,5857	– 3,8263

2. Les propriétés magnétiques du noyau

a. Mouvement de précession de Larmor

- Un noyau ou un atome possédant un moment magnétique nucléaire $\vec{\mu}$ et un moment cinétique total $\vec{J} = \vec{L} + \vec{S}$ se comporte donc comme un petit aimant. On peut écrire :

$$\vec{\mu} = \gamma\vec{J} = -g\frac{\mu_B}{\hbar}\vec{J} \quad \text{avec } \gamma = g\frac{\mu_B}{\hbar}$$

γ : rapport gyromagnétique
g : facteur caractéristique de l'état de l'atome (facteur de Landé)

[IMPORTANT]

- Si $\vec{J} = \vec{0}$ alors $\vec{\mu} = \vec{0}$: l'atome est diamagnétique.
- Si $\vec{J} \neq \vec{0}$ alors $\vec{\mu} \neq \vec{0}$: l'atome est paramagnétique.

- Dans un composé organique, contenant donc plusieurs atomes paramagnétiques, le moment magnétique résultant s'écrit donc :

$$\vec{\mathcal{M}} = \sum_i \vec{\mu}_i, \text{ où } \vec{\mu}_i \text{ représente le moment magnétique nucléaire du constituant } i$$

($\vec{\mathcal{M}}$: moment magnétique macroscopique)

- En l'absence de champ magnétique extérieur, les différents $\vec{\mu}_i$ sont orientés au hasard de sorte que :

$$\overrightarrow{\mathcal{M}} = \sum_i \overrightarrow{\mu}_i = \overrightarrow{0}$$

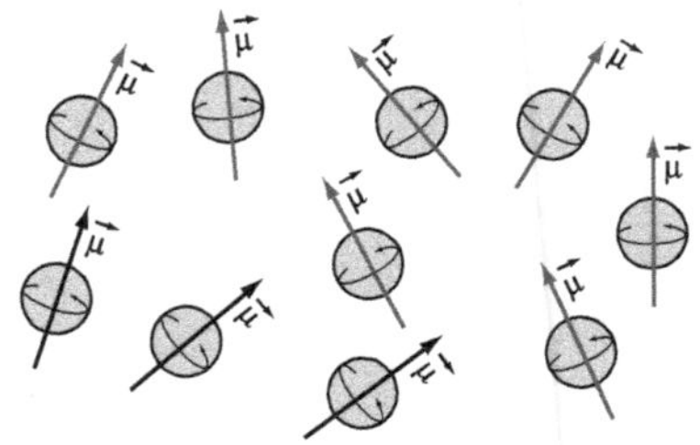

- Lorsque le composé organique est placé dans une région où règne un champ magnétique intense $\overrightarrow{B_0}$, chaque noyau sera donc soumis à un couple de forces $\overrightarrow{\Gamma_i}$, tel que :

$$\overrightarrow{\Gamma_i} = \overrightarrow{\mu_i} \wedge \overrightarrow{B_0}$$

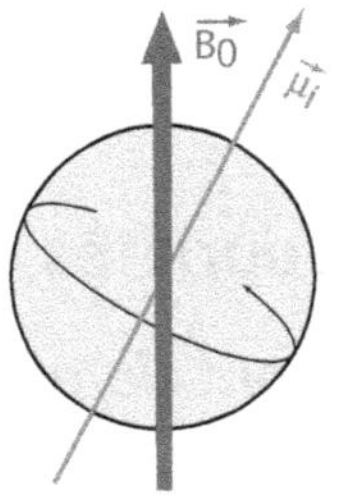

Cela entraîne un mouvement de précession, dit mouvement de précession de Larmor : les différents moments $\overrightarrow{\mu_i}$ tournent autour du vecteur champ $\overrightarrow{B_0}$ et le moment magnétique résultant $\overrightarrow{\mathcal{M}} = \sum_i \overrightarrow{\mu}_i$ est non nul.

b. Fréquence de précession de Larmor

Dans le champ $\overrightarrow{B_0}$, la particule de moment magnétique $\overrightarrow{\mu}$ et de moment cinétique total $\overrightarrow{J}$ subit le couple $\overrightarrow{\Gamma} = \overrightarrow{\mu} \wedge \overrightarrow{B_0}$. Le mouvement est donc une rotation de $\overrightarrow{\mu}$ autour de $\overrightarrow{B_0}$.

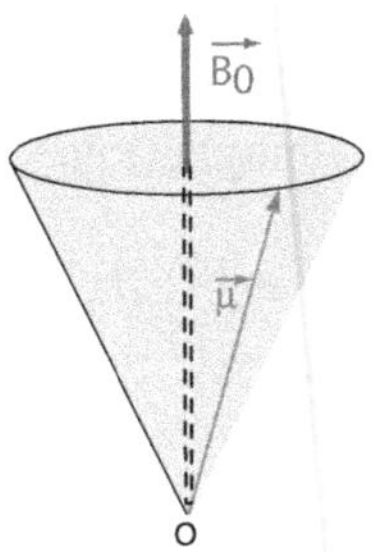

La fréquence de précession est donnée par :

$$\nu_0 = \frac{\gamma B_0}{2\pi} \qquad \text{soit } \omega = \gamma B_0$$

(ν_0 : fréquence de précession de Larmor)

c. L'effet Zeeman

Un champ magnétique $\overrightarrow{B_0}$ parallèle à Oz interagit avec des atomes paramagnétiques.
L'énergie d'interaction est :

$$\mathcal{E}_p = -\overrightarrow{\mu}\,.\,\overrightarrow{B}_0 = -\mu_z B_0 = -\gamma J_z B_0$$

Le moment cinétique total étant lui aussi quantifié, on peut donc écrire :

$$J_z = m_j \hbar \text{ avec } -j \leqslant m_j \leqslant +j$$

Ainsi :

$$\mathcal{E}_p = -\gamma \hbar B_0 m_j$$

($\mathcal{E}_p$ est quantifiée)

Comme il y a $2j+1$ valeurs de m_j pour j donné, alors un niveau atomique éclate en $2j+1$ sous-niveaux : les spectres seront donc modifiés.

Exemple

Pour le proton, $j = \frac{1}{2}$: cela implique deux états, $m_j = +\frac{1}{2}$ et $m_j = -\frac{1}{2}$.
En présence d'un champ magnétique $\overrightarrow{B_0}$, les niveaux d'énergie seront donc séparés de :

$$\Delta\mathcal{E}_p = \gamma \hbar B_0$$

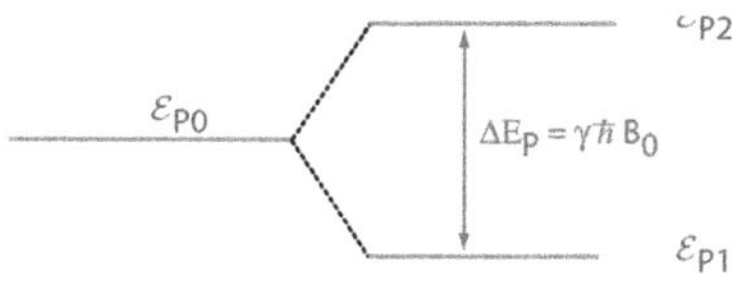

En l'absence de champ magnétique *En présence d'un champ magnétique*

Comme $\nu_0 = \dfrac{\gamma B_0}{2\pi}$, alors :

$$\Delta\mathcal{E}_p = \gamma \hbar B_0 = h\nu_0,\ \nu_0 : \text{ fréquence de précession de Larmor}$$

[IMPORTANT]

$\Delta\varepsilon_p$ est proportionnelle à μ_p et à B_0.

[Imagerie médicale] Notions d'imagerie RMN

1. Principe de la résonance magnétique

• Loi de distribution de Boltzmann

Une population N d'atomes, dans l'état d'énergie $\mathcal{E}_n$, en équilibre thermique à la température T, est donnée par la loi de Boltzmann :

$$N = Ae^{-\frac{\mathcal{E}_n}{k_B T}} \text{ où } A \text{ une constante}$$

(k_B représente la constante de Boltzmann et T la température absolue en kelvin)

La probabilité d'occupation d'un niveau m_j, d'énergie $\mathcal{E}_p = -\gamma\hbar B_0 m_j$, est donc proportionnelle à :

$$e^{-\frac{\mathcal{E}p}{k_B T}} = e^{\frac{\gamma\hbar B_0 m_j}{k_B T}}$$

• Lorsque de la matière, contenant des atomes paramagnétiques, est placée dans une région où règne un champ magnétique extérieur $\overrightarrow{B_0}$, les moments magnétiques nucléaires s'orientent par rapport à $\overrightarrow{B_0}$ et décrivent un mouvement de précession à la fréquence $\nu_0 = \frac{\gamma B_0}{2\pi}$ de sorte que $\overrightarrow{\mathcal{M}} = \sum_i \overrightarrow{\mu}_i \neq \overrightarrow{0}$.

De plus, en présence de $\overrightarrow{B_0}$, deux états de spin correspondant à $m_s = \pm\frac{1}{2}$, ont des énergies différentes (l'effet Zeeman).

Pour le proton :

$$\begin{cases} \mathcal{E}_{p1} = -\frac{\Delta\mathcal{E}_p}{2}, \text{ pour } m_s = +\frac{1}{2} \\ \mathcal{E}_{p2} = +\frac{\Delta\mathcal{E}_p}{2}, \text{ pour } m_s = -\frac{1}{2} \end{cases} \text{ avec } \Delta\mathcal{E}_p = \gamma\hbar B_0.$$

Si N représente le nombre de spin total, alors, à l'équilibre thermique, les nombres de spins, N_1 et N_2, se trouvant dans les états d'énergies

$-\frac{\Delta\mathcal{E}_p}{2}$ et $+\frac{\Delta\mathcal{E}_p}{2}$, sont donnés par :

$$N_1 = N\frac{e^{\frac{\Delta\mathcal{E}_p}{2k_BT}}}{e^{-\frac{\Delta\mathcal{E}_p}{2k_BT}} + e^{\frac{\Delta\mathcal{E}_p}{2k_BT}}} \text{ et } N_2 = N\frac{e^{-\frac{\Delta\mathcal{E}_p}{k_BT}}}{e^{-\frac{\Delta\mathcal{E}_p}{2k_BT}} + e^{\frac{\Delta\mathcal{E}_p}{2k_BT}}},$$

$$\text{soit } \frac{N_1}{N_2} = e^{-\frac{\Delta\mathcal{E}_p}{k_BT}} \; (N_1 > N_2)$$

À température ordinaire et pour un champ extérieur $B_0 = 1\,\mathrm{T}$, $N_1 \approx N_2$: il n'existe donc qu'un faible excès de noyaux dans le niveau inférieur (niveau d'énergie $\mathcal{E}_{p1}$).

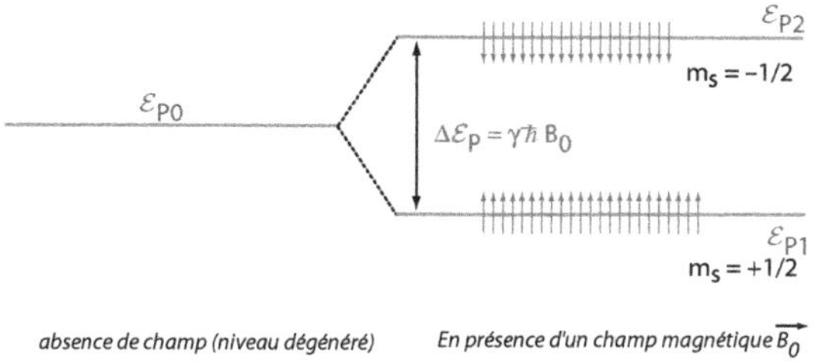

L'ensemble des spins à l'état fondamental, se combinent en une aimantation $\vec{\mathcal{M}}$ ayant même direction et même sens que $\vec{B_0}$. Cependant cette aimantation résultante est trop faible pour être détectée.

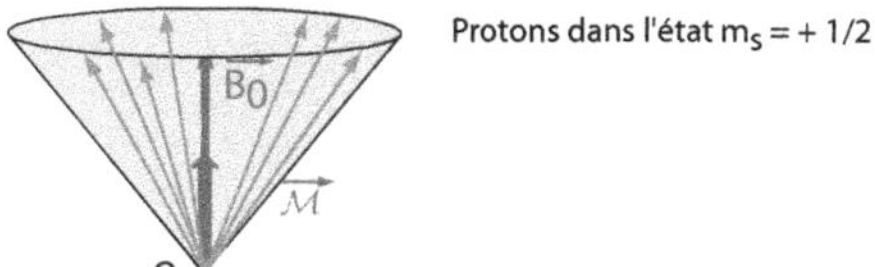

Le principe de la résonance magnétique est d'appliquer à l'échantillon à examiner, placé sous un champ magnétique statique $\vec{B_0}$, une impulsion d'onde électromagnétique de fréquence ν. Si l'énergie de ces photons, $\mathcal{E}_{\text{photon}} = h\nu$, est telle que :

$$\Delta\mathcal{E}_p = h\nu, \text{ soit } \nu = \nu_0 = \frac{\gamma B_0}{2\pi}, (\nu_0 : \text{ fréquence de Larmor})$$

alors les photons sont absorbés et excitent des protons à l'état $m_s = -\frac{1}{2}$ (donc d'énergie $\mathcal{E}_{p2}$) vers l'état $m_s = +\frac{1}{2}$ (d'énergie $\mathcal{E}_{p1}$) : c'est le phénomène de résonance magnétique nucléaire.

Ces ondes, de fréquences appartenant au domaine des fréquences radio, sont obtenues par l'application d'un champ $\overrightarrow{B_1}$, faible par rapport à $\overrightarrow{B_0}$, contenu dans un plan perpendiculaire à $\overrightarrow{B_0}$ et tournant à la fréquence ν. L'effet du champ $\overrightarrow{B_1}$ est de faire basculer l'aimantation $\overrightarrow{\mathcal{M}}$ d'un angle θ, proportionnel au temps d'application de l'impulsion. Le vecteur aimantation aura donc deux composantes : une composante transversale et une composante longitudinale. Ainsi :

$$\overrightarrow{\mathcal{M}} = \overrightarrow{\mathcal{M}_T} + \overrightarrow{\mathcal{M}}_L$$

Pour la fréquence $\nu = \nu_0 = \frac{\gamma B_0}{2\pi}$ (ν_0 : fréquence de Larmor), l'aimantation résultante $\overrightarrow{\mathcal{M}}$ prend alors un mouvement de précession autour de $\overrightarrow{B_1}$: c'est le phénomène de résonance magnétique.

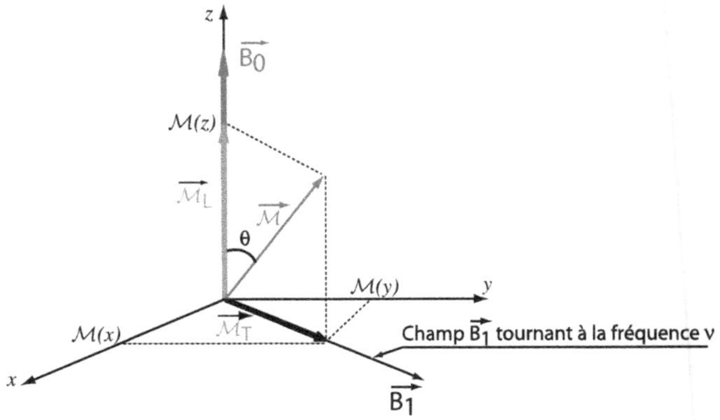

- Les phénomènes de relaxation

Dès l'arrêt de l'impulsion radio, on a un retour à l'état d'équilibre : les protons réémettent l'énergie sous forme d'ondes électromagnétiques correspondant au signal RMN.

2. Imagerie RMN

L'imagerie IRM est une technique très complexe qui nécessite l'application d'un champ magnétique intense agissant sur les noyaux d'hydrogène des molécules d'eau des tissus : ces noyaux s'orientent comme des petits aimants dans la même direction du champ. Lorsque ces noyaux sont soumis à un rayonnement électromagnétique de fréquence égale à la fréquence de Larmor, ils se mettent en résonance : les atomes retrouvent leur mobilité puis restituent leur énergie sous forme d'un signal. Leur localisation est obtenue en ajoutant un gradient directionnel sur le champ magnétique $\overrightarrow{B_0}$. La fréquence de résonance des protons est alors modifiée suite à la variation du champ magnétique.

Les signaux sont ensuite analysés par ordinateur. Des procédés d'exploration par balayage permettent d'obtenir de minces couches d'organes. Un traitement informatique complexe permet de combiner plusieurs coupes anatomiques obtenues sous différents angles et donnent des images en 3D.

En modifiant les paramètres d'acquisition, le praticien peut modifier le contraste en jouant sur les temps de relaxation.

Énoncés

1. Un transducteur émet un faisceau d'ultrasons de fréquence $f_0 = 4$ MHz et les échos perçus associés aux ondes réfléchies sur les hématies (globules rouges) donnent une fréquence f_r légèrement différente.

Une observation par échographie de l'aorte, sous un angle $\theta = 60\,^\circ$, donne une variation de fréquence :

$\Delta f = f_r - f_0 = 2\ 680$ Hz.

Quelle est la valeur de la vitesse des hématies dans l'aorte sachant que la célérité des ondes U.S. dans les milieux biologiques est $c = 1\ 500\ \mathrm{m \cdot s^{-1}}$?

❑ **a.** $0{,}25\ \mathrm{m \cdot s^{-1}}$ ❑ **b.** $0{,}5\ \mathrm{m \cdot s^{-1}}$ ❑ **c.** $3{,}6\ \mathrm{km \cdot h^{-1}}$

❑ **d.** $0{,}75\ \mathrm{m \cdot s^{-1}}$ ❑ **e.** $1\ \mathrm{m \cdot s^{-1}}$

2. Répondre par vrai ou faux.

❑ **a.** Les ondes U.S. peuvent se propager dans le vide car elles ont des fréquences très élevées.

❑ **b.** Les ondes U.S. n'ont aucune application thérapeutique.

Pour une onde U.S. qui arrive perpendiculairement à l'interface de deux milieux d'impédances acoustiques différentes Z_1 et Z_2 :

❑ **c.** Le facteur de réflexion est $R = \dfrac{Z_1 - Z_2}{Z_1 + Z_2}$.

❑ **d.** Le facteur de transmission est $T = \dfrac{Z_1 \cdot Z_2}{(Z_1 + Z_2)^2}$.

❑ **e.** Lors de l'examen, le praticien applique un gel entre la sonde et la peau afin d'améliorer la transmission des ondes U.S.

3. Répondre par vrai ou faux.

Une particule de moment magnétique $\overrightarrow{\mu}$ placée dans un champ $\overrightarrow{B_0}$ possède l'énergie potentielle :

❑ **a.** $\mathcal{E}_p = -\overrightarrow{\mu} \wedge \overrightarrow{B_0}$ ❑ **b.** $\mathcal{E}_p = -\overrightarrow{\mu} \cdot \overrightarrow{B_0}$

Dans un champ magnétique $\overrightarrow{B_0}$, un noyau d'hydrogène de moment magnétique $\overrightarrow{\mu_p}$:

❑ **c.** s'oriente spontanément à 90° du champ $\overrightarrow{B_0}$

❑ **d.** émet spontanément un signal radiofréquence

❑ **e.** a un mouvement de précession autour de ce champ à la fréquence $\dfrac{\mu_p B_0}{h}$

4. Un proton ${}^1_1$H est soumis à un champ extérieur $\overrightarrow{B_0}$ d'intensité 0,5T.

Données :

Moment magnétique du proton : $\mu_p = 1{,}41 \cdot 10^{-26}\text{A} \cdot \text{m}^2$

Constante de Planck : $h = 6{,}62 \cdot 10^{-34}\text{J} \cdot \text{s}$.

Célérité de la lumière dans le vide : $c = 3{,}0 \cdot 10^8\text{m} \cdot \text{s}^{-1}$.

Pour le proton, le rapport gyromagnétique :

❑ **a.** est négatif ❑ **b.** a pour valeur 426 MHz · T^{-1}

La fréquence de résonance est de :

❑ **c.** 21,3 Hz ❑ **d.** 42,6 MHz ❑ **e.** 21,3 MHz

Corrigés

1. Bonnes réponses : **c** et **e**.

La fréquence f_r de l'onde réfléchie détectée par le transducteur est donnée par : $f_r = f_0\left(1 + 2\dfrac{v}{c}\cos\theta\right)$

soit, $$f_r = f_0 + f_0 \times 2\frac{v}{c}\cos\theta$$

Ainsi : $$f_r - f_0 = f_0 \times 2\frac{v}{c}\cos\theta$$

et donc : $$v = \frac{f_r - f_0}{f_0} \times \frac{c}{2\cos\theta}$$

Numériquement : $v = \dfrac{2\,680}{4 \cdot 10^6} \times \dfrac{1\,500}{2 \times \cos 60} = 1{,}0\ \text{m} \cdot \text{s}^{-1}$, soit $3{,}6\ \text{km} \cdot \text{h}^{-1}$. On trouve bien que $v \ll c$.

2. Bonne réponse : **e**.

a. Faux. Comme les ondes sonores, les ondes U.S. sont des ondes mécaniques : elles nécessitent donc un milieu de propagation.

b. Faux. La fragmentation de calculs par ondes U.S. est une des applications thérapeutiques.

c. Faux : le coefficient de réflexion est donné par $R = (\frac{Z_1 - Z_2}{Z_1 + Z_2})^2$

d. Faux : le coefficient de transmission est donné par :

$T = 4\frac{Z_1 \cdot Z_2}{(Z_1 + Z_2)^2}$

e. Vrai. Les raisons sont des raisons mécaniques. En effet, l'existence entre la sonde et la peau d'une fine couche d'air entraîne une atténuation du signal. Le contact entre la sonde et la peau n'est pas parfait.

Déterminons les impédances acoustiques de l'air et de la peau (tissu biologique) :

à 20 °C : $Z_{\text{air}} = \rho_{\text{air}} c_{\text{air}} = 1{,}29 \times 340 = 439\,\text{kg} \cdot \text{m}^{-2}\text{s}^{-1}$,

à 37 °C : $Z_{\text{peau}} = \rho_{\text{peau}} c_{\text{peau}} = 1050 \times 150 = 1{,}58 \cdot 10^6 \text{kg} \cdot \text{m}^{-2}\text{s}^{-1}$

Le coefficient de transmission T de l'interface air-peau est :

$$T = 4\frac{Z_{\text{air}} \cdot Z_{\text{peau}}}{(Z_{\text{air}} + Z_{\text{peau}})^2}$$

3. Bonnes réponses : **b** et **e**.

a. Faux.

b. Vrai. Une particule de moment magnétique $\vec{\mu}$ placée dans un champ $\vec{B_0}$ possède l'énergie potentielle $\mathcal{E}_p = -\vec{\mu} \cdot \vec{B_0}$.

Attention : $-\vec{\mu} \wedge \vec{B_0}$ représente un vecteur et non un scalaire.

c. Faux.

d. Faux.

e. Vrai. Dans un champ magnétique $\vec{B_0}$, le moment magnétique nucléaire d'un noyau d'hydrogène a un mouvement de précession autour du champ à la fréquence caracteristique, fréquence de Larmor, $\nu = \frac{2\mu_p B_0}{h}$.

4. Bonne réponse : **e**.

Une particule de moment magnétique $\overrightarrow{\mu}$ placée dans un champ $\overrightarrow{B_0}$ possède l'énergie $\mathcal{E}_p = -\overrightarrow{\mu} \cdot \overrightarrow{B_0}$.

Pour le proton, $j = \frac{1}{2}$: cela implique donc deux états, $m_j = +\frac{1}{2}$ et $m_j = -\frac{1}{2}$.

En présence d'un champ magnétique $\overrightarrow{B_0}$, un état d'énergie se sépare en deux niveaux (effet Zeeman) : un état (spin vers le haut) et un état (spin vers le bas).

$$\begin{cases} \text{– l'état de spin vers le haut } (m_s = +1/2) \text{ a une énergie } \mathcal{E}_{p1} = -\mu_p B_0, \\ \qquad\qquad\qquad\qquad et \\ \text{– l'état de spin vers le bas } (m_s = -1/2) \text{ a une énergie } \mathcal{E}_{p2} = +\mu_p B_0. \end{cases}$$

De sorte que : $$\Delta\mathcal{E}_p = 2\mu_p B_0$$

Comme $\Delta\mathcal{E}_p = \gamma_{{}^1_1H}\hbar B_0$, alors :

$$\gamma_{{}^1_1H} = \frac{2\mu_p}{\hbar}$$

Numériquement : $\gamma_{{}^1_1H} = \frac{2 \times 1{,}41 \cdot 10^{-26}}{1{,}054 \cdot 10^{-34}} = 2{,}675 \cdot 10^8 \text{Hz} \cdot \text{T}^{-1}$, soit $267{,}5 \text{ MHz} \cdot \text{T}^{-1}$.

La fréquence de résonance ν est telle que :

$$\Delta\mathcal{E}_p = h\nu \text{ avec } \Delta\mathcal{E}_p = 2\mu_p B_0$$

De la relation précédente, on déduit :

$$\nu = \frac{2\mu_p B_0}{h}$$

Ou encore : $$\nu = \nu_0 = \frac{\gamma_{{}^1_1H} B_0}{2\pi}$$

Numériquement :

Pour $B_0 = 0{,}5$ T, on trouve :

$$\nu = \frac{2 \times 1{,}41 \cdot 10^{-26} \times 0{,}5}{6{,}62 \cdot 10^{-34}} \simeq 2{,}13 \cdot 10^7 \text{Hz soit } 21{,}3 \text{ MHz}.$$

[Compléments mathématiques]

Dérivées

1. Dérivées

a. Définition

Soit f une fonction définie en un point x_0 d'un intervalle $[a, b]$.

La dérivée de la fonction f en $x = x_0$ est la limite, si elle existe, de $\dfrac{f(x) - f(x_0)}{x - x_0}$ lorsque x tend vers x_0, soit :

$$f'(x_0) = \lim_{h \longrightarrow 0} \frac{f(x_0 + h) - f(x_0)}{h} \text{ avec } h = x - x_0$$

[IMPORTANT]

- Une fonction f est dérivable au point $x = x_0$, si $f'(x_0)$ existe.
- Si f est dérivable en x_0 alors f est continue en ce point, c'est-à-dire $f(x_0 + h) - f(x_0)$ tend vers zéro quand h tend vers zéro. Cependant, la réciproque n'est pas vraie.
- Un développement limité d'ordre 1 de la fonction f en x_0 s'écrit :

$$f(x_0 + h) \simeq f(x_0) + h \cdot f'(x_0)$$

b. Interprétation géométrique du nombre dérivé de f en x_0

- Si f est dérivable en x_0, alors le graphe $\mathcal{C}_f$, de la fonction f, admet au point $M_0(x_0, f(x_0))$ une tangente non parallèle à l'axe des ordonnées de coefficient directeur $f'(x_0)$.

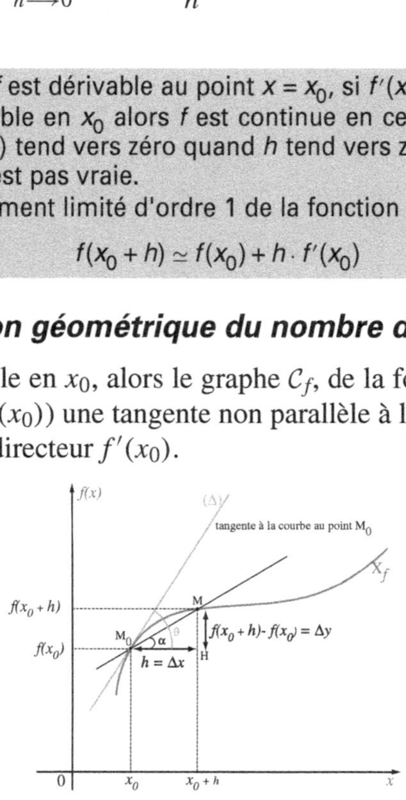

- La pente de la droite M_0M s'écrit $\tan \alpha = \dfrac{MH}{M_0H} = \dfrac{f(x_0+h)-f(x_0)}{h}$.

Quand $h \longrightarrow 0$, la droite (M_0M) tend vers la tangente (Δ) à la courbe $\mathcal{C}_f$, au point M_0 et par suite :

$$\lim_{h \longrightarrow 0} \frac{f(x_0+h)-f(x_0)}{h} = f'(x_0) = \tan \theta$$

La pente de la tangente à la courbe au point M_0 est égale au nombre dérivé $f'(x_0)$.

- L'équation de la tangente à la courbe $\mathcal{C}_f$ au point M_0 d'abscisse x_0 s'écrit :

$$y - f(x_0) = f'(x_0)(x - x_0)$$

2. Opérations sur les dérivées

Si $u(x)$ et $v(x)$ sont dérivables alors :

Fonction	Dérivée
$u(x)+v(x)$	$u'(x)+v'(x)$
$u(x)\cdot v(x)$	$u'(x)\cdot v(x)+u(x)\cdot v'(x)$
$\dfrac{1}{u(x)}$	$-\dfrac{u'(x)}{u(x)^2}$
$\dfrac{u(x)}{v(x)}$	$\dfrac{u'(x)\cdot v(x)-u(x)\cdot v'(x)}{v(x)^2}$

FICHE MÉTHODE 86

Primitives. Intégrales

1. Primitive d'une fonction réelle

a. Définition

I désigne un intervalle quelconque de $\mathbb{R}$.

- Soient f et F deux fonctions numériques définies sur un même intervalle I de $\mathbb{R}$ sur lequel F est dérivable. On dit que F est une primitive de f sur I si :

$$\forall x \in I,\ F'(x) = f(x)$$

b. Primitives usuelles

$f(x)$	$\int f(x)dx$
ax^n	$a\dfrac{x^{n+1}}{n+1} + C$
$x^{-1} = \dfrac{1}{x}$	$\ln\lvert x\rvert + C$
$\ln x$	$x(\ln x - 1) + C$
e^{kx} $(k \neq 0)$	$\dfrac{1}{k}e^{kx} + C$

$f(x)$	$\int f(x)dx$
$\sin(ax)$	$-\dfrac{1}{a}\cos(ax) + C$
$\cos(ax)$	$\dfrac{1}{a}\sin(ax) + C$
$\dfrac{1}{\cos^2 x}$	$\tan x + C$
$\dfrac{1}{\sin^2 x}$	$-\dfrac{1}{\tan x} + C$

2. Intégrale définie

a. Définition

Soit $I = [a, b]$, un intervalle fermé borné de $\mathbb{R}$. Si f est continue sur I et si F est une primitive de f sur I, alors :

$$\int_a^b f(x)dx = [F(x)]_a^b = F(b) - F(a)$$

[IMPORTANT]

- Le réel $\int_a^b f(x)dx$ représente l'aire algébrique comprise entre la courbe C_f, l'axe des abscisses et les droites d'équations $x = a$ et $x = b$.

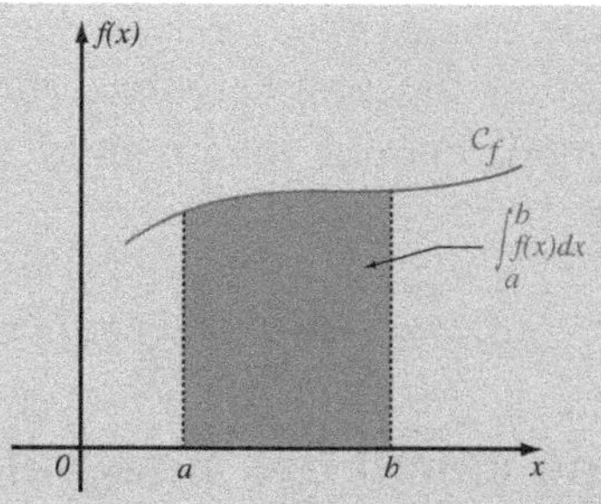

- Le nombre $F(b) - F(a)$ ne dépend pas du choix de F : on l'appelle intégrale (définie) de f sur $I = [a, b]$.

b. Propriétés des intégrales définies

f et g sont des fonctions définies et continues sur un intervalle $I = [a, b]$.

- $\int_a^b f(x)dx = -\int_b^a f(x)dx$
- Quels que soient les réels α et β :

$$\int_a^b [\alpha f(x) + \beta g(x)]dx = \alpha \int_a^b f(x)dx + \beta \int_a^b g(x)dx$$

- Quels que soient les éléments a, b et c, éléments de I, on a :

$$\int_a^b f(x)dx = \int_a^c f(x)dx + \int_c^b f(x)dx$$

- Si f est positive sur I alors $\int_a^b f(x)dx \geqslant 0$.
- Si $f \leqslant g$ alors $\int_a^b f(x)dx \leqslant \int_a^b g(x)dx$
- $\left|\int_a^b f(x)dx\right| \leqslant \int_a^b |f(x)|\,dx$

c. Valeur moyenne d'une fonction dans un intervalle $[a, b]$

- Soit f une fonction définie et continue sur un intervalle $[a, b]$. Si m et M sont le minimum et le maximum de la fonction f sur l'intervalle $[a, b]$, alors :

$$m(b-a) < \int_a^b f(x)dx < M(b-a)$$

- Valeur moyenne de $y = f(x)$

La valeur moyenne d'une fonction f continue sur un intervalle $[a, b]$ est le nombre y_{moy}, compris entre le minimum m et le maximum M de la fonction f sur $[a, b]$:

$$y_{\text{moy}} = \frac{1}{b-a}\int_a^b f(x)dx$$

3. Méthodes de calcul des intégrales

a. Intégration par parties

Soient u et v deux fonctions dérivables sur un intervalle $[a, b]$ et dont les dérivées u' et v' sont continues sur $[a, b]$.
La relation précédente permet de conclure que le produit uv est la somme d'une primitive uv' et d'une primitive $u'v$.
On a, sur $[a,b]$:

$$\int_a^b u(x)v'(x)dx = [u(x)v(x)]_a^b - \int_a^b u'(x)v(x)dx$$

b. Changement de variables

La méthode consiste à introduire une variables auxiliaire, t par exemple, dont la variable x est une fonction élémentaire, soit :

$$x = u(t)$$

Ainsi :

$$dx = u'(t)dt$$

Par suite :

$$\int_a^b f(x)dx = \int_a^b f(u(t))u'(t)dt \text{ ; avec } f(u(t)) = f \circ u(t)$$

Fonctions logarithme et exponentielle

1. Fonction logarithme népérien

a. Définition

- La fonction ln est définie, continue et dérivable sur $\mathbb{R}_+^*$.
- Pour tout élément x de $\mathbb{R}_+^*$, on a :

$$(\ln x)' = \frac{1}{x}$$

b. Tableau de variation et graphe

- La fonction ln est strictement croissante sur $\mathbb{R}_+^*$.
- Si $0 < x < 1$, alors $\ln x < 0$.
- Si $x < 1$, alors $\ln x > 0$.

Tableau de variation

x	0	1	$+\infty$
$f'(x) = \frac{1}{x}$	$\|$	$+ \quad 1 \quad +$	
$f(x))\ln x$	$\|$	$-\infty \nearrow 0 \nearrow +\infty$	

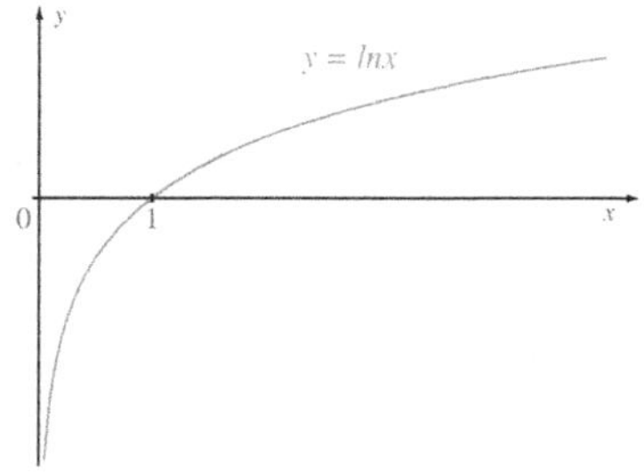

c. Propriétés fondamentales de la fonction ln

Quels que soient les réels strictement positifs a et b et pour tout élément $n \in \mathbb{Z}$:

$\ln(ab) = \ln a + \ln b$	$\ln\frac{1}{a} = -\ln a$	$\ln\frac{a}{b} = \ln a - \ln b$	$\ln a^n = n \ln a$

2. Autres fonctions logarithmiques

Soit a un réel strictement positif et différent de 1. On appelle logarithme de base a la fonction définie sur $\mathbb{R}_+^*$ par :

$$y = \log_a x = \frac{\ln x}{\ln a}$$

Le logarithme népérien correspond au logarithme de base e :

$$\ln x = \log_e x$$

Le logarithme décimal correspond au logarithme de base 10 :

$$\log_{10} x = \lg x$$

3. Fonction exponentielle

a. Définition

- Elle est de la forme :

$$y = f(x) = a^x \ ; \ a > 0$$

- La fonction $y = a^x$ est appelée exponentielle de base a et elle est définie pour tout $x \in \mathbb{R}$.
- Si $a = e$, on obtient la fonction exponentielle définie par :

$$y = f(x) = e^x$$

b. Tableau de variation et graphe

- Elle est continue sur $\mathbb{R}$ à valeurs dans $\mathbb{R}_+^*$.
- Elle est strictement croissante sur $\mathbb{R}$.
- Pour tout réel x, $y = e^x$ équivaut à $x = \ln y$.

Tableau de variation

x	$-\infty$		1		$+\infty$
$f'(x) = e^x$	0	$+$	1	$+$	
$f(x) = e^x$	0	$\nearrow$	1	$\nearrow$	$+\infty$

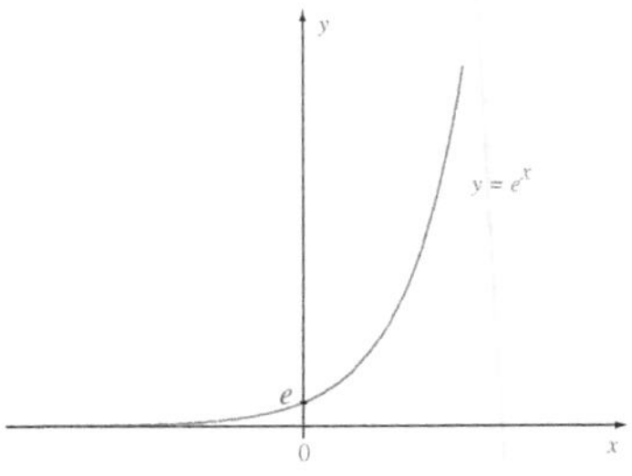

c. Propriétés fondamentales

Quels que soient les réels x et y et pour tout élément $n \in \mathbb{N}^*$:

$e^{(x+y)} = e^x \cdot e^y$	$e^{(-x)} = \dfrac{1}{e^x}$	$e^{(x-y)} = \dfrac{e^x}{e^y}$	$e^{(nx)} = (e^x)^n$

4. Passage d'une base à une autre

Soit la fonction définie par :

$$y = a^x, a > 0$$

Le but et de trouver le réel α tel que $y = b^{\alpha x}$.
En prenant les logarithmes népériens, il vient :

$$\ln y = x \ln a \text{ et } \ln y = \alpha x \ln b$$

D'où : $$\ln a = \alpha \ln b, \text{ soit } \alpha = \frac{\ln a}{\ln b}$$

Ainsi : $a^x = b^{x \frac{\ln a}{\ln b}} = b^{x \log_b a}$

Et pour $b = e$, il vient :

$$a^x = e^{x \ln a}$$

Fonctions de plusieurs variables indépendantes

1. Fonctions de plusieurs variables indépendantes

L'analyse de nombreux phénomènes physique, biophysique, chimique..., nécessite l'emploi des fonctions de deux ou plusieurs variables indépendantes.

Un cylindre droit de rayon $r = x$ et de hauteur y a pour volume $V = S \cdot h$ avec $S = \pi x^2$ et $h = y$, soit $V(x,\ y) = \pi x^2 y$. Le volume V du cylindre est donc une fonction de 2 variables indépendantes x et y.

Exemple de fonction à deux variables

Soit f la fonction à deux variables x et y définie par $f\ (x,y) = x^2 - y^2$

Pour la fonction f de $\mathbb{R}^2$ dans $\mathbb{R}$ et grâce à un repère $\left(O, \vec{i}, \vec{j}, \vec{k}\right)$ de l'espace, l'image de (x,y) sera représentée par un point d'altitude $z = f\ (x,y)$.

L'ensemble de ces points formera une surface représentative.

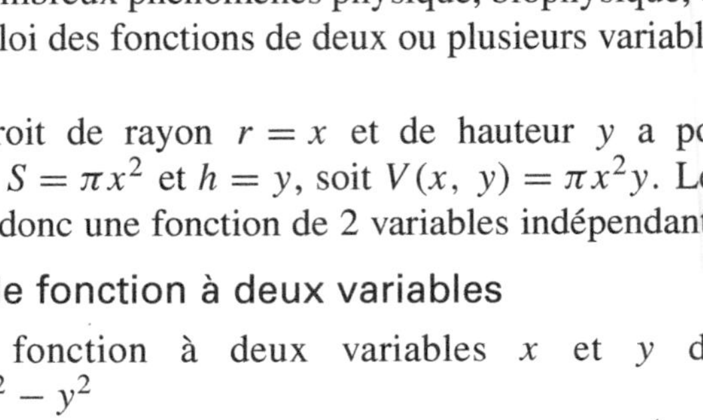

2. Dérivées partielles

Soit $f(x,\ y,\ z)$ une fonction réelle définie dans une partie de $\mathbb{R}^3$.

On généralise la notion de dérivée vue précédement pour une fonction à une variable.

Pour calculer la dérivée partielle de $f\,(x,\ y,\ z)$ par rapport à la variable x, on considère que x est la seule variable, c'est-à-dire que y et z sont fixées, soit :

$$f'_x(x, y, z) = \lim_{\Delta x \longrightarrow 0} \frac{f(x + \Delta x, y, z) - f(x, y, z)}{\Delta x} = \lim_{\Delta x \longrightarrow 0} \frac{\Delta f_x}{\Delta x} = \left.\frac{\partial f}{\partial x}\right)_{y,\, z}$$

On note :

$$f'_x(x, y, z) = \left.\frac{\partial f}{\partial x}\right)_{y,\, z}$$

(se lit " d rond f " sur " d rond x " à y et z fixées)

De la même manière, les dérivées partielles de f par rapport à y et z s'écrivent :

$$f'_y(x, y, z) = \left.\frac{\partial f}{\partial y}\right)_{x,\, z} \text{ et } f'_z(x, y, z) = \left.\frac{\partial f}{\partial z}\right)_{x,\, y}$$

Exemple

Si $f(x,y) = e^{x+4y} \ln(xy)$, alors :

$$f'_x(x, y) = \left.\frac{\partial f}{\partial x}\right)_{y} = e^{x+4y} \ln(xy) + e^{x+4y} \times \frac{1}{x} = f(x,y) + \frac{1}{x} e^{x+4y}$$

$$f'_y(x, y) = \left.\frac{\partial f}{\partial y}\right)_{x} = 4e^{x+4y} \ln(xy) + \frac{1}{y} e^{x+4y} = 4f(x,y) + \frac{1}{y} e^{x+4y}$$

3. Différentielle totale

Soit f une fonction à plusieurs variables indépendantes $x, y, z....$
L'accroissement de la fonction f est appellé différentielle totale de la fonction $f(x,y,z...)$:

$$df(x,y,z...) = \left.\frac{\partial f}{\partial x}\right)_{y,\, z...} \cdot dx + \left.\frac{\partial f}{\partial y}\right)_{x,\, z...} \cdot dy + \cdots$$

Développement de fonctions en séries entières

1. Fonction polynomiale

Une fonction polynomiale de degré n est une fonction définie par :

$$x \mapsto P(x) = a_0 + a_1 x + a_2 x^2 + \cdots + a_n x^n$$

2. Série entière

Une série entière $\sum_n a_n x^n = a_0 + a_1 x + a_2 x^2 + \cdots + a_n x^n + \cdots$ définit une fonction f dont le domaine de définition est l'intervalle de convergence de la série ; plus précisément, à chaque réel x de l'intervalle, on fait correspondre un nombre $f(x)$ égal à la somme de la série :

$$f(x) = a_0 + a_1 x + a_2 x^2 + \cdots + a_n x^n + \cdots$$

On dit que la fonction f est développée en série entière.

3. Série de MacLaurin

Quand une fonction f est développable en série entière, de la forme :

$$f(x) = a_0 + a_1 x + a_2 x^2 + \cdots + a_n x^n + \cdots$$

sur un intervalle de centre 0 et de rayon $R > 0$, alors $f^{(k)}(0)$ existe pour tout entier k et $a_n = \dfrac{f^{(n)}(0)}{n!}$. D'où :

$$f(x) = f(0) + xf'(0) + \frac{x^2}{2!} f''(0) + \cdots + \frac{x^n}{n!} f^{(n)}(0) + \cdots$$

4. Série de Taylor

Quand une fonction f est développable en série entière, de la forme :

$$f(x) = f(a) + a_1(x-a) + a_2(x-a)^2 + \cdots + a_n(x-a)^n + \cdots$$

sur un intervalle de centre a et de rayon $R > 0$, alors $f^{(k)}(a)$ existe pour tout entier k et $a_n = \dfrac{f^{(n)}(a)}{n!}$.

D'où : $f(x) = f(a) + (x-a)f'(a) + \dfrac{(x-a)^2}{2!}f''(a) + \cdots + \dfrac{(x-a)^n}{n!}f^{(n)}(a) + \cdots$

Soit f une fonction dont les n premières dérivées sont définies en a. On appelle polynôme de Taylor de degré n de f en a, le polynôme :

$$T_n(x) = f(a) + (x-a)f'(a) + \frac{(x-a)^2}{2!}f''(a) + \cdots + \frac{(x-a)^n}{n!}f^{(n)}(a)$$

[IMPORTANT]

Si $a = 0$ alors on a un polynôme de MacLaurin.

Soit f une fonction $(n+1)$ fois dérivable sur un intervalle ouvert qui contient a. Pour un réel x de l'intervalle, différent de a, il existe un nombre c situé entre x et a tel que :

$$f(x) = T_n(x) + R_n(x) \text{ avec } R_n(x) = \frac{f^{(n+1)}(x)}{(n+1)!}(x-c)^{n+1}$$

6. Développement en série entière des fonctions usuelles

Le tableau ci-dessous regroupe le développement en série entière des principales fonctions que vous pourrez rencontrer en L1 santé :

Séries de MacLaurin	Intervalle de convergence
$(1+x)^n = 1 + nx + \dfrac{n(n-1)}{2!}x^2 + \cdots$	$-1 < x < 1$
$\dfrac{1}{x-1} = 1 - x + x^2 - x^3 + \cdots$	$-1 < x < 1$
$\dfrac{1}{1-x} = 1 + x + x^2 + x^3 + \cdots$	$-1 < x < 1$
$e^x = 1 + x + \dfrac{x^2}{2!} + \cdots + \dfrac{x^n}{n!} + \cdots$	$x \in \mathbb{R}$
$\ln(1+x) = x - \dfrac{x^2}{2} + \dfrac{x^3}{3} + \cdots$	$-1 < x < 1$
$\sin x = x - \dfrac{x^3}{3!} + \dfrac{x^5}{5!} + \cdots$	$x \in \mathbb{R}$
$\cos x = 1 - \dfrac{x^2}{2!} + \dfrac{x^4}{4!} + \cdots$	$x \in \mathbb{R}$

Pour $x \ll 1$, on peut obtenir les approximations suivantes :

$(1+x)^n \simeq 1+nx$
$\frac{1}{1+x} \simeq 1-x$
$\frac{1}{1-x} \simeq 1+x$
$e^x \simeq 1+x$
$\ln(1+x) = x$
$\sin x = x$; x en rad
$\cos x = 1 - \frac{x^2}{2}$; x en rad

Équations différentielles

1. Équations différentielles du premier ordre

a. Équations différentielles linéaires du premier ordre à coefficients constants sans second membre

Elles sont de la forme :

$$y' + by = 0\ ;\ y = f(x) \text{ et } y' = \frac{dy}{dx}$$

On a alors immédiatement :

$$\frac{dy}{y} = -b \cdot dx \text{ et } y = ke^{-bx} \text{ pour solution générale}$$

b. Équations différentielles linéaires du premier ordre à coefficients constants avec second membre

- Elles sont de la forme :

$$a\frac{dy}{dx} + by = f(x) \text{ où } f(x) \text{ est une fonction de } x$$

La solution générale de l'équation est la somme de la solution générale de l'équation sans second membre et de la solution particulière, soit :

$$y(x) = y_0 + y_p \text{ avec } y_0 = ke^{-\frac{b}{a}x}$$

y_0 : solution générale de l'équation sans second membre
y_p : solution particulière

Si $y_0(x)$ est solution générale de l'équation sans second membre :

$$ay'_0 + by_0 = 0$$

et y_p solution particulière de l'équation avec second membre :

$$ay'_p + by_p = f(x)$$

on voit que : $$y(x) = y_0(x) + y_p(x)$$

est solution générale de l'équation $ay' + by = f(x)$.

[IMPORTANT]

Physiquement, la solution $y_0(x)$ correspond au régime permanent de l'évolution de y et y_1 à un régime transitoire.

- Recherche d'une solution particulière

On la cherche sous une forme simple.

– Si $f(x) = cste = A$, alors $y_p = \dfrac{A}{b}$

– Si $g(x)$ est la forme $\alpha x + \beta$ alors $y_p = ux + v$

– Si $g(x) = Ae^{nx}$ et si $n \neq \dfrac{-b}{a}$, on prendra $y_p = ke^{nx}$

– Si $n = \dfrac{-b}{a}$, on prendra $y_p = kxe^{nx}$.

2. Équations différentielles du second ordre

a. Équations différentielles linéaires du deuxième ordre à coefficients constants sans second membre

- Elles sont de la forme :

$$ay" + by' + c = 0$$

- La solution générale est alors :

$$y(x) = A_1e^{r_1x} + A_2e^{r_2x}$$

où r_1 et r_2 sont solutions de l'équation caractéristique associée :

$$ar^2 + br + c = 0$$

- Le discriminant de l'équation caractéristique, équation du second degré, est : $\Delta = b^2 - 4ac$

– Si $\Delta > 0$, deux racines réelles : $r_1 = \dfrac{-b + \sqrt{\Delta}}{2a}$, $r_2 = \dfrac{-b - \sqrt{\Delta}}{2a}$

La solution générale s'écrit : $y = Ae^{r_1x} + Be^{r_2x}$

– Si $\Delta = 0$, une racine double : $r_{1,2} = r = \dfrac{-b}{2a}$

La solution générale s'écrit : $y = e^{rx}(A + Bx)$

– Si $\Delta < 0$, deux racines complexes conjuguées :

$$\left| \begin{array}{l} r_1 = \dfrac{-b + i\sqrt{-\Delta}}{2a} = \alpha + i\beta \\ r_2 = \dfrac{-b - i\sqrt{-\Delta}}{2a} = \alpha - i\beta \end{array} \right.$$

La solution générale s'écrit : $y = e^{\alpha x}(A \cos(\beta x) + B \sin(\beta x))$

b. Équations différentielles linéaires du deuxième ordre à coefficients constants avec second membre

- Elles sont de la forme :

$$ay" + by' + cy = g(x)$$

où $g(x)$ est une fonction continue sur un intervalle.

- La solution générale s'écrit :

$$y(x) = y_0 + y_p \quad \left| \begin{array}{l} y_0 : \text{ solution générale de l'équation} \\ \quad\;\; \text{sans second membre} \\ y_p : \text{ solution particulière} \end{array} \right.$$

- Recherche d'une solution particulière

– Si $g(x)$ est un polynôme de degré n, y_p est un polynôme de degré n à condition que $c \neq 0$.
Si $c = 0$ alors y_p sera un polynôme de degré $n + 1$.

– Si $g(x)$ est de la forme pe^{nx}, y_p sera de la forme λe^{nx} à condition que n ne soit pas solution de l'équation .

Si n est solution de l'équation $ar^2 + br + c = 0$ alors y_p sera de la forme $\lambda x e^{nx}$.

Si n est une racine double alors y_p sera de la forme $\lambda x^2 e^{nx}$.

Vecteurs

1. Vecteurs

- On appelle vecteur lié $\overrightarrow{AB}$ (bipoint ou segment orienté), le vecteur dont on a fixé l'origine et l'extrémité. La direction et le sens sont donc déterminés.

Un vecteur lié $\overrightarrow{AB}$ est caractérisé par :

$$\begin{cases} \text{Direction : celle de la droite (AB)} \\ \text{Sens : de A vers B} \\ \text{Origine : le point A} \\ \text{Valeur ou module : longueur du segment AB} \end{cases}$$

Exemple

Le vecteur vitesse d'un point matériel M est un vecteur lié à ce point.

- Un vecteur libre est l'ensemble des vecteurs liés équipolents à un vecteur lié donné.
  Il est défini par sa direction, son sens et son intensité. Son point d'application est arbitraire dans l'espace.

Exemple

Le vecteur vitesse d'un corps solide en mouvement de translation est un vecteur libre.

2. Composantes d'un vecteur

- Soit un point M de coordonnées (x, y, z) et un repère $(O, \vec{i}, \vec{j}, \vec{k})$.

À tout point M de l'espace, on fait correspondre le vecteur $\overrightarrow{OM}$ et ses composantes algébriques x, y et z telles que :

$$\overrightarrow{OM} = x\,\vec{i} + y\,\vec{j} + z\,\vec{k}$$

On appelle composantes du vecteur $\vec{V} = \overrightarrow{OM}$ dans la base $(\vec{i}, \vec{j}, \vec{k})$ les coordonnées x, y et z du point M.

- Composantes d'un vecteur connaissant un de ses représentants.

Soient A et B les points de coordonnées (x_A, y_A, z_A) et (x_B, y_B, z_B). Si le vecteur $\overrightarrow{AB}$ est repésentant du vecteur $\overrightarrow{V}$, alors les composantes de $\overrightarrow{V}$ sont telles que :

$$\overrightarrow{V}\begin{pmatrix} x_B - x_A \\ y_B - y_A \\ z_B - z_A \end{pmatrix}$$

- Composantes d'un vecteur $\overrightarrow{V}$ connaissant son module $\left\|\overrightarrow{V}\right\|$ et l'angle $\theta = (\overrightarrow{Ox}, \overrightarrow{V})$.

  Soit un vecteur $\overrightarrow{V}$, de module $\left\|\overrightarrow{V}\right\|$ et faisant un angle θ avec l'axe Ox.

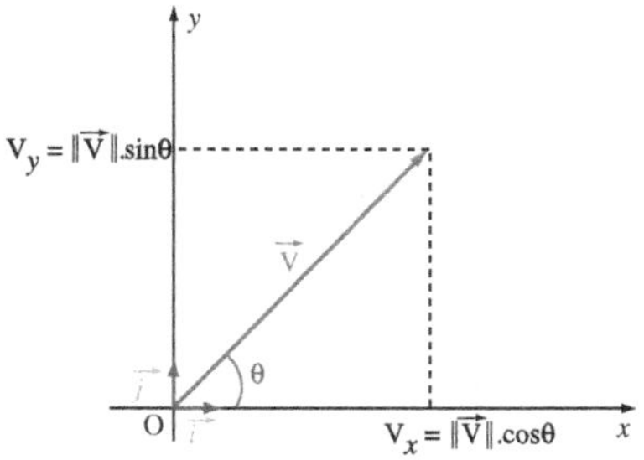

- Les projetés de $\overrightarrow{V}$ selon Ox et Oy sont tels que :

$$V_x = \left\|\overrightarrow{V}\right\| \cos\theta$$

$$V_y = \left\|\overrightarrow{V}\right\| \sin\theta$$

Les composantes de $\overrightarrow{V}$ sont donc $\begin{pmatrix} \left\|\overrightarrow{V}\right\| \cos\theta \\ \left\|\overrightarrow{V}\right\| \sin\theta \end{pmatrix}$

3. Produit scalaire

Le produit scalaire de deux vecteurs $\overrightarrow{u}$ et $\overrightarrow{v}$ est le scalaire, noté $\overrightarrow{u} \cdot \overrightarrow{v}$, tel que :

$$\overrightarrow{u} \cdot \overrightarrow{v} = \left\|\overrightarrow{u}\right\| \cdot \left\|\overrightarrow{v}\right\| \cdot \cos(\overrightarrow{u}, \overrightarrow{v})$$

Si la base ($\overrightarrow{i}$, $\overrightarrow{j}$, $\overrightarrow{k}$) est orthonormée et si les vecteurs $\overrightarrow{u}$ et $\overrightarrow{v}$ ont pour composantes $\begin{pmatrix} a \\ b \\ c \end{pmatrix}$ et $\begin{pmatrix} a' \\ b' \\ c' \end{pmatrix}$, alors :

$$\overrightarrow{u} \cdot \overrightarrow{v} = aa' + bb' + cc'$$

4. Produit vectoriel

a. Définition

Par exemple, pour exprimer la force magnétique, il est intéressant d'introduire une opération qui permet d'obtenir un vecteur à partir de deux vecteurs.

Soient $\overrightarrow{u}$ et $\overrightarrow{v}$ deux vecteurs, on leur associe un troisième vecteur noté $\overrightarrow{u} \wedge \overrightarrow{v}$ appelé leur produit vectoriel (lire $\overrightarrow{u}$ vectoriel $\overrightarrow{v}$).

Il est obtenu à partir des règles suivantes :

- si l'un des vecteurs est nul alors $\overrightarrow{u} \wedge \overrightarrow{v} = \overrightarrow{0}$
- si les vecteurs $\overrightarrow{u}$ et $\overrightarrow{v}$ sont colinéaires alors $\overrightarrow{u} \wedge \overrightarrow{v} = \overrightarrow{0}$
- si $\overrightarrow{u}$ et $\overrightarrow{v}$ ne sont pas colinéaires :

– $\overrightarrow{u} \wedge \overrightarrow{v}$ est perpendiculaire à $\overrightarrow{u}$ et à $\overrightarrow{v}$ (il est perpendiculaire au plan formé par les vecteurs $\overrightarrow{u}$ et $\overrightarrow{v}$) ;

– le trièdre ($\overrightarrow{u}$, $\overrightarrow{v}$, $\overrightarrow{u} \wedge \overrightarrow{v}$) est direct, on pourra, par exemple, déterminer le sens de $\overrightarrow{u} \wedge \overrightarrow{v}$, en utilisant la règle des trois doigts de la main droite ou la règle du tire-bouchon ;

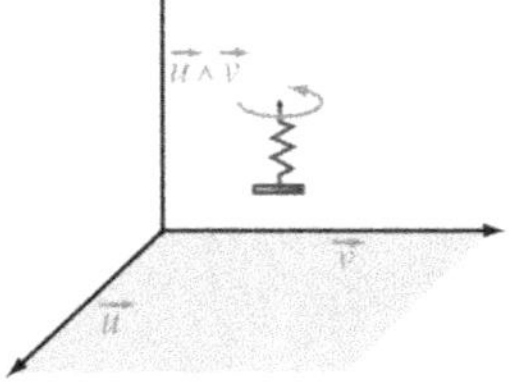

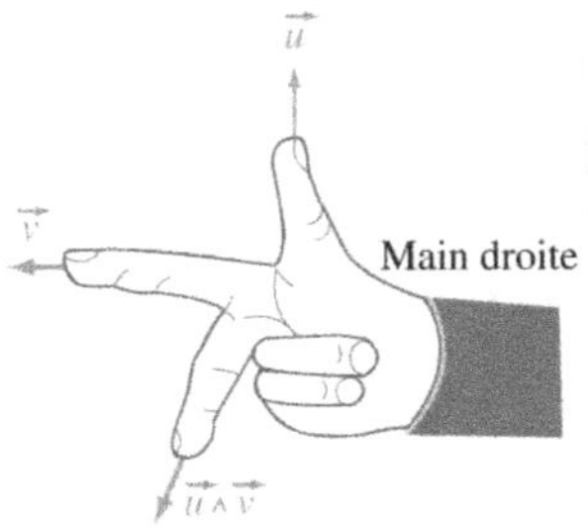

– la norme de $\overrightarrow{u} \wedge \overrightarrow{v}$ est telle que :

$$\left\| \overrightarrow{u} \wedge \overrightarrow{v} \right\| = \left\| \overrightarrow{u} \right\| \cdot \left\| \overrightarrow{v} \right\| \cdot \left| \sin(\overrightarrow{u}, \overrightarrow{v}) \right|$$

b. Composantes de $\vec{u} \wedge \vec{v}$

Soient deux vecteurs $\vec{u}\begin{pmatrix} a \\ b \\ c \end{pmatrix}$ et $\vec{v}\begin{pmatrix} a' \\ b' \\ c' \end{pmatrix}$. Le vecteur, produit vectoriel de $\vec{u}$ et $\vec{v}$, a pour composantes :

$$\vec{u} \wedge \vec{v} \begin{pmatrix} bc' - cb' \\ ca' - ac' \\ ab' - ba' \end{pmatrix}$$

c. Propriétés

- $\vec{u} \wedge \vec{v} = -\vec{v} \wedge \vec{u}$
- $(k \cdot \vec{u}) \wedge \vec{v} = k(\vec{u} \wedge \vec{v})$
- $\vec{w} \wedge (\vec{u} + \vec{v}) = (\vec{w} \wedge \vec{u}) + (\vec{w} \wedge \vec{v})$
- $\dfrac{d(\vec{u} \wedge \vec{v})}{dt} = \dfrac{d(\vec{u})}{dt} \wedge \vec{v} + \vec{u} \wedge \dfrac{d(\vec{v})}{dt}$

5. Gradient

Soit f une fonction scalaire de trois variables x, y et z. Le vecteur gradient de la fonction f est le vecteur ayant pour composantes les dérivées partielles de $f(x, y, z)$ respectivement par rapport à x, y et z :

$$\overrightarrow{\text{grad}} f \begin{pmatrix} \dfrac{\partial f(x,y,z)}{\partial x} \\ \dfrac{\partial f(x,y,z)}{\partial y} \\ \dfrac{\partial f(x,y,z)}{\partial z} \end{pmatrix}$$

Comme $\quad df = \dfrac{\partial f(x,y,z)}{\partial x} \cdot dx + \dfrac{\partial f(x,y,z)}{\partial y} \cdot dy + \dfrac{\partial f(x,y,z)}{\partial z} \cdot dz,$

alors :

$$df = \overrightarrow{\text{grad}} f \cdot \overrightarrow{dl} \text{ avec } \overrightarrow{dl} \begin{pmatrix} dx \\ dy \\ dz \end{pmatrix}$$

FICHE MÉTHODE 02

Grandeurs fondamentales associées à un champ de vecteurs

1. Champ de vecteurs $\vec{A}(M)$

Si à chaque point M de l'espace on fait correspondre un vecteur $\vec{A}(M)$, on définit un champ de vecteurs. En représentation cartésienne, la base $(\vec{i}, \vec{j}, \vec{k})$ définissant les coordonnées du point M, le champ de vecteur sera défini par trois fonctions $A_x(x, y, z)$, $A_y(x, y, z)$ et $A_z(x, y, z)$. Le champ de vecteurs s'écrit :

$$\vec{A}(M) = A_x(x,y,z)\,\vec{i} + A_y(x,y,z)\,\vec{j} + A_z(x,y,z)\,\vec{k}$$

2. Circulation du champ de vecteurs $\vec{A}(M)$

Soit un déplacement élémentaire $\vec{\delta l}$ à partir d'un point M quelconque. On définit la circulation élémentaire du vecteur $\vec{A}(M)$ le produit scalaire :

$$\delta\mathcal{C} = \overrightarrow{A(M)} \cdot \vec{\delta l}$$

En répresentation cartésienne, il vient :

$$\delta\mathcal{C} = A_x\delta x + A_y\delta y + A_z\delta z$$

On appelle circulation du vecteur $\vec{A}(M)$ le long d'une courbe Γ, l'intégrale algébrique curviligne :

$$\mathcal{C} = \int_{(\Gamma)} \vec{A}(M) \cdot \vec{dl}$$

où $\vec{dl}$ est un élément de longueur de la courbe Γ.

[IMPORTANT]

Si le champ $\vec{A}(M)$ est le gradient d'une fonction U, alors $\vec{A}(M) \cdot \vec{dl} = dU$ et par suite :

$$c = \int_Q^P \vec{A}(M) \cdot \vec{dl} = \int_Q^P dU = U(P) - U(Q)$$

3. Flux d'un champ de vecteurs

On appelle flux du vecteur $\vec{A}$ à travers une surface $\mathcal{S}$ orientée, l'intégrale algébrique :

$$\Phi = \int_{\mathcal{S}} \vec{A} \cdot \vec{dS}$$

77797 – (I) – OSB 80° – LUM – GCO
Achevé d'imprimer en France par Dupli-Print à Domont (95)
Dépôt légal : juin 2018 – N° d'impression : 2018050767 - www.dupli-print.fr